普通高等教育"十二五"规划教材

大学物理创新教学丛书

大学物理学(下册)
(第二版)

熊　伦　何菊明　主编

科学出版社

北　京

内 容 简 介

本书总结了第一版的编写经验,听取了使用过本教材师生的意见和建议,并考虑当前工科学校的教学实际的基础上修订而成。全书简明扼要,注重加强基础理论的同时,突出训练和培养学生科学思维创新能力,拓展学生的学术襟怀和眼光。

全书分上、下两册,内容分五篇。第一篇力学;第二篇电磁学;第三篇波动光学;第四篇热学;第五篇相对论与量子力学基础。

本书可作为高等学校工科、理科、师范等各非物理学专业,以及成人教育相关专业的大学物理课程的教材,也可供自学者学习使用。

图书在版编目(CIP)数据

大学物理学.下册/熊伦,何菊明主编.—2版.—北京:科学出版社,2015.7
(大学物理创新教学丛书)
普通高等教育"十二五"规划教材
ISBN 978-7-03-045276-4

I.①大⋯ II.①熊⋯ ②何⋯ III.①物理学—高等学校—教材 IV.①O4

中国版本图书馆 CIP 数据核字(2015)第 176480 号

责任编辑:王雨舸 / 责任校对:董艳辉
责任印制:彭 超 / 封面设计:蓝 正

科学出版社 出版
北京东黄城根北街 16 号
邮政编码:100717
http://www.sciencep.com

武汉市首壹印务有限公司印刷
科学出版社发行 各地新华书店经销
*
2010 年 8 月第 一 版 开本:16(787×1092)
2015 年 8 月第 二 版 印张:14 3/4
2016 年 6 月第二次印刷 字数:353 600
定价:33.80 元
(如有印装质量问题,我社负责调换)

第二版前言

本书第二版与教育部高等学校非物理类专业物理基础课程教学指导分委员会最新《非物理类理工学科大学物理课程教学基本要求》相适应，在第一版基础上，结合五年教材使用细节和情况，编者总结多年教学、教材改革和实践，吸取当前国内外优秀教材的思想和精华，精心修编而成。

同第一版相比，第二版的框架和结构发生了较大的变化，包括篇、章、节等均作了优化，更加符合教学基本要求和课程的教学规律，内容更加现代化，体系更加逻辑、自然、完整；对部分内容作了增删；对疏漏和不足进行了订正。

本书上册由殷勇、余仕成主编，下册由熊伦、何菊明主编，熊伦、殷勇统稿、定稿。全书各篇章的具体执笔人如下：胡亚联（第1章、第14章），刘培姣、胡亚联（第2章），岑敏锐、胡亚联（第3章），李端勇（第4章、第5章），余仕成、殷勇（第6章），黄河、吴涛（第7章），俎凤霞、徐志立（第8章），熊伦（第9章），汤朝红（第10章），谭荣（第11章），吴锋、张昱（第12章），吴锋、黄淑芳（第13章），何菊明（第15章）。

在编写过程中，本书参考和借鉴了近年来国内外出版的物理教材，对于这些教材的作者，本书作者特别致以诚挚的谢意。

本书的出版过程，得到了教学单位和教学管理部门的关心和支持，我们在此表示衷心的感谢。

由于编写时间较紧，编者水平所限，书中疏漏和不足之处仍在所难免，我们敬请同仁和师生继续提出宝贵的意见，以便进一步完善。

编　者

2015 年 5 月

第一版前言

物理学以研究物质世界的基本规律和本质属性为己任。物理学鞭辟入里的分析方法、高屋建瓴的思维模式、辩证唯物的认识论和世界观以及所展现出来的和谐、对称、统一的科学美,使得它自面世以来,就一直是自然科学的带头学科,技术科学的理论基础,是一切工程技术的坚实支柱,是创新思想的源泉。物理学曾经是,现在是,将来也是全球技术和经济发展的主要驱动力。它代表着一整套获得知识、组织知识和运用知识的有效方法和步骤。由于物理学的普遍性、基本性以及与其他学科的相关性,在培养学生科学素质、科学思维方法及科学研究能力,尤其是在培养具有综合能力的创新人才方面起着其他学科不可替代的作用,这也就决定了大学物理学这一课程在高等教育中的地位。

本教材力求与教育部高等学校非物理类专业物理基础课程教学指导分委员会关于《非物理类理工学科大学物理课程教学基本要求》相适应。它是编者在总结多年教材改革和教学实践的基础上,吸取当前国内出版的面向 21 世纪物理教材的先进思想和优秀教学改革成果,充分考虑一般工科本科院校学生的起点和基础,集多年教学经验编写的。本书以相对稳定的传统教学内容为主,在保持大学物理课程持续发展的同时,紧紧追踪物理科学技术的发展;以现代的视野重新演绎和审视传统物理学的内容,力图在基础的层次上寻找一些前沿内容的根,逻辑地、紧凑地把一些相关的科学发现或科学理论的建立集成到一起,使课程现代化更突出,让学生感受到科学的不断发展和进步,应该如何批判继承;内容由浅入深、广泛严谨,概念清晰准确,使科学思维与创新能力的培养更明显,让学生感受到融会贯通的乐趣;教学内容和体系富有弹性,体系结构科学,选择灵活多样,使分层次组织教学更方便,在深度和广度上更好地适应新一代的大学生起点和基础。本书也力求体现当代杰出物理学家和教育家、诺贝尔物理奖得主理查得·费曼所说的,"科学是一种方法,它教导人们:一些事物是怎样被了解的,什么事情是已知的,现在了解到什么程度(因为没有事情是绝对已知的),如何对待疑问和不确定性,证据服从什么法则,如何去思考事物,做出判断,如何区别真伪和表面现象",使学生对物理学的内容和方法、工作语言、概念和物理图像、其历史现状和前沿等方面,从整体上有一个全面的了解,使大学物理学成为培养学生科学素质的最有效的基础课。

全书上册由胡亚联、吴锋主编,下册由李端勇、余仕成主编,并负责制定本教材的编写提纲,提出要求。其中第一篇力学,第四篇中的第 14 章、第 15 章、第 16 章和第五篇中的第 17 章由胡亚联进行修改和统稿;第二篇热学、第四篇中的第 12

章、第 13 章和第五篇中的第 18 章由李端勇进行修改和统稿;第三篇电磁学,由余仕成进行修改和统稿。全书各篇章的具体执笔人员如下:胡亚联(第 1 章,第 17 章);刘培姣(第 2 章);岑敏锐、黄祝明(第 3 章);吴锋、张昱(第 4 章);吴锋、黄淑芳(第 5 章);余仕成(第 6 章);殷勇(第 7 章);黄河(第 8 章);吴涛(第 9 章);徐志立(第 10 章);俎凤霞(第 11 章);李端勇(第 12 章,第 13 章);熊伦(第 14 章);汤朝红(第 15 章);谭荣(第 16 章);何菊明(第 18 章)。

　　本书在编写过程中,参考和借鉴了近年来国内外出版的物理教材,对于这些教材的作者,本书作者特别致以诚挚的谢意。

　　本书在出版过程中,得到了教学部门和教学管理部门的关心和支持,我们在此表示衷心的感谢。

　　由于编写时间较紧,编者水平所限,书中疏漏和不足之处难免,我们敬请读者提出宝贵的意见。

编　者
2010 年 5 月

目　录

第三篇　波 动 光 学

第9章　光的干涉…………………………………………… 3

9.1　光的电磁理论　光的相干性 ……………………………… 3

　9.1.1　光的电磁理论 ……………………………………… 3

　9.1.2　普通光源发光的微观机制 ………………………… 4

　9.1.3　光波的叠加及相干性 ……………………………… 5

　9.1.4　光程与光程差 ……………………………………… 8

　9.1.5　干涉相长与干涉相消 ……………………………… 10

9.2　分波阵面法干涉　空间相干性 …………………………… 11

　9.2.1　杨氏双缝干涉 ……………………………………… 11

　9.2.2　双缝型的其他干涉实验 …………………………… 15

　9.2.3　空间相干性 ………………………………………… 16

9.3　分振幅法干涉　薄膜干涉 ………………………………… 17

　9.3.1　薄膜干涉概述 ……………………………………… 18

　9.3.2　薄膜的等厚干涉 …………………………………… 19

　9.3.3　薄膜的等倾干涉 …………………………………… 24

9.4　迈克耳孙干涉仪　时间相干性 …………………………… 28

　9.4.1　迈克耳孙干涉仪 …………………………………… 28

　9.4.2　时间相干性 ………………………………………… 30

9.5　多光束的干涉 ……………………………………………… 31

思考题 …………………………………………………………… 32

习题9 …………………………………………………………… 33

阅读材料 ………………………………………………………… 35

第10章　光的衍射 ………………………………………… 37

10.1　光的衍射现象　惠更斯-菲涅耳原理 …………………… 37

　10.1.1　光的衍射现象 …………………………………… 37

　10.1.2　衍射的分类 ……………………………………… 38

　10.1.3　惠更斯-菲涅耳原理 ……………………………… 38

10.2　单缝夫琅禾费衍射 ……………………………………… 39

　　10.2.1　单缝夫琅禾费衍射的实验装置 ……………………………… 39
　　10.2.2　菲涅耳半波带法 ……………………………………………… 40
　　10.2.3　单缝夫琅禾费衍射的条纹特点 ……………………………… 42
10.3　圆孔衍射　光学仪器的分辨本领 …………………………………… 45
　　10.3.1　圆孔衍射 ……………………………………………………… 45
　　10.3.2　光学仪器的分辨本领 ………………………………………… 46
10.4　光栅衍射 ………………………………………………………………… 48
　　10.4.1　光栅 ……………………………………………………………… 48
　　10.4.2　光栅衍射 ………………………………………………………… 48
　　10.4.3　光栅光谱 ………………………………………………………… 51
10.5　X 射线衍射 ……………………………………………………………… 54
思考题 …………………………………………………………………………… 56
习题 10 ………………………………………………………………………… 57
阅读材料 ………………………………………………………………………… 58

第 11 章　光的偏振 ……………………………………………………… 61
11.1　光的横波性　自然光和偏振光 ……………………………………… 61
　　11.1.1　横波的偏振性 ………………………………………………… 61
　　11.1.2　偏振光与自然光 ……………………………………………… 61
11.2　起偏与检偏　马吕斯定律 …………………………………………… 64
　　11.2.1　偏振片 …………………………………………………………… 65
　　11.2.2　起偏与检偏 ……………………………………………………… 65
　　11.2.3　马吕斯定律 ……………………………………………………… 66
11.3　反射和折射时光的偏振　布儒斯特定律 …………………………… 68
　　11.3.1　由反射获得偏振光 …………………………………………… 68
　　11.3.2　由折射获得偏振光 …………………………………………… 69
11.4　双折射　寻常光和非常光 …………………………………………… 70
　　11.4.1　晶体的双折射现象　寻常光(o 光)和非常光(e 光) ……… 70
　　11.4.2　双折射晶体　光轴和主平面 ………………………………… 70
　　11.4.3　光在单轴晶体中的传播　晶体的双折射作图法 …………… 72
　　11.4.4　双折射现象的应用　偏振棱镜 ……………………………… 74
　　11.4.5　人工双折射　旋光现象 ……………………………………… 75
11.5　椭圆偏振光和圆偏振光　偏振光的干涉 …………………………… 77
　　11.5.1　波片 ……………………………………………………………… 77
　　11.5.2　椭圆偏振光和圆偏振光 ……………………………………… 78
　　11.5.3　偏振光的干涉 ………………………………………………… 79

思考题 ……………………………………………………………… 80

习题 11 …………………………………………………………… 81

阅读材料 ………………………………………………………… 82

第四篇　热　　学

第 12 章　气体动理论 ……………………………………… 87

12.1　热力学系统与状态 …………………………………… 87

12.1.1　热力学系统 …………………………………… 87

12.1.2　平衡态 ………………………………………… 87

12.1.3　状态参量 ……………………………………… 88

12.1.4　理想气体物态方程 …………………………… 90

12.2　理想气体压强与温度 ………………………………… 91

12.2.1　分子运动理论的基本观点 …………………… 91

12.2.2　统计规律的基本概念 ………………………… 92

12.2.3　理想气体的压强公式 ………………………… 94

12.2.4　温度的微观解释 ……………………………… 96

12.3　麦克斯韦气体分子速率分布律 ……………………… 97

12.3.1　测定气体分子速率分布的实验 ……………… 97

12.3.2　气体分子麦克斯韦速率分布定律 …………… 98

12.3.3　三种速率 ……………………………………… 100

*12.4　玻尔兹曼分布 ………………………………………… 102

12.4.1　玻尔兹曼分布 ………………………………… 102

12.4.2　重力场中微粒按高度的分布律 ……………… 103

12.4.3　等温气压公式 ………………………………… 103

12.5　能量均分定理　理想气体的热力学能 …………… 104

12.5.1　自由度 ………………………………………… 104

12.5.2　能量按自由度均分定理 ……………………… 105

12.5.3　理想气体的热力学能 ………………………… 106

12.6　气体分子平均碰撞频率和平均自由程 …………… 107

思考题 ……………………………………………………… 109

习题 12 …………………………………………………… 110

阅读材料 ………………………………………………… 110

第 13 章　热力学基础 …………………………………… 112

13.1　热力学第一定律 …………………………………… 112

13.1.1　热力学过程 ………………………………… 112

13.1.2　热力学能　功和热量 ·· 112

13.1.3　热力学第一定律 ·· 114

13.2　理想气体的等值过程、绝热过程*多方过程 ························ 115

13.2.1　理想气体等容过程 ··· 115

13.2.2　理想气体等压过程 ··· 116

13.2.3　等温过程 ··· 117

13.2.4　绝热过程 ··· 118

13.2.5　绝热自由膨胀过程 ··· 121

*13.2.6　多方过程 ·· 122

13.3　循环过程　卡诺循环 ·· 122

13.3.1　循环过程 ··· 122

13.3.2　热机及热机效率 ·· 122

13.3.3　制冷机及制冷系数 ··· 123

13.3.4　卡诺循环 ··· 123

13.4　热力学第二定律 ·· 126

13.4.1　可逆过程与不可逆过程 ·· 126

13.4.2　卡诺定理 ··· 128

*13.4.3　熵和熵增加原理 ··· 129

13.4.4　热力学第二定律的统计意义 ·· 132

思考题 ·· 135

习题 13 ·· 136

阅读材料 ·· 137

第五篇　相对论与量子力学基础

第14章　狭义相对论基础

第14章　狭义相对论基础 ·· 141

14.1　伽利略相对性原理 ·· 141

14.1.1　伽利略相对性原理 ··· 142

14.1.2　牛顿的绝对时空观 ··· 143

14.2　伽利略变换与牛顿力学的困难 ·· 143

14.2.1　伽利略变换 ·· 143

14.2.2　牛顿力学的困难 ·· 145

14.3　狭义相对论的基本假设与洛伦兹变换式 ···························· 150

14.3.1　狭义相对论的基本假设 ·· 150

14.3.2　洛伦兹变换 ·· 151

14.3.3　相对论速度变换公式 ··· 153

14.4　狭义相对论的时空观 ·· 155

　14.4.1　同时性的相对性和因果律的绝对性 ······················· 155

　14.4.2　沿运动方向长度收缩和垂直运动方向长度不变 ··········· 159

　14.4.3　时间延缓和运动时钟变慢 ·································· 161

14.5　狭义相对论动力学基础 ·· 164

　14.5.1　相对论动量和相对论质量 ·································· 164

　14.5.2　相对论动能 ··· 166

　14.5.3　相对论能量 ··· 167

　14.5.4　能量和动量的关系 ·· 169

思考题 ··· 171

习题 14 ··· 171

阅读材料 ·· 172

第 15 章　量子力学基础 ·· 174

15.1　黑体辐射　普朗克量子假设 ·· 174

　15.1.1　热辐射与黑体辐射 ·· 174

　15.1.2　黑体辐射的实验定律 ······································ 175

　15.1.3　普朗克能量子假设 ·· 176

15.2　光电效应　爱因斯坦光子理论 ·· 179

　15.2.1　光电效应 ··· 179

　15.2.2　爱因斯坦光量子论 ·· 180

　15.2.3　光的波粒二象性 ··· 181

15.3　康普顿效应 ··· 182

15.4　氢原子光谱　玻尔理论 ·· 185

　15.4.1　氢原子光谱 ··· 185

　15.4.2　玻尔的氢原子理论 ·· 186

15.5　德布罗意假设　电子衍射实验 ·· 189

　15.5.1　德布罗意假设 ··· 189

　15.5.2　电子衍射实验　实物粒子的波动性 ······················· 191

15.6　海森伯不确定关系 ·· 192

　15.6.1　单缝电子衍射与不确定量估算式 ························· 192

　15.6.2　海森伯不确定关系及应用 ································ 193

15.7　波函数及其统计解释 ·· 195

　15.7.1　自由粒子的波函数 ·· 196

　15.7.2　波函数的统计解释 ·· 196

　15.7.3　波函数的条件 ··· 198

15.8　薛定谔方程及其应用 ································· 199

　　15.8.1　一维定态薛定谔方程 ························· 199

　　15.8.2　一维无限深方势阱 ·························· 201

　　15.8.3　隧穿效应 ······························· 203

　　*15.8.4　线性谐振子 ··························· 204

*15.9　氢原子的量子理论简介 ······················· 205

　　15.9.1　氢原子的薛定谔方程 ···················· 205

　　15.9.2　四个量子数 ·························· 206

　　15.9.3　氢原子核外电子的概率分布 ·············· 207

*15.10　激光原理及其应用 ······················· 208

　　15.10.1　激光产生的基本原理 ················· 209

　　15.10.2　激光的特性 ······················· 211

　　15.10.3　激光器 ·························· 212

思考题 ································· 213

习题 15 ······························· 213

阅读材料 ······························ 214

参考答案 ····························· 218

主要参考书 ··························· 221

第三篇

波动光学

　　人们研究光已有三千多年的历史,其中 17 世纪和 18 世纪是光学研究的一个重要发展时期,科学家们不仅从实验上对光进行研究,而且对光学知识进行系统化和理论化整理。在牛顿提出"微粒说"被许多科学家接受时,惠更斯(C. Huygens)提出了光的"波动说",即认为光是一种弹性机械波。也能说明一些光学现象。但由于当时未得到足够的实验数据的支持和牛顿的权威性,并没有被物理学界所广泛接受。直到 19 世纪初,托马斯·杨(Thomas-Young)、菲涅耳(A. J. Fresnel)等人利用光的波动学说和干涉原理,通过设计的实验装置得到了干涉和衍射图样;马吕斯(E. L. Malus)等人研究光的偏振现象,确认了光具有横波性;1850 年,傅科(J. B. L. Foucsult)测出了光在水中的传播速度比空气中小之后。光的波动说才被人们广泛接受。再就是 19 世纪 60 年代麦克斯韦创立的电磁理论预言了电磁波的存在,并指出光就是一种电磁波;赫兹(H. R. Hertz)在进行一系列实验后,于 1887 年发现了电磁波并用实验验证了电磁波具有和光波类似的反射、折射、偏振等性质。而且用电磁理论计算出了电磁波在真空中的传播速度与当时已测得的光在真空中的传播速度完全相等。从此,光是电磁波的观点取代了光是机械弹性波的观点。而到 19 世纪末和 20 世纪初,通过对黑体辐射、光电效应和康普顿效应的研究,人们对光的本性的认识又向前推进了一步,即光不但具有波动的特性,还明显地表现出粒子性,使人们进一步认识到,光是一种具有波粒二象性的物质。

　　研究光现象、光的本性和光与物质的相互作用等规律的学科称为光学,光学通常分为几何光学、波动光学和量子光学三部分。几何光学是以光沿着直线传播为基础,研究光的传播及其成像规律,以及光学仪器的理论;波动光学研究光的电磁性质和传播规律,特别是光的干涉、衍射和偏振的规律;量子光学则以近代量子理论为基础,研究光与物质相互作用的规律。20 世纪 50 年代,随着激光和光信息技术的出现,光学又取得了新的进展,并且派生了许多分支,如光纤技术、全息技术、非线性光学等近代光学。

　　干涉和衍射是一切波动所特有的现象,也是用以判断某种物质运动是否具有波动性的证据。本篇将介绍波动光学,主要讨论光的干涉、衍射和偏振等波动特征及其应用。

第 **9** 章 光 的 干 涉

本章在介绍光的相干性的基础上着重讨论光的分波面干涉和分振幅干涉,并对光的空间相干性和时间相干性进行简单分析。

9.1 光的电磁理论 光的相干性

9.1.1 光的电磁理论

光是一种电磁波。通常意义上的光是指**可见光**(visible light),即能引起人的视觉的电磁波。它的频率在 $3.9 \times 10^{14} \sim 7.7 \times 10^{14}$ Hz 之间,相应地在真空中的波长在 760 nm $\sim$ 390 nm 之间。不同频率的可见光给人以不同的颜色感觉,频率从大到小给出从紫到红的各种颜色。在当今,泛指的光的频率为 $10^{12} \sim 10^{16}$ Hz,其范围从微波、远红外光、近红外光、可见光、紫外光、远紫外光直至 X 射线和 γ 射线(除特别说明外,所说的光一般指可见光)。

1. 光速和折射率

根据麦克斯韦的电磁理论,光在真空中的传播速度为

$$c = \frac{1}{\sqrt{\varepsilon_0 \mu_0}} \tag{9.1.1}$$

这是一个常数,式中 ε_0 为真空中的介电常数;μ_0 为真空中的磁导率。

光在在介质中的传播速度为

$$u = \frac{1}{\sqrt{\varepsilon \mu}} = \frac{1}{\sqrt{\varepsilon_0 \varepsilon_r \mu_0 \mu_r}} = \frac{c}{\sqrt{\varepsilon_r \mu_r}} \tag{9.1.2}$$

式中,ε_r 为介质的相对介电常数;μ_r 为介质的相对磁导率。

我们定义真空中的光速和与介质中的光速之比为介质的绝对折射率,于是依式(9.1.1)和(9.1.2),有

$$n = \frac{c}{u} = \sqrt{\varepsilon_r \mu_r} \tag{9.1.3}$$

由于光波穿过不同介质时,频率是不变的,所以对于同一频率 ν 的单色光由一种介质进入到另一种介质时,光速和波长都会发生改变。频率为 ν 的单色光在真空和介质中的波长分别为 λ 和 λ_n,则有

$$\lambda = \frac{c}{\nu} \tag{9.1.4}$$

$$\lambda_n = \frac{u}{\nu} = \frac{\lambda}{n} \tag{9.1.5}$$

注意：复色光在介质中传播时，介质对不同波长的成分表现出不同的折射率，这种现象称为光的色散。

2. 光矢量和光强

电磁波是横波，其电场强度 E、磁场强度 H 都和传播方向（波速 u 或 c）垂直，如图 9.1.1 所示。由于光波中参与物质相互作用（感光作用、生理作用）的是电场强度 E 矢量，所以我们说光波中的振动矢量通常指的是 E 矢量，称为**光矢量**（light vector）。

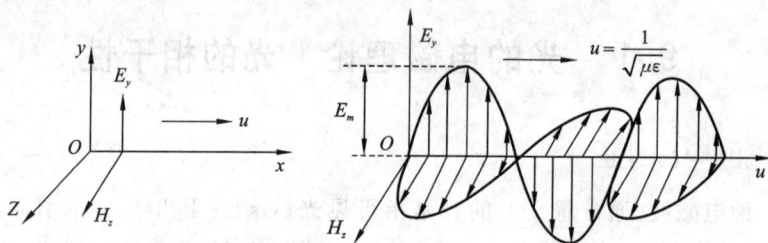

图 9.1.1　光的横波性

对于光波来说，空间各点光矢量的大小、方向随时间和空间作周期性变化。沿 x 正向传播的平面光波的方程为

$$E_y = E_m \cos\left[\omega\left(t - \frac{x}{u}\right) + \varphi_0\right] \qquad H_z = H_m \cos\left[\omega\left(t - \frac{x}{u}\right) + \varphi_0\right]$$

波动的传播总是伴随着能量的传递，这个过程一般用平均能流密度（在一个振动周期内的平均值）来描述。按电磁波的理论，光的强度 I 是电磁波的平均能流密度 $\overline{S}$（对时间平均），它正比于光矢量振幅的平方，有

$$I = \overline{S} = \overline{EH} = \sqrt{\frac{\varepsilon}{\mu}}\,\overline{E^2} = \frac{1}{2}E_m H_m = \frac{1}{2}\sqrt{\frac{\varepsilon}{\mu}}\,\overline{E_m^2} \propto E_m^2$$

在讨论光的干涉和衍射问题中只注重光的相对强弱，为简化计算，常略去系数 $\sqrt{\varepsilon/\mu}$，直接用 $\overline{E^2}(E_m^2)$ 代表光的强度。

9.1.2　普通光源发光的微观机制

1. 光源和光谱

一个用作发射光的物体称为**光源**。如果光源发出的光的频率（颜色）是单一的，则叫**单色光源**。通常普通光源发出的光的频率都不是单一的，如果让光源发出的光束通过三棱镜或光谱仪，就能将光束中不同频率的光以不同的角度射到屏上或拍摄在底片上，这样得到的光强按频率（或波长）的分布叫**光的频谱**，简称**光谱**。

2. 原子的发光模型与普通光源发光的微观机制

从微观上看，普通光源的发光都属于分子和原子发光，其发光机制是处于激发态的原子（或分子）的自发辐射。按照近代物理理论，一个孤立的原子，它的能量只允许处在一系列的分立的能级 $E_1, E_2, E_3, \cdots, E_n$ 上。当原子处在某个能级上时，其内部电子并不发射电磁波。通常原子处于最低的能级 E_1（基态，是稳定态）。如果原子受到外界的激发，即光源中的原子吸收能量而跃迁到能量较高的激发态，而处于激发态的原子极不稳定（电子在激发态存在的时间平均只有 $10^{-11} \sim 10^{-8}$ s），它会自发地回到较低的激发态或基态，并将一份能量为 ΔE（两能级之差）的能量以光的形式（光波）向外发射出来，如图 9.1.2 所示。原子发光完全是随机进行的，在激发态存在的 10^{-8} s 中何时发光难以预知，但平均来说在约 10^{-8} s 中完成。可见原子发射的光波是一个在时间上很短、在空间中也是有限长的光波，在波动光学中把原子发射的这种有限长的光波称为原子光波列，光波的频率根据玻尔提出的频率公式计算

$$\nu = \frac{\Delta E}{h}$$

式中，$h = 6.63 \times 10^{-34}$ J·s，称为普朗克常量。

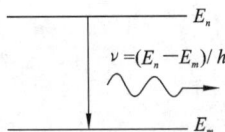

图 9.1.2　自发辐射　　　　图 9.1.3　光波波列

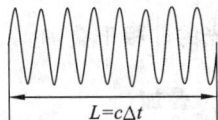

综上所述，普通光源发光过程就具有以下特点：

（1）间歇性。原子发光是间歇的，每次发光的持续时间极短，发出有特定的振动方向、频率和相位的有限长的一个短短的波列。但由于可见光的频率很高，在发光的持续时间内仍完成了很多次振动，因此一个理想的点光源一闪发出的波列的长度为 $L = c\Delta t$（如图 9.1.3 所示，Δt 为发光时间，c 为光速），若认为 $\Delta t = 10^{-8}$ s，$L = c\Delta t \approx 3$ m。由于分子、原子的热运动影响，实际光源发光的波列长度远小于 3 m。例如低温下，元素 K_1^{86} 气体放电放出的橙红色光，其波列长度约为 77 cm。其他普通光源发光的波列长度还要短得多。

（2）随机性。一个光源中有很多很多的原子，每个原子各自独立地、间歇地、随机地发出一个一个波列，它们彼此间没有任何的关联。这样不同原子同一时刻或同一原子不同时刻所发光波列的频率一般不同（单色光源除外）、振动方向也一般不同、相位上更是无固定关系，偏振态和传播方向均彼此无关。因此两个独立的普通光源或者同一光源不同部位发出的光波都不满足波的相干条件（coherent condition），也就不是相干光源。

9.1.3　光波的叠加及相干性

1. 光波的叠加原理

实验证明，对于真空中传播的光或在介质中传播的不太强的光，当几列光波相遇时，其合成光波的光矢量 E 等于各分光波光矢量 $E_1, E_2, \cdots$ 的矢量和，即

$$E = E_1 + E_2 + \cdots \tag{9.1.6}$$

这一规律称为**光波叠加原理**。

但应指出,对于在介质中传播的强光(如激光,同步辐射)或不太强的光通过某些特殊介质(如变色玻璃等),一般并不满足上述叠加原理。不过,在本章所涉及的范围内,光波叠加原理仍然是一个基本原理。

下面以光矢量为 E_1 和 E_2 的两列光波的叠加为例来计算合成光波的强度,即求出合光强与分光强的关系。显然,合光矢量为: $E = E_1 + E_2$。按电磁波强度公式,光强为: $I = \overline{S} = \overline{E^2}$。由于

$$\overline{E^2} = \overline{E \cdot E} = \overline{(E_1 + E_2) \cdot (E_1 + E_2)} = \overline{E_1^2} + \overline{E_2^2} + 2\overline{E_1 \cdot E_2}$$

所以得出

$$I = I_1 + I_2 + I_{12} \tag{9.1.7}$$

其中, $I_{12} = 2\overline{E_1 \cdot E_2}$ 称为**干涉项**(interference term)。

由上可见,在光波叠加原理中遵从相加规则的是光矢量而非光强,合光强一般并不等于分光强之和。然而,两个独立光源或从同一光源的不同部分发出的光会合时,其合光强总等于分光强之和,即干涉项 $I_{12} = 0$,有

$$I = I_1 + I_2 \tag{9.1.8}$$

这种情形称为**光的非相干叠加**。

2. 光的相干叠加

按照波的叠加原理,如果两列振动方向相同,振动频率相同,相位差恒定的简谐波叠加时会产生干涉现象。实验证明光波也有类似情形,当两列振动方向相同、频率相同、相位差恒定的简谐光波重叠时也要发生光的干涉现象。于是在两相干光源发出的光波在重叠区内,某些空间点上合光强大于分光强之和($I_{12} > 0$),在另一些空间点上合光强小于分光强之和($I_{12} < 0$)。因而合光强在空间形成明暗相间的稳定的周期性分布,并在放入的光屏上呈现出干涉条纹。光波的这种叠加称为**光的相干叠加**。

振动方向相同(或有平行的振动分量)、**频率相同**、**相位差恒定**是产生光干涉的三个必要条件,称为相干条件,而满足相干条件的两束光称为相干光,能产生相干光的光源叫相干光源。下面将说明相干光的三个相干条件是缺一不可的。

首先,若两光波光矢量 E_1 与 E_2 完全垂直,则 $I_{12} = 2\overline{E_1 \cdot E_2}$,即两光波为非相干叠加,不发生干涉;一般当 E_1 与 E_2 成某角度时,可将它们作正交分解,显然只有平行分量间才可能发生干涉;E_1 与 E_2 平行,干涉效果更好。

其次,若设两光矢量平行(即光振动的方向相同),但有不同的频率,相位差也不恒定,这时可将两简谐光波用标量形式的波动式表示为

$$E_1 = E_{1m}\cos\left(\omega_1 t + \varphi_1 - \frac{2\pi}{\lambda_1}r_1\right)$$

$$E_2 = E_{2m}\cos\left(\omega_2 t + \varphi_2 - \frac{2\pi}{\lambda_2}r_2\right)$$

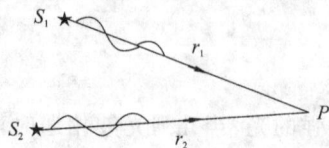

图 9.1.4　光波的叠加

式中,$\omega_1,\omega_2,\varphi_1,\varphi_2,\lambda_1,\lambda_2$ 为两光波的角频率、初相位和波长,r_1,r_2 则代表观测点距两光源的距离(图 9.1.4)。

由于两简谐光波的频率不同,所以其合成光波不可能

是一个简谐波。但由矢量加法可得出合光矢量的平方

$$E^2 = E_{1m}^2 + E_{2m}^2 + 2E_{1m}E_{2m}\cos\Delta\varphi$$

对上式各项取时间平均值,即得到合光强

$$I = I_1 + I_2 + 2\sqrt{I_1 I_2}\overline{\cos\Delta\varphi} \tag{9.1.9}$$

而干涉项

$$I_{12} = 2\sqrt{I_1 I_2}\overline{\cos\Delta\varphi} = 2\sqrt{I_1 I_2}\left[\frac{1}{\tau}\int_0^\tau \cos\Delta\varphi \mathrm{d}t\right] \tag{9.1.10}$$

其中

$$\Delta\varphi = (\omega_1 - \omega_2)t + (\varphi_1 - \varphi_2) - \left(\frac{2\pi}{\lambda_1}r_1 - \frac{2\pi}{\lambda_2}r_2\right) \tag{9.1.11}$$

我们知道测量光的各种探测器的响应时间或分辨时间(例如人眼约 0.05 s,现代快速光电记录器约 10^{-9} s) 远大于光矢量的振动周期(10^{-15} s),所以利用探测器无法测定 E 的瞬时值,仅能对 E 的大小作平均响应,也就是说探测器测量值实际与光的强度相联系。由此可知上式各项平均值的计算时间自然是由探测器的响应时间来确定。

从式(9.1.10) 和式(9.1.11),我们不难看出,当 $\omega_1 \neq \omega_2$ 时,在观测时间内$(\omega_1 - \omega_2)t$ 可取各种相位值,从而使$\overline{\cos\Delta\varphi} = 0$;又若 φ_1 和 φ_2 各自独立,且随机地取值,也将使$\overline{\cos\Delta\varphi}$ $= 0$。总之都导致 $I_{12} = 0$,使两光波不发生干涉。由此可见相干光必须同时满足三个必要条件。

最后,我们可以列出两相干光在空间各点上的合光强的计算公式。设两相干光在同一介质中(其折射率为 n) 传播,有

$$E_1 = E_{1m}\cos\left(\omega t + \varphi_1 - \frac{2\pi}{\lambda_n}r_1\right) \quad E_2 = E_{2m}\cos\left(\omega t + \varphi_2 - \frac{2\pi}{\lambda_n}r_2\right)$$

式中,λ_n 是两相干光在折射率为 n 的介质中的波长。注意合成光波应当也是以角频率 ω 振动的简谐光波,可设合振幅为 E_m,则

$$E_m^2 = E_{1m}^2 + E_{2m}^2 + 2E_{1m}E_{2m}\cos\Delta\varphi$$

而

$$\Delta\varphi = (\varphi_1 - \varphi_2) - \frac{2\pi}{\lambda_n}(r_1 - r_2) \tag{9.1.12}$$

所以合光强为

$$I = I_1 + I_2 + 2\sqrt{I_1 I_2}\cos\Delta\varphi \tag{9.1.13}$$

这里,因相位差 $\Delta\varphi$ 保持恒定,所以无需计算 $\cos\Delta\varphi$ 对时间的平均值。由式(9.1.13)很容易计算出干涉场中各点的合光强。

3. 相干光的获得

鉴于普通光源发光过程的特征,利用两个独立的普通光源是不可能观察到稳定的干涉现象,在激光尚未出现之前,为了获得相干光,通常要采用极小尺寸的光源(在光源前放上带有针孔或狭缝的屏作光栏),利用某种方法将一个光束分割为两束或多束,然后再让它们通过不同的光路会合而产生干涉。这种一分为二获得相干光的方法主要有两类:一类

是**分波面法**(wavefront-splitting interference),就是在光源发出的某一波阵面上,取出两部分小面元作为相干光源(图 9.1.5);另一类是**分振幅法**(amplitude splitting interference),就是将一束光利用反射或折射使其分成两束同频率、同振动方向,相位差恒定的相干光(图 9.1.6)。

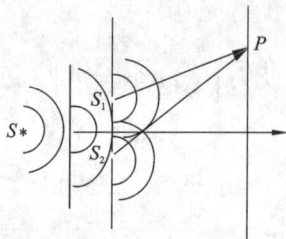

图 9.1.5　分波阵面　　　　　　图 9.1.6　分振幅法

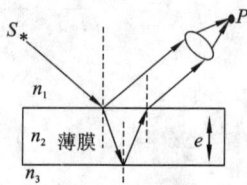

9.1.4　光程与光程差

相位差 $\Delta\varphi$ 的计算在分析光的叠加现象时十分重要。为了方便地比较和计算光经过不同介质时引起的相位差,引入**光程**(optical path)与**光程差**的概念。

1. 光程与光程差

光在介质中传播时,光振动的相位沿传播方向逐点落后,以 λ_n 表示光在折射率为 n 的介质中的波长,则通过路程 r 时,光振动相位落后的值为

$$\Delta\varphi = \frac{2\pi}{\lambda_n}r$$

同一束光通过不同介质时,频率不变而波长不同,以 λ 表示光在真空($n = 1$)中的波长,由式(9.1.5)有 $\lambda_n = \dfrac{\lambda}{n}$,将此关系代入上式中,可得光在介质中传播几何路程为 r 时,相应的相位变化为

$$\Delta\varphi = \frac{2\pi}{\lambda}nr \tag{9.1.14}$$

此式的右侧表示光在真空中传播路程 nr 时所引起的相位落后。由此可知,同一频率的光在折射率为 n 的介质中的传播 r 的几何距离引起的相位差与它在真空中传播 nr 的几何距离引起的相位差相同(图 9.1.7(a));反之,同一频率的光在真空和介质中都传播 r 的几何距离引起的相位差却不同(图 9.1.7(b))。

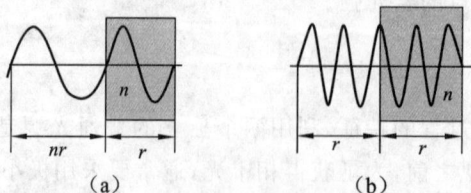

(a)　　　　　　　　　　(b)

图 9.1.7　一条光线在几种介质中的传播

由此定义:光在某一介质中所经过的几何路程 r 和该介质的折射率 n 的乘积 nr 为与 r 相应的光程。它实际上是把光在介质中通过的路程按相位变化相同折算到真空中的路程。这样折合的好处是可以统一地用光在真空中的波长 λ 来计算光的相位变化。

引入光程后,其光程差就定义为两束光到达相遇点的光程的差值,有

$$\delta = (n_2 r_2 - n_1 r_1)$$

设从两个同相位(初相位 $\varphi_1 = \varphi_2$)的相干光源 S_1 和 S_2 发出的两相干光,分别在折射率为 n_1 和 n_2 的介质中传播,相遇点 P 与光源 S_1 和 S_2 的距离分别为 r_1 和 r_2,则两光束到达 P 点的相位差为

$$\Delta\varphi = \frac{2\pi}{\lambda_{n_2}} r_2 - \frac{2\pi}{\lambda_{n_1}} r_1 = \frac{2\pi}{\lambda}(n_2 r_2 - n_1 r_1) = \frac{2\pi}{\lambda}\delta \qquad (9.1.15)$$

引进光程和光程差后,不论光在什么介质中传播,上式中的 λ 均是光在真空中的波长。如果两相干光源不是同相位的,则两相干光在 P 点的相位差为

$$\Delta\varphi = (\varphi_2 - \varphi_1) + \frac{2\pi}{\lambda}\delta \qquad (9.1.16)$$

例如,在图 9.1.8 中有两种介质,折射率分别为 n 和 n',由两个光源发出的光到达 P 点所经过的光程分别是 $n'r_1$ 和 $n'(r_2 - d) + nd$,它们的光程差为

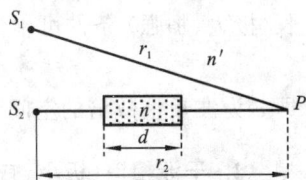

图 9.1.8　光程的计算

$$\delta = n'(r_2 - d) + nd - n'r_1$$

由此光程差引起的相位差就是

$$\Delta\varphi = \frac{2\pi}{\lambda}\delta = \frac{2\pi}{\lambda}\big[n'(r_2 - d) + nd - n'r_1\big]$$

2. 透镜不产生附加的光程差

在干涉和衍射装置中,通常要用到透镜。理论和实验均表明:通过透镜的各光线有等光程性。

平行光通过透镜后,各光线要会聚在焦点,形成一亮点(图 9.1.9(a)、(b)),这一事实说明,在焦点处各光线是同相位的。由于平行光的同相位面与光线垂直,所以从入射平行光内任一与光线垂直的平面算起,直到会聚点,各光线的光程都是相等的。例如在图 9.1.9(a)(或(b))中,从 a,b,c 到 F(或 F')或者从 A,B,C 到 F(或 F')的三条光线都是等光程的。因为 A,B,C 为垂直于入射光束的同一平面上的三点,光线 AaF,CcF 在空气中传播的距离长,在透镜中传播的距离短;而光线 BbF 空气中传播的距离短,在透镜中传播的距离长。由于透镜的折射率比空气的折射率大,所以折算成光程,各光线光程将相等。这就是说,由于光源的同一波阵面上各点有相同的相位,经透镜会聚后仍然有相同的相位,即**透镜可以改变光线的传播方向,但不引起附加的光程差**。在图 9.1.9(c)中,物点 S 发的光经透镜成像为 S',说明物点和像点之间各光线也是等光程的。

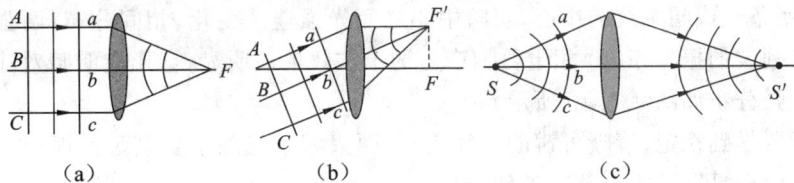

（a）　　　　　　（b）　　　　　　（c）

图 9.1.9　通过透镜的各光线的等光程性

9.1.5　干涉相长与干涉相消

1. 干涉相长（极大、加强）

从式（9.1.13）可知，如果 S_1，S_2 两个相干光源发出的相干光在相遇点 P 的相位差为

$$\Delta\varphi=\pm 2k\pi \quad (k=0,1,2,\cdots) \tag{9.1.17}$$

时，$\cos\Delta\varphi=1$，两光振动在相遇点 P 同相位叠加，合振幅最大，因而光强最大，形成明亮的条纹。这种叠加称为**干涉相长**（极大、加强），P 点的合光强为

$$I=I_1+I_2+2\sqrt{I_1 I_2}$$

若 S_1，S_2 两个相干光源的光强相等（$I_1=I_2$），则干涉加强的地方光强有极大值

$$I=I_{\max}=4I_1 \tag{9.1.18}$$

若 S_1，S_2 两个相干光源的振动是同相位（初相位 $\varphi_1=\varphi_2$），由式（9.1.16）知，干涉相长（极大、加强）条件可用光程差表示为

$$\delta=\pm k\lambda \quad (k=0,1,2,\cdots) \tag{9.1.19}$$

即 δ 为波长整数倍的空间各点是明纹中心处。

2. 干涉相消（极小、减弱）

如果 S_1，S_2 两个相干光源发出的相干光在相遇点 P 的相位差为

$$\Delta\varphi=\pm(2k+1)\pi \quad (k=0,1,2,\cdots) \tag{9.1.20}$$

时，$\cos\Delta\varphi=-1$，两光振动在相遇点 P 反相位叠加，合振幅最小，光强最小形成暗纹。这种叠加称为**干涉相消**（极小、减弱），P 点的合光强为

$$I=I_1+I_2-2\sqrt{I_1 I_2}$$

若 S_1，S_2 两个相干光源的光强相等（$I_1=I_2$），则干涉减弱的地方光强有极小值

$$I=I_{\min}=0 \tag{9.1.21}$$

若 S_1，S_2 两个相干光源的振动是同相位（初相位 $\varphi_1=\varphi_2$），由式（9.1.16）知，干涉相消的条件用光程差表示为

$$\delta=\pm(2k+1)\frac{\lambda}{2} \quad (k=0,1,2,\cdots) \tag{9.1.22}$$

即 δ 为半波长的奇数倍的空间各点是暗纹中心处。

在任意相位差的叠加点，其光强

$$I=I_1+I_2+2\sqrt{I_1 I_2}\cos\Delta\varphi \xrightarrow{I_1=I_2} 4I_1\cos^2\frac{\Delta\varphi}{2} \tag{9.1.23}$$

从而可知：式（9.1.17）和式（9.1.19）是干涉相长的条件；式（9.1.20）和式（9.1.22）是干涉相消的条件。由于干涉的结果，光的能量在空间发生了重新分布。光强极大、极小之处是干涉明条纹或暗条纹的中心，明暗中心之间光强连续变化，相间分布。两强度相等的相干波（两列波的振幅相等）相干叠加产生的干涉效果最明显，会形成明暗对比分明的干涉图样（光强分布如图 9.1.10 所示）。

可见，要得到稳定、清晰可辨的干涉图样，两束相干光除了要满足前面的三个必要条件以外，还要满足以下两个补充条件：

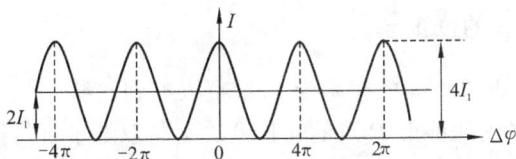

图 9.1.10　双光源干涉的光强分布

（1）两光源光矢量振动的振幅不能相差太大。

（2）两光源到考查点的光程差不能太大（详见 9.4.2 节光波的时间相干性）。

9.2　分波阵面法干涉　空间相干性

分波阵面法就是在一个点光源（或线光源）发出的光波的某一波阵面上分为两部分小面元。由于同一波阵面上各点振动相位相同，其上任意一点都可看成是子波源，这些子波源就是同频率、同振动方向，同相位的相干光源。由它们发出的光波在空间相遇时就能产生干涉。

9.2.1　杨氏双缝干涉

1801 年，英国人托马斯·杨巧妙构思，用一个十分简单的装置，第一次观察到了光的干涉现象，并测出了光的波长，这就是典型的分波阵面干涉的杨氏双缝干涉实验。

1. 干涉装置与干涉图样

杨氏双缝干涉装置如图 9.2.1(a) 所示：单色线光源 S 发出的光垂直照射到与 S 平行等距、相距为 d 的两条非常近的平行窄缝（宽度视为无限小）S_1 和 S_2 上。根据惠更斯原理，S_1 和 S_2 是来自 S 的同一波阵面上的两个不同部分，它们是同相位、等光强的两个相干光源，由其发出的衍射光在相遇区域形成的干涉图样呈现在离 S_1 和 S_2 缝后较远的的观察屏上（与双缝相距为 D，$D \gg d$），如图 9.2.1(b) 所示。

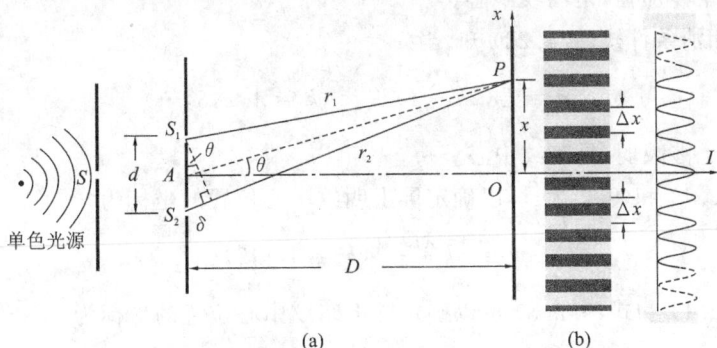

图 9.2.1　杨氏双缝干涉装置及干涉图样

2. 明条纹与暗条纹的位置

如图 9.2.2 所示,设单色光的频率为 λ,垂直入射到双缝上。从两个同相位、等光强的 S_1 和 S_2 发出的相干光到达屏上 P 点的光程差决定与双缝平行的接收屏上各点的相对光强的大小。

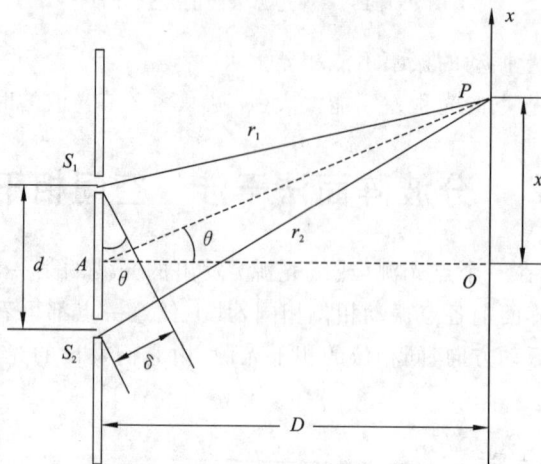

图 9.2.2　杨氏双缝干涉中的几何关系

如果杨氏双缝干涉实验在空气中做,则对屏上任意一点 P,两束光的光程差为

$$\delta = r_2 - r_1$$

设 P 点到两缝中点 A 的连线与 AO 的夹角为 θ,由于 $D \gg d, D \gg x$,所以 θ 很小,近似有

$$\delta = r_2 - r_1 \approx d\sin\theta \approx d\theta = d\tan\theta = d\frac{x}{D} \tag{9.2.1}$$

由干涉相长条件式(9.1.19)知,当

$$\delta = \pm k\lambda \quad (k=0,1,2,\cdots) \tag{9.2.2}$$

时,P 点振动干涉加强,是明纹中心。

由干涉相消条件式(9.1.22)知,当

$$\delta = \pm(2k-1)\frac{\lambda}{2} \quad (k=1,2,3,\cdots) \tag{9.2.3}$$

时,P 点振动干涉减弱,是暗纹中心。

由式(9.2.1)和(9.2.2)可以确定屏上明纹中心位置的坐标为

$$x = \pm k\frac{\lambda D}{d} \quad (k=0,1,2,\cdots) \tag{9.2.4}$$

由式(9.2.1)和式(9.2.3)可以确定屏上暗纹中心位置的坐标为

$$x = \pm\left(k-\frac{1}{2}\right)\frac{\lambda D}{d} \quad (k=1,2,3,\cdots) \tag{9.2.5}$$

3. 条纹特点与光强分布

(1) 由式(9.2.4)、式(9.2.5)可知:干涉条纹位置坐标 x 由干涉装置的参数及入射光的波长决定。O 点到 S_1 和 S_2 的距离相等,光程差为零,所以 O 点是零级明纹中心(也称为中央明纹);两式中的 k 为明暗纹的级次(称为干涉级),正负号表明干涉条纹是关于 O 点两侧对称分布的,故在单色光照射时,干涉条纹是明暗相间的直条纹。

(2) 由式(9.2.4)、式(9.2.5)可知:干涉条纹的宽度(相邻明纹或暗纹中心之间的距离)

$$\Delta x = x_{k+1} - x_k = \frac{D\lambda}{d} \tag{9.2.6}$$

Δx 与 D,λ,d 有关,与干涉级 k 无关,因此干涉条纹是等间隔、等宽度的。由于光波波长的值很小,只有当 d 足够小,且 $D \gg d$ 时,干涉条纹才能够分辨。

(3) 依式(9.1.23)可知,各级明纹中心处的光强相等,与 k 无关,即

$$I_{\max} = 4I_1 \cos^2 \frac{\Delta\varphi}{2} = 4I_1 \cos^2 \frac{\pi}{\lambda}\delta = 4I_1 \cos^2 \frac{\pi}{\lambda}(\pm k\lambda) = 4I_1$$

各级暗纹中心处的光强为

$$I_{\min} = 4I_1 \cos^2 \frac{\Delta\varphi}{2} = 4I_1 \cos^2 \frac{\pi}{\lambda}\delta = 4I_1 \cos^2 \frac{\pi}{\lambda}\left[\pm(2k-1)\frac{\lambda}{2}\right] = 0$$

在各级明纹中心到暗纹中心之间的区域,光强将按式(9.1.23)呈周期性地逐渐变化,如图 9.2.1 所示。

可见杨氏干涉条纹是一组明暗相间的等间隔、等宽度、等光强关于中央明纹对称的与缝平行的直条纹(等光程差线是与狭缝平行的等间隔的直线)。

如果用白光作光源,除了 $k=0$ 的中央明纹的中部因各色单色光重合而显示为白色的外,其他各级明纹将因各色光的波长不同,它们的极大所出现的位置错开而出现由紫到红的彩色条纹,并且各种颜色级次稍高的条纹将发生重叠以致模糊一片而分不清条纹。白光干涉条纹的这一特点在干涉测量中可用来判断是否出现了零级条纹。

例 9.2.1 如图 9.2.2 所示,以单色光照射到 $d=0.2\,\text{mm}$ 的双缝上,双缝与屏幕的垂直距离 $D=1\,\text{m}$。求:

(1) 若从第一级明纹到同侧的第四级明纹的距离为 $\Delta x_{41} = 7.5\,\text{mm}$,单色光的波长为多少?

(2) 第 10 级明纹的位置和角位置各是多少?

(3) 相邻明纹间的距离为多少?

(4) 若把双缝装置放置在折射率为 $n=1.33$ 的水中来做,相邻明纹间的距离又为多少?

解 (1) 根据双缝干涉明纹的条件式(9.2.2)可解得明条纹在屏上的位置为

$$x = \pm k\frac{\lambda D}{d} \quad (k=0,1,2,\cdots)$$

取 $k=1$ 和 $k=4$,可得第一级和第四级明条纹在屏上的位置 x_4 和 x_1,依题意就有

$$\Delta x_{41} = x_4 - x_1 = \frac{D}{d}(4-1)\lambda$$

解得所用单色光的波长为：$\lambda = \frac{d}{D} \cdot \frac{\Delta x_{41}}{(4-1)}$。代入数值,得

$$\lambda = \frac{0.2 \times 7.5}{1000 \times (4-1)} = 5 \times 10^{-4} \text{ mm} = 5000 \text{ Å}$$

可见,若测量出 D, d 和某级条纹的位置坐标 x 或条纹间隔 Δx,则可计算出入射光的波长。

(2) 取 $k = 10$ 代入式(9.2.4)可得第十级明条纹在屏上的位置为

$$x_{10} = k\frac{\lambda D}{d} = 10 \times \frac{5 \times 10^{-4} \times 1000}{0.2} = 25 \text{ mm}$$

由式(9.2.1)和式(9.2.4)可得第十级明条纹在屏上的角位置为

$$\theta_{10} = k\frac{\lambda}{d} = 10 \times \frac{5 \times 10^{-4}}{0.2} = 0.05 \text{ rad} \approx 2.9°$$

由此例可见,只要 D, d 取相应的数量级,零级明纹两侧的前 10 个条纹展开的角度都会很小,因此前面分析时作 $\sin\theta \approx \tan\theta \approx \theta$ 近似是可以的。

(3) 依式(9.2.6)可计算相邻明纹间的距离为

$$\Delta x = \frac{D}{d}\lambda = \frac{1000}{0.2} \times 5 \times 10^{-4} = 2.5 \text{ (mm)}$$

注意：相邻明纹间的距离,实际是相邻两明纹中心之间的距离,也就是暗纹的宽度;反之,相邻暗纹间的距离就是明纹的宽度。

(4) 如果把双缝装置放置在水中来做,要注意光在介质中的波长 λ_n 小于在空气中的波长 λ,而还要用 λ 来计算相差时,由式(9.2.1)表达的两相干光到达会聚点 P 的光程差要改为

$$\delta = n(r_2 - r_1) \approx nd\sin\theta \approx nd\tan\theta = nd\frac{x}{D}$$

将双缝干涉明纹的条件式(9.2.2)代入上式,解得相邻明纹间的距离为

$$\Delta x = x_{k+1} - x_k = \frac{D\lambda}{nd} = \frac{1000 \times 5000 \times 10^{-4}}{1.33 \times 0.2} = 1.88 \text{ mm}$$

可见条纹间距要变密。

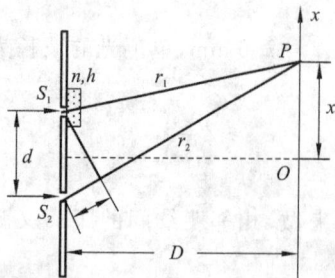

图 9.2.3　例 9.2.2 图

例 9.2.2　如图 9.2.3 所示,用波长 $\lambda = 650$ nm 的单色平行光垂直入射在双缝上,可在屏上观察到干涉条纹,这时用一透明薄云母片(折射率 $n = 1.58$)覆盖其中一条狭缝,发现屏幕上零级明纹正好移动到了原来的(未覆盖云母片时)第 5 级明纹所在的位置,求云母片厚度 h 为多少?

解　依题意未覆盖云母片时,两缝发出的相干光在 P 点的光程差为

$$\delta = r_2 - r_1 = d\sin\theta = 5\lambda \tag{1}$$

覆盖云母片后,两缝发出的相干光在 P 点的光程差为

$$\delta' = r_2 - [r_1 - h + nh] = 0 \tag{2}$$

可见,两种情况下两光程差的差,即覆盖云母片前后引起了附加光程差 Δ 引起条纹移动了 $\Delta k = 5$ 条,由(1)和(2)两式,有

$$\Delta = \delta - \delta' = (n-1)h = \Delta k \lambda$$

解得云母片厚度为

$$h = \frac{\Delta k \lambda}{n-1} = \frac{5 \times 650}{1.58-1} = 5603.448 \text{ nm} \approx 5603.5 \text{ nm}$$

从此例可知,附加光程差 Δ 引起条纹移动 Δk 条,移动的级数 Δk 与附加光程差 Δ 关系为

$$\Delta = \delta - \delta' = \Delta k \lambda$$

条纹每移动一条,光程差的变动为一个波长,但 Δk 可以不为整数。

　　由此可见,**光程差决定明暗条纹的位置**,而附加光程差 Δ 引起条纹的移动。原来的零级明纹处($\delta = 0$),现在是 $\Delta k = \dfrac{(n-1)h}{\lambda}$ 级,这说明原中央零级明纹向加薄片的那一端移动,即在真空中传播的光靠加长几何距离来补偿加了薄片后引起的附加光程差 Δ,但条纹的间距不变,仍为 $\Delta x = \dfrac{D\lambda}{d}$。

9.2.2　双缝型的其他干涉实验

　　利用分波阵面法产生相干光的实验还有菲涅耳双镜实验、劳埃德镜等。

1. 菲涅耳双镜

　　在杨氏双缝干涉中,只有当缝 S,S_1 和 S_2 都是很狭窄时,干涉条纹才比较清晰,但此时通过缝的光强又太弱。更有人持反对态度,认为该实验中的干涉图样也许是由于光经过狭缝边时发生的复杂变化而引起的。1818 年,法国物理学家菲涅耳做了著名的双镜干涉实验,装置如图 9.2.4 所示,狭缝线光源 S 的光射向一微小夹角(保证 d 小)装在一起的两平面镜 M_1 和 M_2,其后放置一个挡板 L,避免光直接照射到屏上。从 S 发出的一束光波经 M_1 和 M_2 反射的两束光交叠(图中阴影区域)发生干涉,根据平面镜成像原理,这两束光好像分别来自虚光源 S_1 和 S_2,所以关于杨氏双缝实验的分析也完全适用于这种双镜干涉实验。

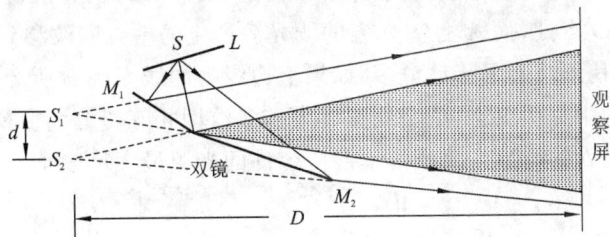

图 9.2.4　菲涅耳双镜

2. 劳埃德镜

　　1834 年,劳埃德(H. Lloyd)做了劳埃德镜双波干涉实验(图 9.2.5)。S_1 是一狭缝光源,它发出的一部分光直接照射到屏幕上,另一部分光几乎与镜面平行(入射角接近 $90°$)掠射到平面镜上并被反射到屏幕交叠(图中阴影区域)发生干涉。根据平面镜成像原理,

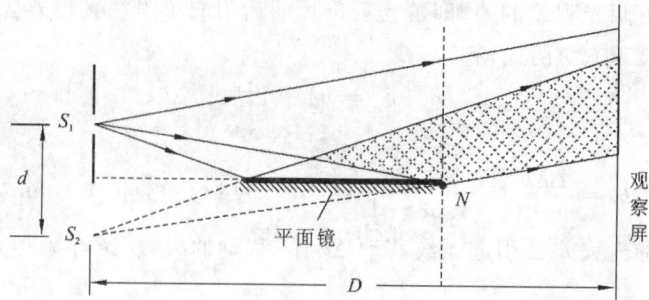

图 9.2.5 劳埃德镜

显然,这两束光好像分别来自实光源 S_1 和虚光源 S_2 的干涉,则关于杨氏双缝实验的分析同样适用于劳埃德镜干涉实验。不过实验发现,如将观察屏平移到劳埃德镜的一端紧挨着,图 9.2.5 中的虚线位置处时,在平面镜与屏接触的 N 点上恰好是暗纹。这一现象可从两个方面来解释:一方面,由于此处相当于杨氏双缝实验的中央零级亮条纹(达此处的两束光的光程差等于 0),它是暗纹就说明 S_1 和 S_2 两个光源是反相相干光源;另一方面,由于在反射点 N 上是未经反射的光和刚刚反射的光相叠加,它们的干涉完全相消,就说明反射光的相位与入射光相反,也就说明当光由空气(光疏介质)入射到玻璃(光密介质)上时,反射光发生了**半波损失**(half-wave loss),即反射光的振动相位突变了 π。

9.2.3 空间相干性

在双缝干涉实验中,如果逐渐增加光源狭缝 S 的宽度,固然可以增加透射光的强度,但干涉条纹的清晰程度就会下降,甚至使干涉条纹完全消失。特别是当拿去开有狭缝 S 的屏,直接用普通光源照射双缝,此时完全看不到干涉条纹。这说明光源的尺度对干涉有重要影响,为什么会是这样呢?

如图 9.2.6 所示,用宽度为 b 的面光源 BAC 直接照射双缝 S_1 和 S_2。为便于分析,可将面光源视为由许多垂直纸面的线光源排列组成,这些线光源的光彼此是非相干光,在通过双缝后都各自产生一套干涉条纹,各套条纹强度相加而又彼此错开。例如 A 产生的中央明纹 A' 位于屏中央 O 点处,而 A 上(下)方的线光源产生的中央明纹移到 O 点下(上)方,距 A 愈远的线光源,其条纹上下移动愈多。如果上边缘处的线光源 B 所产生的第一级暗纹正好落在 A 所产生的中央明纹上,就会使整个干涉条纹因相互错开而变得完全模糊起来。这时对应的光源宽度 b 就可当作能产生干涉所容许的光源最大尺度。

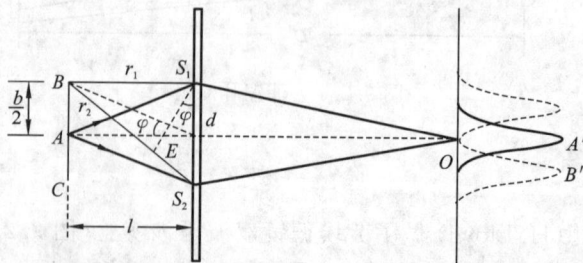

图 9.2.6 空间相干性

由 B 射出的光通过 S_1 和 S_2 到达 O 点产生第一级暗纹应满足

$$r_2 - r_1 = \frac{\lambda}{2}$$

从 S_1 做 r_2 的垂线相交于 E,在 d 很小的情况下可近似认为该垂线与 d 的夹角等于 φ(图 9.2.6),再近似地取 $\varphi \approx \dfrac{b}{2l}$(设 $b \ll l$),于是

$$r_2 - r_1 = d\sin\varphi = \varphi d = \frac{bd}{2l}$$

即 $\dfrac{bd}{2l} = \dfrac{\lambda}{2}$。故得到

$$b = \frac{l}{d}\lambda \quad \text{或} \quad d = \frac{l}{b}\lambda$$

上式表明,在 l 一定的条件下,光源 S 愈宽就愈要求 S_1 和 S_2 两缝靠近才能观察到干涉,这就是杨氏实验中为什么也要求 S 为狭缝的原因。

这样对具有一定尺度的光源来说,它所发生的光波波阵面上,沿垂直于波线方向并不是任意两处的光都能产生干涉,只有来自两点距离小于 $\dfrac{l}{b}$ 的光才是相干的。光波的这一性质称为空间相干性。显然,在点光源所发出的球面波阵面上任意两点作为次级光源时,它们都是相干光,所以点光源的光具有很好的空间相干性。而光源尺度愈大,空间相干性就愈差。

对于激光光源,由于在激光的光场中任意两点的光都是相干光,所以用激光直接照射双缝(无需另加狭缝 S),就能得到很清晰的干涉条纹(图 9.2.7)。

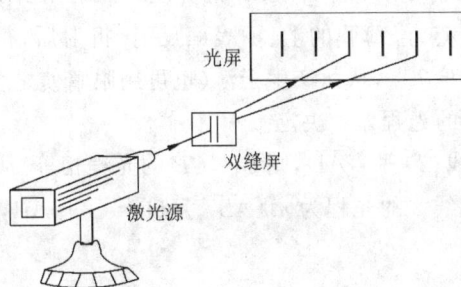

图 9.2.7　利用激光束直接入射双缝的干涉实验示意图

9.3　分振幅法干涉　薄膜干涉

本节讨论用分振幅法获得相干光产生干涉的实验,最典型的分振幅法干涉是薄膜干涉。平常看到的肥皂膜、公路上的油膜、金属表面的氧化层以及蜻蜓、蝉等昆虫的翅膀在太阳光的照射下呈现出的彩色或彩色花纹就是薄膜干涉的结果。

9.3.1　薄膜干涉概述

当从单色光源 S 发出的一束光射向一个透明的薄膜时,光束在薄膜的上、下表面发生多次反射和折射。如图 9.3.1 所示为平行平面薄膜,入射光线在薄膜的上、下表面反射和折射,反射光线(1,2,3,…)或透射光线(1′,2′,3′,…)都来自同一束入射光线,只是振幅(能量)被多次反射和折射而被分割了。这些利用分割振幅而得到的多束光,其频率相同,振动方向也相同,相位差保持恒定,所以是相干光。我们把这种分割振幅获得相干光的方法称为分振幅干涉。

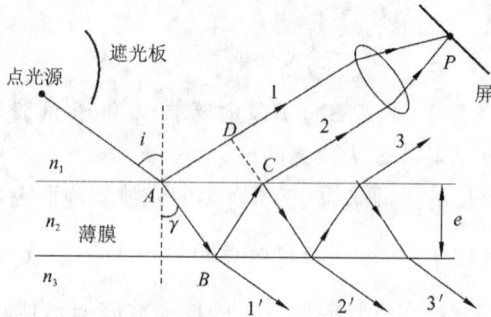

图 9.3.1　薄膜干涉

由于对于一般的薄膜,只有前两束反射光的振幅相近,其余各束反射光的振幅都很小,可以忽略不计,所以通常只考虑前两束反射光 1 和 2 的干涉。

如图 9.3.1 所示,入射光从折射率为 n_1 的介质以入射角 i 投射到厚度为 e、折射率为 n_2 的均匀介质薄膜的 A 点,经薄膜的上、下表面反射、折射后,得到相互平行的两反射相干光 1 和 2,经透镜会聚于 P 点,从而产生干涉(也可用眼睛使之会聚于视网膜上),干涉的结果由这两束光到 P 点的光程差 δ 决定。

在图 9.3.1 中做直线 $\overline{CD}$ 垂直 $\overline{AD}$,则 DP,CP 的光程相等。从 A 点开始到 CD 平面,光线 1 的光程为 $n_1\overline{AD}$,光线 2 的光程为 $n_2(\overline{AB}+\overline{BC})=2n_2\overline{AB}$,因此,它们之间的光程差为

$$\delta = 2n_2\overline{AB} - n_1\overline{AD} \tag{9.3.1}$$

由图中的几何关系,可得

$$\overline{AB}=\frac{e}{\cos\gamma} \qquad \overline{AD}=\overline{AC}\sin i=2e\cdot\tan\gamma\sin i$$

由折射定律,有

$$n_1\sin i_1 = n_2\sin\gamma$$

将此三式代入式(9.3.1),即得

$$\delta = 2n_2\overline{AB}-n_1\overline{AD}=\frac{2n_2 e}{\cos\gamma}-\frac{2n_2 e\sin^2\gamma}{\cos\gamma}=2n_2 e\cos\gamma$$

或

$$\delta = 2e\sqrt{n_2^2-n_1^2\sin^2 i} \tag{9.3.2}$$

考虑到当光从光疏介质入射到光密介质时发生的反射光不论入射角如何,反射光都有半波损失,从而入射光和反射光之间总有半个波长的附加光程差,则

当三种折射率满足 $n_1 < n_2, n_2 > n_3$(反射光线 1 有半波损失),或者 $n_1 > n_2$,$n_2 < n_3$(反射光线 2 有半波损失)时,有

$$\delta = 2n_2 e\cos\gamma + \frac{\lambda}{2} = 2e \sqrt{n_2^2 - n_1^2\sin^2 i} + \frac{\lambda}{2} \tag{9.3.3}$$

当三种折射率满足 $n_1 < n_2 < n_3$(反射光线 1 和 2 都有半波损失,只影响条纹的级别,不改变条纹的明暗),或者 $n_1 > n_2 > n_3$(反射光线 1 和 2 有都无半波损失)时,有

$$\delta = 2n_2 e\cos\gamma = 2e \sqrt{n_2^2 - n_1^2\sin^2 i} \tag{9.3.4}$$

通常情况下薄膜周围的介质是相同的,即 $n_1 = n_3$,所以薄膜干涉一般使用式(9.3.3)来计算两反射相干光在相遇点的光程差。

根据干涉加强和减弱的条件可知:当

$$\delta = 2e \sqrt{n_2^2 - n_1^2\sin^2 i} + \frac{\lambda}{2} = k\lambda \quad (k = 1, 2, 3, \cdots) \tag{9.3.5}$$

时,干涉加强,P 点为明亮点。当

$$\delta = 2e \sqrt{n_2^2 - n_1^2\sin^2 i} + \frac{\lambda}{2} = (2k+1)\frac{\lambda}{2} \quad (k = 0, 1, 2, \cdots) \tag{9.3.6}$$

时,干涉减弱,P 点为暗点。

由式(9.3.3)、式(9.3.4)可见,对一定的单色光,当 n_1, n_2 已确定时,两反射相干光在相遇点的光程差由膜的厚度 e 和入射角 i 决定,e 和 i 的不同决定薄膜干涉的类型和特点。

一般来说,薄膜干涉的情况都相当复杂,其干涉图样的特征与光源的尺寸、膜的厚薄、形状等都有密切关系。下面仅仅讨论两种重要的简单情况。

9.3.2 薄膜的等厚干涉

等厚干涉(interference of equal thickness)是以一束平行光入射到厚度不匀的透明介质薄膜上反射时产生的。当平行光入射薄膜时,由于薄膜上下表面的不平行,它们之间有一个很小的角度,构成楔形膜。其上表面反射的光线 3 和从下表面反射和下表面透射出上表面的光线 2 也不平行(图9.3.2),为观察干涉条纹,可利用透镜和光屏,并使光屏恰好位于光线 2 和光线 3 的会合处(像点 P 处),也可以直接用眼观察。

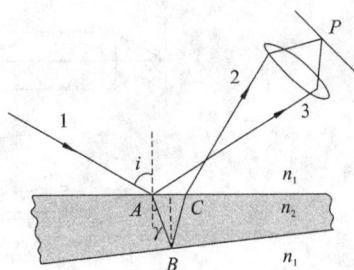

图 9.3.2 非平行膜的反射光干涉

此时要计算出上下表面的反射光的光程差是很不容易的,但是当楔角很小时,比如只有几分的角度,可近似应用平行平面薄膜的光程差公式(9.3.3),即

$$\delta = 2e \sqrt{n_2^2 - n_1^2 \sin^2 i} + \frac{\lambda}{2} \tag{9.3.7}$$

通常楔形膜均匀,折射率 n_2 为常数,i 给定,故光程差仅由膜的厚度 e 确定,凡厚度相同处,光程差就相同。若用眼观察,这种干涉条纹好似位于薄膜表面上(极靠近膜表面),而在同

一级干涉条纹下膜的厚度相同,故称这种干涉为等厚干涉,相应的干涉条纹为**等厚条纹**。

在等厚干涉实验中,一般采用平行光垂直薄膜表面入射,入射角 $i=0$,则等厚干涉的光程差简化为

$$\delta = 2en_2 + \frac{\lambda}{2} \tag{9.3.8}$$

因此,等厚干涉的明纹光程差公式为

$$\delta = 2en_2 + \frac{\lambda}{2} = k\lambda \quad (k=1,2,3,\cdots) \tag{9.3.9}$$

暗纹光程差公式为

$$\delta = 2en_2 + \frac{\lambda}{2} = (2k+1)\frac{\lambda}{2} \quad (k=0,1,2,\cdots) \tag{9.3.10}$$

由此可见等厚干涉条纹的形状决定于膜层厚薄不匀的分布情况,即有由膜的等厚线决定。在实验室中产生等厚干涉的常见装置是劈尖膜和牛顿环。

1. 劈尖膜

一种劈尖形状的透明薄膜称为劈尖膜(wedge film),如图 9.3.3(a)所示是由空气($n_2=1$)构成的劈尖,它是由两块平板玻璃片($n_1=n_3$),在一边夹一薄纸片使两玻璃片之间形成了一个夹角 θ 很小的劈尖膜。当发自 S 的波长为 λ 的单色光经凸透镜 L 成为平行光,再经以 45° 角放置的半透半反玻璃片 M 反射后,垂直入射到空气劈尖上,从而产生等厚干涉条纹。可以观察到这种干涉条纹是形成在劈面上一些平行于棱边的明暗相间、等间距、等光强的**直条纹**。如果在两块平板玻璃片(通常 $n_1=n_3$,也可以 $n_1 \neq n_3$)之间充满透明介质($n_2 > 1$),就可形成介质劈尖,如图 9.3.3(b)所示。

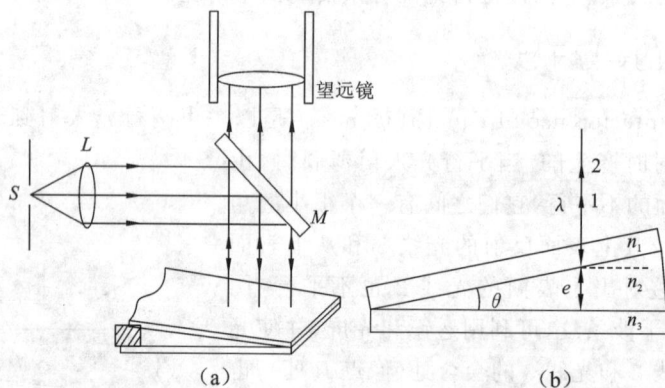

图 9.3.3　劈尖膜示意图

干涉条纹有如下特征:

(1)明、暗条纹的位置:当波长 λ 的单色光垂直入射到膜厚为 e 处时,式(9.3.8)则由劈尖膜的上下表面反射得到两束相干的反射 1 和 2 的光程差为

$$\delta = 2n_2e + \frac{\lambda}{2}$$

由于各处膜的厚度不同,所以光程差也不同,因而产生相长干涉和相消干涉,在劈面

上形成明暗条纹。

由式(9.3.9)和式(9.3.10)得到 k 级明纹和暗纹对应的光程差为

明纹 $\qquad\qquad \delta = 2en_2 + \dfrac{\lambda}{2} = k\lambda \quad (k = 1,2,3,\cdots)$

暗纹 $\qquad\qquad \delta = 2en_2 + \dfrac{\lambda}{2} = (2k+1)\dfrac{\lambda}{2} \quad (k = 0,1,2,\cdots)$

解得 k 级明纹和暗纹对应的厚度分别为

$$e_{k\text{明}} = \left(k - \frac{1}{2}\right)\frac{\lambda}{2n_2} \quad (k = 1,2,3,\cdots) \tag{9.3.11}$$

$$e_{k\text{暗}} = \frac{k\lambda}{2n_2} \quad (k = 0,1,2,\cdots) \tag{9.3.12}$$

显然 $k = 0, e_{0\text{暗}} = 0$,劈棱处光程差为 $\dfrac{\lambda}{2}$,对应零级暗纹。这再次证明光由光疏介质入射到光密介质,反射光存在半波损失。

如果当三种折射率满足 $n_1 < n_2 < n_3$ 或者 $n_1 > n_2 > n_3$ 时,两反射相干则不考虑(或没有)半波损失,,光程差为 $\delta = 2n_2e$,其他讨论与上面的相同,但劈棱处将是零级亮纹,条纹明暗是互补的。

由式(9.3.11)式(9.3.12)可以得到任意相邻明纹或暗纹间的膜层厚度差

$$\Delta e = e_{k+1} - e_k = \frac{\lambda}{2n_2} = \frac{\lambda_{n_2}}{2} \tag{9.3.13}$$

与 k 无关。其中 λ_{n_2} 为光在介质膜层 n_2 中的波长。

(2)如图 9.3.4 所示,当劈尖楔角为 θ(很小,约为 10^{-4} rad)时,相邻明纹或暗条纹间距(也是明、暗纹的宽度)为

$$\Delta l = \frac{\Delta e}{\sin\theta} = \frac{\lambda}{2n_2\sin\theta} \approx \frac{\lambda}{2n_2\theta} \tag{9.3.14}$$

对于一定波长的入射光,干涉条纹等间距且与 θ 成反比,如果增大楔角 θ 条纹变密,当 θ 增大到一定程度后,条纹就密不可分了。所以要求 θ 很小,约为 10^{-4} rad;反之对于固定的楔角 θ,条纹等间距入射光的波长成正比,因此白光在劈尖膜表面将产生彩色条纹。阳光下观察到的肥皂泡呈现彩色条纹缘由就是如此。

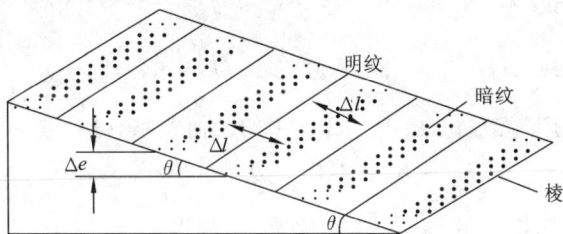

图 9.3.4 劈尖膜干涉图样

(3)当劈尖的上玻璃板平行向上移动时,可以观察到干涉条纹向棱边方向移动。但保持间距不变。

劈尖干涉在科学研究和生产中有很多应用。例如用来测量单色光的波长,由式

(9.3.13),当劈尖膜的厚度增加或者减小 $\dfrac{\lambda}{2n_2}$ 时,干涉条纹要移动一个级次,通过测量上玻璃板移动的距离,计数条纹移动的级次,就可以计算入射光的波长以及介质的折射率;由式(9.3.14)可进行微小厚度和角度测量(见例9.3.1),此外还可利用等厚条纹的形状和弯曲程度用来检查工件的平整度(见例9.3.2)等。

2. 牛顿环

在一块平面玻璃上放置一个曲率半径 R 很大的平凸透镜,如图9.3.5(a)所示。这样在透镜的凸表面和玻璃板的平面之间就会形成一个圆盆形的空气($n_2=1$)薄层。用波长为 λ 的单色光垂直入射从而产生等厚干涉,可以观察到这种干涉条纹是以凸透镜与平板玻璃接触点 O 为中心的中央疏、边缘密、明暗相间的许多圆环。称为牛顿环(Newton ring),如图9.3.5(b)所示。也可将牛顿环装置放入透明介质($n_2>1$)中做。

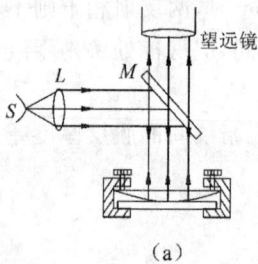

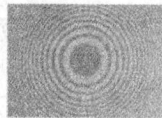

图9.3.5　牛顿环实验　　　　　　　　　图9.3.6　牛顿环计算图

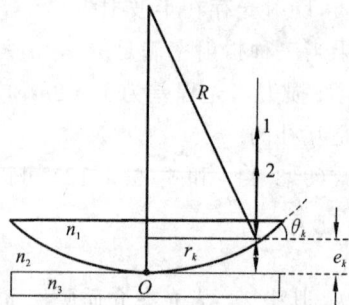

干涉条纹有如下特征:

(1)明、暗条纹的位置。如图9.3.6所示,考虑 $n_1=n_3$,入射光垂直入射($i=0$),由式(9.3.8)知在厚度为 e_k 处,两反射相干光1和2的光程差为

$$\delta=2n_2e+\frac{\lambda}{2}$$

由式(9.3.9)和式(9.3.10),得到出现明、暗环处的光程差为

明环　　　$\delta=2n_2e_k+\dfrac{\lambda}{2}=k\lambda$ 　　　　　$(k=1,2,3,\cdots)$

暗环　　　$\delta=2n_2e_k+\dfrac{\lambda}{2}=(2k+1)\dfrac{\lambda}{2}$ 　　　$(k=0,1,2,\cdots)$

设任一干涉环的半径为 r_k,由图9.3.6中的几何关系,得

$$r_k^2=R^2-(R-e_k)^2=2Re_k-e_k^2$$

式中,R 为透镜的曲率半径。由于 $R\gg e_k$,略去 e_k^2,故得 $e_k=\dfrac{r_k^2}{2R}$,将其代入光程差公式,得

明纹的半径　　　$r_k=\sqrt{\dfrac{(2k-1)R\lambda}{2n_2}}$ 　　$(k=1,2,3,\cdots)$ 　　　　(9.3.15)

暗纹的半径　　　$r_k=\sqrt{\dfrac{kR\lambda}{n_2}}$ 　　　　$(k=0,1,2,\cdots)$ 　　　　(9.3.16)

上两式中 $n_2 = 1$ 是通常情况。由式(9.3.16)可知,在透镜与平板玻璃接触点 O 处,$e = 0$,光程差 $\delta_\circ = \frac{\lambda}{2}$,所以牛顿环中心是一个暗点,由于平凸透镜的曲率半径很大,再加接触部分的变形,因此中心点处几乎是面接触,所以中心是一个黑色的圆斑。

如果当三种折射率满足 $n_1 < n_2 < n_3$ 或者 $n_1 > n_2 > n_3$ 时,计算两反射相干光的光程差时则不考虑(或没有)半波损失,$\delta = 2n_2 e_k = 2n_2 \frac{r_k^2}{2R}$,其他讨论与上面的相同,牛顿环中心是一个亮斑,条纹明暗是互补的。

(2) 从式(9.3.16)可以看出,半径 r_k 与级次 k 的平方根成正比,即

$$r_1 : r_2 : r_3 : \cdots = 1 : \sqrt{2} : \sqrt{3} : \cdots$$

随着干涉级次的增加,所以离圆心越远,越往外(k 大),光程差增加的越快,牛顿环就变得越来越密,因此条纹分布不均匀。实际上牛顿环是一个 θ 不等的对称劈尖,越往外 θ_k 越大,而条纹宽度与 θ_k 反比。

(3) 如果使用的平凸透镜半径 R 变小,则各处 θ 变大,或者平凸透镜往上平移,即各处 e_k 增加,则条纹向中心浓缩且条纹变密。反之亦然。

若利用实验仪器(比如读数显微镜)测出干涉环的半径,就可由式(9.3.15)或式(9.3.16)计算光波波长 λ 或透镜的曲率半径 R。但在实际测量中,由于牛顿环的中心暗斑较大,半径不易准确测定,确定某一级明环或暗环的级次往往又不太准,从而实验中采用的方法是先测量距中心较远的第 k 级暗环直径 D_k 和第 $k + m$ 级暗环的直径 D_{k+m},则由式(9.3.16),有

$$r_k^2 = D_k^2/4 = kR\lambda \qquad r_{k+m}^2 = D_{k+m}^2/4 = (k+m)R\lambda$$

两式相减,整理可得

$$R = \frac{D_{k+m}^2 - D_k^2}{4m\lambda} = \frac{(D_{k+m} + D_k)(D_{k+m} - D_k)}{4m\lambda}$$

此外,利用牛顿环也可以检测光学零件的表面质量。

例 9.3.1 把金属细丝夹在两块平具有光学平面的平板玻璃之间,从而形成空气劈尖。如图 9.3.7 所示,金属丝和棱边间的距离为 $D = 28.880$ mm。用波长 $\lambda = 589.3$ nm 的钠黄光垂直照射,测得 30 条明条纹之间的总距离为 $L = 4.295$ mm,求金属细丝的直径 d。

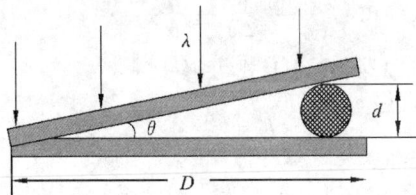

图 9.3.7 金属细丝直径测定

解 由式(9.3.14)和题意,可知相邻明纹间的间距

$$\Delta l = \frac{\lambda}{2\sin\theta} = \frac{L}{30 - 1}$$

又由图中几何关系可得：$d = D\tan\theta$。由于劈尖楔角 θ 很小，$\tan\theta \approx \sin\theta = \dfrac{\lambda}{2\Delta l}$，于是可根据测量数据，计算得到金属细丝的直径 d 为

$$d = D\frac{\lambda}{2\Delta l} = 28.880 \times \frac{589.3 \times 10^{-6}}{2 \times \dfrac{4.295}{29}} = 5.746 \times 10^{-2} \text{ mm}$$

从此例也可了解是如何利用劈尖干涉实验来测量微小角度和波长的。

例 9.3.2　利用等厚干涉条纹可以检验精密加工工件表面存在的极小的凹凸不平。在工件上放一光学平面玻璃，使其形成空气劈尖(图 9.3.8(a))，观察到的干涉条纹如图 9.3.8(b) 所示。用波长为 λ 的单色光垂直照射玻璃表面，试根据干涉条纹弯曲的方向，判断工件表面是凹还是凸?并求凹凸的深度。

解　由于平玻璃下表面是"完全"平的，所以如果工件表面也是平的，空气劈尖的等厚条纹应为平行于棱边的直条纹。现在条纹发生了局部弯曲说明工件表面不平。因为 k 级干涉条纹各点相应同一气隙厚度 e_k，如果条纹如图中那样向劈尖棱的一方弯曲，说明该处气隙厚度 e_k 有了增加。因为在同一条纹上，弯向棱边的部分和直的部分所对应的厚度应该相等，本来越靠近棱边膜的厚度应越小，而现在同一条纹路上近棱边处和远棱边处厚度相等，因此可判断工件表面此处有一下凹的纹路。

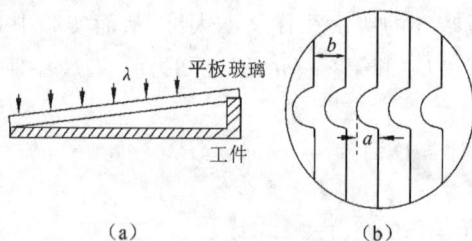

图 9.3.8　工件表面平整度的检验示意图　　　　图 9.3.9　计算纹路深度图

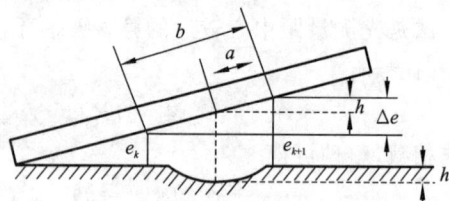

由图 9.3.9，可计算出凹进去的深度 h(或凸起的高度)。图中 b 是条纹间隔，a 是条纹弯曲的深度，e_k 和 e_{k+1} 分别是 k 级和 $k+1$ 级相邻条纹对应的正常空气膜厚度，以 Δe 表示相邻两条纹对应空气膜的厚度差，则由图中两直角三角形相似，可得

$$\frac{h}{\Delta e} = \frac{a}{b}$$

由于对于空气膜来说，$\Delta e = \lambda/2$，代入上式可得

$$h = \frac{a}{b} \cdot \frac{\lambda}{2}$$

9.3.3　薄膜的等倾干涉

实际上，薄膜干涉中最简单的是等倾干涉(interference of equal inclination)，即厚度均匀的平板形透明介质膜的反射光产生的干涉，如图 9.3.10 所示。在 A 点经薄膜的上、下表面反射、折射后得到相互平行的两反射相干光 1 和 2 经透镜会聚于 P 点，由式(9.3.3)可知，这两光束到 P 点的光程差 δ 为

$$\delta = 2e \sqrt{n_2^2 - n_1^2 \sin^2 i} + \frac{\lambda}{2}$$

式中，e，n_1，n_2 皆是常数，两光束的光程差只决定于倾角（指入射角 i）。凡用相同倾角 i 入射到的厚度均匀的平膜上的光线经膜上、下反射后产生的相干光束都有相同的光程差，从而对应干涉图样中的一条条纹。故这种只与倾角有关的干涉称为等倾干涉。相应的干涉条纹称为等倾条纹。

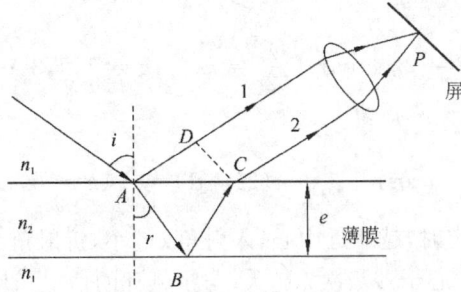

图 9.3.10　等倾干涉

观察等倾条纹的实验装置如图 9.3.11(a) 所示。S 为一面光源，M 为半反半透平面镜，L 为透镜，H 为置于透镜焦平面上的屏。先考虑发光面上一点发出的光线。这些光线中以相同倾角入射到膜表面上的应该在同一圆锥面上，它们的反射线经透镜会聚后应分别相交于焦平面上的同一个圆周上。因此形成的等倾条纹是一组明暗相间的同心圆环（内疏外密）。当然面光源上每一点发出的光束都要产生一组相应的干涉环。由于方向相同的平行光线将被透镜会聚到焦平面上同一点，而与光线从何处来无关，所以由光源上不同点发出的光线，凡有相同倾角的，它们形成的干涉环都将重叠在一起。例如图 9.3.11(a) 中光锥面 $1'$，$2'$，$1''$，$2''$ 产生的干涉环与光锥面 1，2 产生的干涉环就相互重叠。这样总光强为各个干涉环光强的非相干相加，因而明暗对比更为鲜明，这也就是观察等倾条纹时使用面光源的道理。

下面对等倾干涉条纹进行讨论。

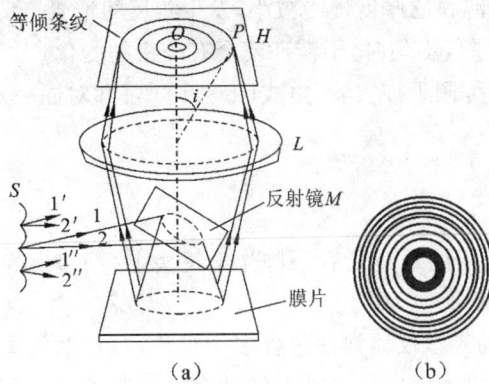

(a)　　　　　　　(b)

图 9.3.11　等倾干涉装置与光路图以及条纹

1. 条纹的特点

（1）等倾干涉条纹是一组内疏外密的圆环，如图 9.3.11(b) 所示。如果观察从薄膜透过的光线，也可看到干涉环，它和图 9.3.11(b) 所显示的反射干涉环是互补的，即反射光为明环处，透射光为暗环。

由式(9.3.3)以及干涉相长和干涉相消的条件可得到：

等倾干涉明环的光程差公式为

$$\delta = 2n_2e\cos\gamma + \frac{\lambda}{2} = k\lambda \quad (k = 1,2,3,\cdots) \tag{9.3.17}$$

等倾干涉暗环的光程差公式为

$$\delta = 2n_2e\cos\gamma + \frac{\lambda}{2} = (2k+1)\frac{\lambda}{2} \quad (k = 0,1,2,\cdots) \tag{9.3.18}$$

当薄膜的厚度 e 一定时，越靠近中心，入射角 i 越小，折射角 γ 也越小，$\cos\gamma$ 越大。由上面的两式可知，越靠近中心干涉级次 k 越大（与牛顿环的情况相反），故 $\gamma = 0$（$i = 0$）对应的是中央环心，此处 k 有最大值，所以干涉圆环的环心有最大的干涉级次，且满足

$$2n_2e + \frac{\lambda}{2} = k_c\lambda \tag{9.3.19}$$

对式(9.3.17)两边同时微分，还可求出相邻两环的间距，有

$$-2n_2e\sin\gamma\Delta\gamma = \Delta k\lambda$$

令 $\Delta k = 1$，就可得相邻两环的角间距

$$-\Delta\gamma = \gamma_{k+1} - \gamma_k = \frac{\lambda}{2n_2e\sin\gamma} \tag{9.3.20}$$

此式表明，倾角越小处，等倾条纹越稀疏，反之倾角越大处，条纹越密集。薄膜厚度 e 增大时，等倾条纹的角间距变小，因而条纹将变密；式中负号表明 $k+1$ 级干涉圆环在 k 级干涉圆环的里面。所以等倾干涉条纹是一组内疏外密的圆环。

（2）如果在实验中使薄膜的厚度慢慢变厚，则随 e 增大，k 增大，由式(9.3.19)知，环心的级次也增大，于是将观察到所有圆环在扩大，环纹增多变密，在环心处不断有条纹从中间"冒"出来。如果使薄膜的厚度慢慢减小，发生相反的情景。利用上述现象可以观察平板膜片的质量，当膜片厚薄不匀时，干涉环就会有疏密的变化。

（3）如果用白光做等倾干涉实验，由式(9.3.19)可知对同一干涉级次 k，红光条纹在内，紫光条纹在外。

2. 增透膜与增反膜

在近代光学仪器所用的透镜或者一些光学镜头上，都镀有光学薄膜。根据其功能划分，可把它们分为增透膜和增反膜。

（1）增透膜。普通的光学仪器常常包含多个镜片，其反射损失往往可以达到 20% ~ 50% 左右，使进入仪器的透射光强减弱，同时杂散的反射光还会影响观测的清晰度。在光学镜头上镀上一层或者多层薄膜，利用薄膜干涉原理可以使反射光干涉相消，从而增强透射光。我们把这种透明薄膜称为**增透膜**（reflection reducing coating）。设薄膜的折射率为

n_2,玻璃的折射率为 n_3($n_3 > n_2 > n_1$,n_1 为空气的折射率。反射光 1 和 2 都有半波损失,但可以不考虑),厚度为 e,在正入射情况下(入射角 $i = 0$),如图 9.3.12 所示。由式(9.3.4)和干涉相消条件,当厚度满足

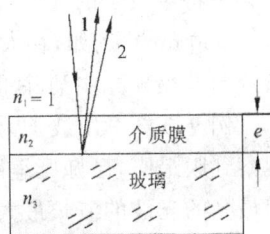

图 9.3.12 增透膜

$$\delta = 2en_2 = (2k+1)\frac{\lambda}{2} \tag{9.3.21}$$

时,反射光干涉相消,求得薄膜的厚度为

$$e = (2k+1)\frac{\lambda}{4n_2} \tag{9.3.22}$$

满足上述条件,就可以使某波长的反射光达到极小。膜层的最小厚度为

$$e_{\min} = \frac{\lambda}{4n_2} \tag{9.3.23}$$

但是这只考虑了反射光相位差对干涉的影响,实际上能否完全相消,还要看反射光的振幅。如果再考虑到振幅,可以证明,当反射光完全相消时,薄膜的折射率应满足

$$n_2 = \sqrt{n_1 n_3} \tag{9.3.24}$$

对于折射率 $n_3 = 1.50$ 左右的光学玻璃,如要用单层膜达到 100% 的增透效果,则必须要求 $n_2 = 1.22$,折射率如此低的镀膜材料目前没有找到,现在一般用折射率 $n_2 = 1.38$ 的氟化镁,因而仍有 1.3% 的反射损失。

(2)增反膜。与增透膜相反,有些光学器件要增强反射光,要求在光学镜头上镀上一层或者多层薄膜使反射光干涉相长。我们把这种透明薄膜称为**反射膜**(reflecting film)。如果在玻璃基片上镀制 $n_2 > n_3$($n_3 < n_2$,$n_2 > n_1$,反射光 1 和 2 间有半波损失需要考虑),厚度为 e 的薄膜,则在正入射情况下,由式(9.3.3)和反射光干涉相长的条件,当厚度满足

$$\delta = 2en + \frac{\lambda}{2} = k\lambda \tag{9.3.25}$$

薄膜的厚度为

$$e = (2k-1)\frac{\lambda}{4n_2} \tag{9.3.26}$$

时,两反射光产生相长干涉,使反射增强。但因每次反射的光强与入射光强度相比很弱,所以为达到高反射的目的,常采用镀制多层膜的方法。具体地可在玻璃片上依次喷镀高折射率膜($n_H > n_3$)和低折射率($n_L > n_3$)构成类如 HLHLHLH 的膜系,如图 9.3.13 所示。在式(9.3.26)中令 $k = 1$ 得最小厚度,不难证明,只需高膜和低膜的厚度分别满足

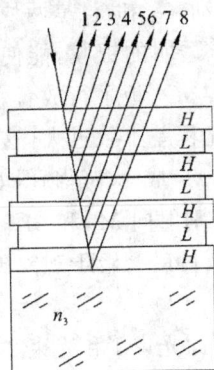

图 9.3.13 多层增反膜

$$e_H = \frac{\lambda}{4n_H} \qquad e_L = \frac{\lambda}{4n_L}$$

图 9.3.13 中各个界面的反射光 1,2,3,4,5,6,7,8 就会成为同位相,使反射光大大加强。在激光器谐振腔中使用的反射面就是这种高反射多层膜镜片,能反射 99.9% 的入射光。

特别强调的是,不管是增透膜还是增反膜,只能增透或增

反某一特定波长的光线,对于可见光范围的光学仪器常选取定对人眼最敏感的黄绿光($\lambda = 550$ nm)。例如,在太阳光下我们看到相机镜片呈现蓝紫色反光就是因为镜片上镀有增透膜使反射光中消除了黄绿光的缘故。

例 9.3.3　用波长为 5.0×10^{-7} m 的可见光照射到一肥皂膜上,在与膜面成 60° 方向观察到膜最亮,已知肥皂膜折射率为 1.33. 求此膜至少多厚?若改为垂直观察,求能使此膜最亮的光波的波长最大值。

解　根据题意可知,入射光的入射角 $i = 30°$,由明纹光程差公式

$$\delta = 2e \sqrt{n_2^2 - n_1^2 \sin^2 i} + \frac{\lambda}{2} = k\lambda$$

为计算膜的最小厚度,k 应取最小值 $k = 1$,则可得

$$e_{\min} = \frac{\lambda}{4\sqrt{n_2^2 - n_1^2 \sin^2 i}}$$

代入数值,得

$$e_{\min} = \frac{5.0 \times 10^{-7}}{4\sqrt{(1.33)^2 - (1.0)^2 \sin^2 30°}} = 1.01 \times 10^{-7} \text{ m}$$

如果将光改为垂直入射,且观察到膜最亮,所对应的最大波长应满足

$$\delta = 2n_2 e + \frac{\lambda}{2} = \lambda$$

所以

$$\lambda = 4n_2 e = 4 \times 1.33 \times 1.01 \times 10^{-7} = 5.37 \times 10^{-7} \text{ m}$$

9.4　迈克耳孙干涉仪　时间相干性

9.4.1　迈克耳孙干涉仪

1880 年,美国物理学家迈克耳孙(A. A. Michelson) 创制干涉仪,并用它做了检验"以太"是否存在的著名实验(参见 14 章相关内容)。他的干涉仪实际上是利用分振幅法产生双光束干涉。干涉仪的结构如图 9.4.1 所示。图中 M_1 和 M_2 是两块平面反射镜,分别装在相互垂直的两臂上。M_2 固定,M_1 而可通过精密丝杆沿臂长方向移动。G_1 和 G_2 是两块折射率和厚度都相同的平行玻璃板,G_1 为分光板,在其后表面上镀有半透明的银膜,能使入射光分为振幅相等的两相干的反射光 1 和透射光 2。G_2 为补偿板,它与 G_1 板平行放置,是为了使光束 2 也同光束 1 一样三次通过玻璃板,以保证两光束间的光程差不致过大(这对使用单色性不好的光源是必要的,参见 9.4.2 节)。G_1 和 G_2 与 M_1 和 M_2 成 45°角倾斜安装。由扩展光源发出的光束,通过 G_1 分成反射光束 1 和透射光束 2,分别射向 M_1 和 M_2,并被反射回到 G_1,光束 1 透过银膜的部分与光束 2 从银膜反射的部分被目镜会聚于观察屏上,由于这两束光是相干光(同一束光分出的),从而产生干涉。

由于 G_1 银膜的反射,使在 M_1 附近形成 M_2 的一个虚像 M_2'。因此光束 1 和光束 2 的干涉等效于由 M_1 和 M_2' 之间虚空气膜的干涉。当调节 M_2 使 M_1 和 M_2 相互精确垂直时(M_1 和 M_2' 严格平行)并且调节目镜使光屏位于它的焦平面上时,就能观察到等倾干涉条纹;

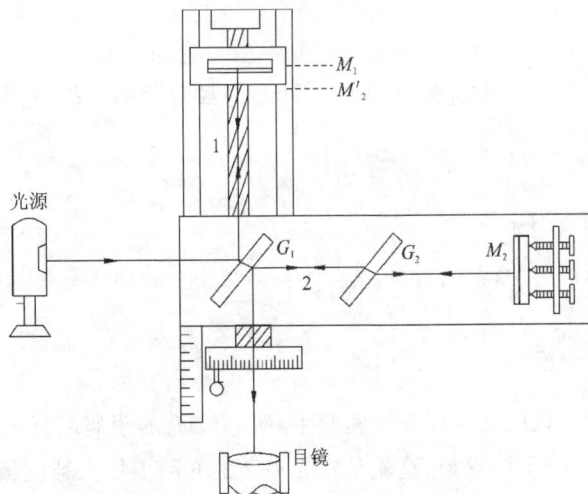

图 9.4.1　迈克耳孙干涉仪原理

如果 M_1 和 M_2 偏离相互垂直的方向(M_1 和 M_2' 成一定的角度),就能观察到等厚干涉条纹。

当条纹为等倾条纹时,如果 M_1 移近 M_2',虚膜厚度变小,条纹向中心收缩;当 M_1 远离 M_2' 时,虚膜厚度变大,条纹由中心向外扩张。调节 M_1 镜作微小的移动,M_1 镜每移动 $\frac{\lambda}{2}$ 的距离,视场中心就会冒出或者吞进一级干涉环。当条纹为等厚干涉条纹时,M_1 镜每移动 $\frac{\lambda}{2}$ 的距离,也有一条条纹从视场中移过。视场中干涉条纹移动的数目 N 和 M_1 镜移动的微小距离 Δd 之间关系是

$$\Delta d = N \cdot \frac{\lambda}{2} \qquad\qquad (9.4.1)$$

式(9.4.1)表明,如果已知波长 λ 和记录到条纹的移动数 N,便可算出 M_1 移动的距离,如果将移动 M_1 的距离与待测长度相比较,就可测定这个长度,而其测量精度可达到 10^{-12} m 的量级。反之在已知标准长度时,可通过与移动 M_1 的距离比较,并计数出条纹移动数 N,就可精确测定光的波长 λ。通常,M_1 移动数毫米长度,视场中条纹已移过上万条,为此常需要采用光电自动行数器自动记录移过的条纹数。1892 年,迈克耳孙利用干涉仪首先测出镉(Cd)红线的波长 $\lambda_{Cd} = 643.846\,96$ nm。因为光的波长稳定,容易复现,特别是在干涉仪上光的波长能直接当成长度单位。所以光的波长作为长度基准是方便的。

迈克耳孙干涉仪是现代许多干涉仪的原型,在其基础上设计和制造了许多专用的干涉仪,如法布里－珀罗干涉仪、泰曼干涉仪、马赫－曾德尔干涉仪等。它不仅可以用来做精密长度的测量,还由于它的两束相干光完全分开,便于在光路中加入其他的光学器件,完成其他的光学测量。例如测量薄透明介质的厚度、空气的折射率等。

例 9.4.1　在迈克耳孙干涉仪的一臂中放入一个长 $l = 10$ cm 的玻璃管,并充以一个大气压的空气,用波长 $\lambda = 585$ nm 光的产生干涉,当将玻璃管内空气逐渐抽成真空的过程中,观察到有 $\Delta k = 100$ 条干涉条纹的移动。求空气的折射率。

解　设空气的折射率为 n,将玻璃管内空气抽成真空前后的光程差为 δ 和 δ',其附加

光程差为

$$\Delta = \delta - \delta' = 2nl - 2l = 2(n-1)l$$

正是这个附加光程差引起条纹的移动,由于条纹每移动一条,光程差的变动为一个波长。因此依题意,有

$$\Delta = 2(n-1)l = \Delta k\lambda$$

由此计算出空气的折射率为

$$n = 1 + \frac{\Delta k}{2l}\lambda = 1 + \frac{100}{2 \times 10 \times 10^{-2}} \times 585 \times 10^{-9} = 1.000\,293$$

9.4.2　时间相干性

在迈克耳孙干涉仪的实际操作中实验中,M_1 和 M_2' 的距离超过一定范围使光程差过大的时,就会观察不到干涉现象,这就是在光束 2 的光路上加上补偿板 G_2,以免两束光的光程差过大的原因。

我们知道光是由大量彼此无关的原子光波列组成。为获得两束相干光,无论是采用分波面法还是分振幅法,都是将一个个原子光波列分割成两部分,当两束光经不同光路到达会合点能否发生干涉,关键在于要求到达会合处的两光波仍然属于同一光波列的那两部分,如图 9.4.2 所示,到达观察屏是是同一光波列分出的两束光,所以它们是相干光。如图 9.4.3 所示,到达屏上的两束光分别属于不同的光波列(a 和 b),否则就不可能出现干涉。很明显,要保证同一原子光波列被分割的两部分能重新会合,两光路的光程差就不能超过原子的光波列在真空中的长度,而此长度为

$$\Delta x = \frac{\lambda^2}{\Delta \lambda} \tag{9.4.2}$$

或者说,来自两光路的同一原子光波列的两部分到达会合点的时间先后相差不能超过

$$\Delta t = \frac{\Delta x}{c} = \frac{\lambda^2}{c\Delta \lambda} \tag{9.4.3}$$

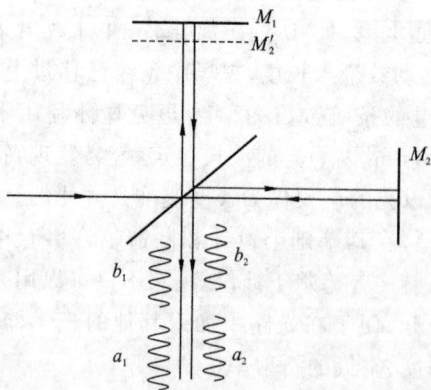

图 9.4.2　同一原子光波列两部分
　　　　　相遇发生干涉

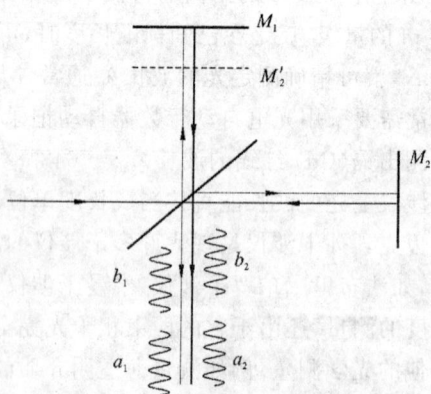

图 9.4.3　不同原子光波两部分
　　　　　相遇不能发生干涉

Δt 当然也就是发射一个原子光波列的时间。通常我们将 Δx 和 Δt 分别称为相干长度

和相干时间,并将这类相干性称为时间相干性。显然,相干长度或者相干时间越长表示时间相干性越好。不难看出,光的单色性越好,Δx 和 Δt 就越大,这时光的时间相干性就越好。

联系前面所讨论的光的空间相干性,可知:空间相干性研究的是在垂直于光线的横向两空间点上光的相干性;时间相干性所讨论的是沿光线纵向两空间点上光的相干性。前者的好坏取决于光源的尺度,而后者的优劣则由光源的单色性决定。所以尺度较大或者单色性差的光源都难以形成干涉。

9.5　多光束的干涉

如果将杨氏双缝干涉实验中的双缝,以多缝代之,那么,同一束光可分成 N 束振动方向相同、频率相同、相位差恒定且同位相、同振幅(均为 a)的相干光,在光束重叠区域内放置一屏幕,在屏上也将出现明暗相间的干涉条纹,称之为多光束干涉。

设波长为 λ 的单色光垂直入射到多缝上,由于多缝互相平行,间距相等,从图9.5.1可知,衍射角为 $\theta\left(-\dfrac{\pi}{2}<\theta<\dfrac{\pi}{2}\right)$ 的这 N 条平行相干光,通过透镜会聚于其焦平面上的 P 点,相邻缝出射的光线到达相遇点的光程差均相等,即

$$\delta = d\sin\theta \tag{9.5.1}$$

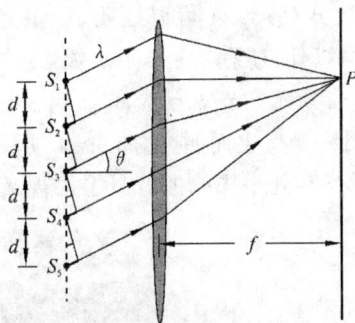

图 9.5.1　多光束干涉示意图

相位差为

$$\Delta\varphi = \frac{2\pi}{\lambda}\delta = \frac{2\pi d\sin\theta}{\lambda} \tag{9.5.2}$$

由式(4.6.9),这 N 条平行相干光在相遇点的合振动振幅为

$$E_m = a\frac{\sin\dfrac{N\Delta\varphi}{2}}{\sin\dfrac{\Delta\varphi}{2}} \tag{9.5.3}$$

合光强为

$$I = a^2 \frac{\sin^2 \dfrac{N\Delta\varphi}{2}}{\sin^2 \dfrac{\Delta\varphi}{2}} \qquad (9.5.4)$$

由式(9.5.3)和式(9.5.4)可知,当

$$\Delta\varphi = 2k\pi \quad (k = 0, \pm 1, \pm 2, \cdots) \qquad (9.5.5)$$

时,合振动的振幅和光强分别为

$$E_m = Na \qquad I = I_{max} = N^2 a^2 = N^2 I_0 \qquad (9.5.6)$$

这是多光束干涉的**主极大**情况。当

$$N\Delta\varphi = 2k'\pi \qquad \Delta\varphi = \frac{2k'\pi}{N} \quad (k' \, 为 \neq 0, \pm N, \pm 2N, \cdots, 其他整数) \qquad (9.5.7)$$

时,合振动的振幅和光强分别为

$$E_m = 0 \qquad I = I_{min} = 0 \qquad (9.5.8)$$

这是多光束干涉的**极小**情况。

两个相邻级的主极大之间还有决定于光束数目的若干个较弱的最大光强度,它们的位置可由使对式(9.5.3)的第一级导数为零而得,即当

$$N\Delta\varphi = \pm(2k''+1)\pi \qquad \Delta\varphi = \frac{(2k''+1)\pi}{N} \quad (k'' = 0,1,2,\cdots) \qquad (9.5.9)$$

时,可得次极大,这是多光束干涉的**次极大**情况。

由式(9.5.5)、式(9.5.7)、式(9.5.9)可以证明,在多光束干涉中的两个相邻的主极大之间除了有 $N-1$ 个极小值以外,还有 $N-2$ 个次级大。在杨氏双缝实验中,$N=2$ 两级之间只有一个极小。如图9.5.2所示,当 $N=3$,$N=4$,$N=10$ 和 N 很大的多光束干涉,其光强分布随着 N 的增加,明纹变得尖而明亮。图9.5.3所示就是实验测量的光强分布的图样,所以多光束干涉的结果是在几乎黑暗的背景上出现又细又亮,分得很开的明条纹。

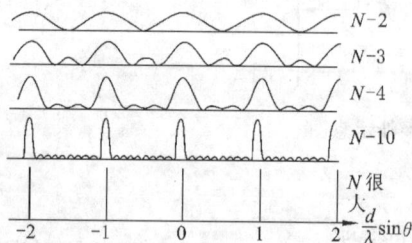

图9.5.2　多光束干涉光强分布图

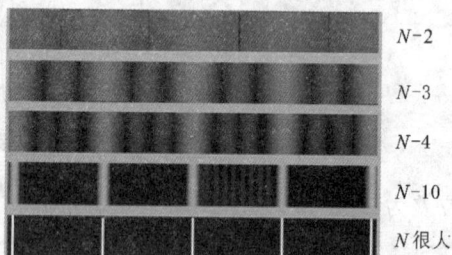

图9.5.3　实验光强分布图

思　考　题

1. 两列频率相同的光波在空间相遇叠加后,若产生干涉,该两列光波在相遇处还应具备哪些条件?

2. 如果两束光是相干的,在两束光重叠处光强如何计算?如果两束光是不相干的,又怎样计算?(分别以 I_1 和 I_2 表示两束光的光强)

3. 用光通过一段路程的时间和周期也可以算出相差来。试比较光通过介质中一段路程的时间和通

过相应的光程的时间来说明光程的物理意义。

4. 杨氏双缝实验中：

(1) 如果用两个灯泡照亮两个狭缝 S_1, S_2，可否看到干涉条纹？

(2) 用白色线光源照射双缝时，若在缝 S_1 后面放一红色滤光片，缝 S_2 后面放一绿色滤光片，可否看到干涉条纹？

5. 在杨氏干涉实验中，作如下变化，干涉条纹将如何变化？

(1) 线光源 S 沿平行于 S_1S_2 连线方向上向下作微小移动；

(2) 加大双缝间距；

(3) 把整个装置浸入水中；

(4) 在某条缝后贴一折射率为 n 的很薄的透明介质片。

6. 在双缝干涉实验中，屏幕上的 P 点处是明条纹。若将缝 S_2 盖住，并在 S_1S_2 连线的垂直平分面处放一高折射率介质反射面 M(构成劳埃德镜)，如图 1 所示，则此时 P 点处的条纹发生了怎样的变化？为什么？

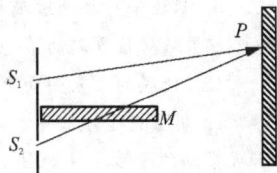

7. 我们从肥皂水中拉出一个肥皂泡时，刚吹起的肥皂泡没有颜色，吹到一定大小时会看到的是一些彩色的图案，其颜色随泡增大而改变，干涉条纹会发生不规则移动，当彩色消失呈黑色时，肥皂泡破裂，为什么？

图 1　思考题 6 图

8. 如图 2 所示，两块平玻璃板构成的劈尖干涉装置发生如下变化，干涉条纹将怎样变化？

(1) 劈尖上表面缓慢向上平移；

(2) 劈棱不动，逐渐增大劈尖角；

(3) 两玻璃板之间注入水；

(4) 劈尖下表面上有凸和凹的缺陷。

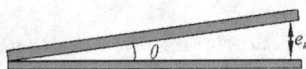

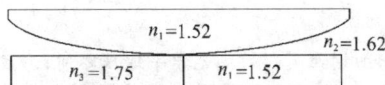

图 2　思考题 8 图　　　　　图 3　思考题 10 图

9. 为什么劈尖干涉的条纹是等宽的，而牛顿环则随着条纹半径的增大而变密？

10. 牛顿环装置由三种透明材料组成，如图 3 所示，试分析反射光干涉图样。从透射光中看到得牛顿环与反射光有什么不同？

11. 通常在透镜表面覆盖着一层类似氟化镁那样的透明膜是起什么作用的？

12. 迈克耳孙干涉仪的两臂的光程如果等程，在毛玻璃屏上会出现什么情况？

习　题　9

1. 一双缝相距 12 mm，用波长为 546 mm 的光垂直照射，屏离双缝的距离为 5 cm。求：

(1) 第 1 级干涉极小的角位置；

(2) 第 10 级干涉极大的角位置；

(3) 在屏上相邻明纹间的距离。

2. 在杨氏双缝实验中，双缝之间的距离是 0.30 mm，用单色光照射，在离缝 1.2 m 的屏上测得两个第五级暗条纹的距离为 22.78 mm，问入射光的波长为多少。

3. 在双缝干涉实验中，波长 $\lambda = 5500\ \text{Å}$ 的单色光垂直入射到缝间距 $d = 2 \times 10^{-4}$ m 的双缝上，屏距离双缝为 $D = 2$ m，求：

(1) 中央明纹两侧的两条第 10 级明纹中心的间距;

(2) 用一个厚度为 $e = 6.6 \times 10^{-6}$ m、折射率为 $n = 1.58$ 的玻璃片覆盖一缝后,零级明纹将移到原来的第几条明纹处?

4. 在双缝干涉实验中的一缝后覆盖一块折射率为 $n_1 = 1.30$ 的薄塑料片,另一缝覆盖一块折射率为 $n_2 = 1.70$ 的薄玻璃片,两薄片的厚度一样,用波长 $\lambda = 480$ nm 的单色光照射时发现,放入薄片前屏上零级条纹的位置,现在是第五级暗纹,求薄片的厚度。

5. 在空气中有一劈形透明膜,其劈尖角 $\theta = 1.0 \times 10^{-4}$ rad,在波长 $\lambda = 700$ nm 的单色光垂直照射下,测得两相邻干涉明条纹间距 $l = 0.25$ cm,求此透明材料的折射 n。

6. 两块平行平面玻璃构成空气劈尖,用波长 500 nm 的单色平行光垂直照射劈尖上表面。求:

(1) 从劈棱算起的第 10 条暗纹处空气膜的厚度;

(2) 使膜的上表面向上平移 Δe,条纹如何变化?若 $\Delta e = 2.0 \mu m$,原来第 10 条暗纹处现在是第几级?

7. 用劈尖干涉法可检测工件表面缺陷,装置如图 4(a) 所示。当波长为 λ 的单色平行光垂直入射时,若观察到的干涉条纹如图 4(b) 所示,每一条纹弯曲部分的顶点恰好与其左边条纹的直线部分的连线相切,则工件表面与条纹弯曲处对应的部分:

(1) 工件表面的纹路是凸的还是凹的?

(2) 凸(凹)的高度是多少?

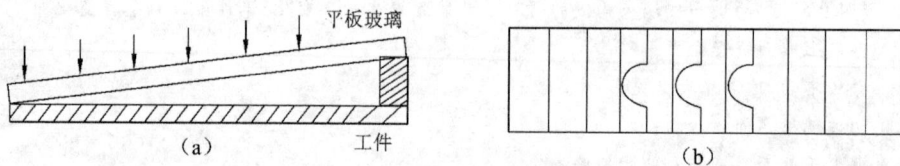

图 4   习题 7 图

8. 把一细钢丝夹在两块光学平玻璃之间,形成空气劈尖,已知钢丝的直径 $d = 0.048$ mm,钢丝与劈尖顶点的距离 $L = 120$ mm,用波长为 632.8 nm 的平行光垂直照射玻璃面上,求:

(1) 两玻璃片间的夹角;

(2) 相邻的两明纹间距;

(3) 在这 120 mm 内呈现多少明条纹?

9. 如图 5 所示,设平凸透镜中心恰好和平玻璃接触,透镜凸表面的曲率半径是 $R = 400$ cm。用某单色平行光垂直入射,观察反射光形成的牛顿环,测得第 5 个亮环的半径为 0.30 cm。

(1) 求入射光的波长;

(2) 设图中 $OA = 1.00$ cm,求在半径为 OA 的范围内可观察到的明环数目。

(3) 要是把这个装置放入水($n = 1.33$)中,在半径为 OA 的范围内可观察到的明环数目又是多少?

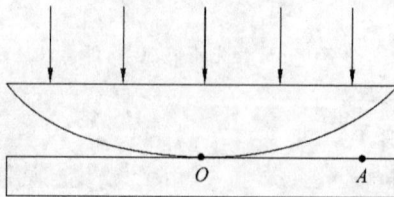

图 5   习题 9 图

10. 在牛顿环实验装置中,透镜的曲率半径 $R = 40$ cm,用某单色平行光垂直照射,观察到某级暗环的半径为 $r = 2.5$ mm。现将平板玻璃向下平移 $d_0 = 5.0 \mu m$,刚才观察到的那级暗环的半径变为何值?

11. 在空气中垂直入射的白光从肥皂膜上反射,肥皂水的折射率为1.33,在可见光谱中 630 nm 处有一个干涉极大,而在 525 nm 处有一个干涉极小,在极大和极小之间没有其他的极小,假定膜的厚度是均匀的,试问膜的厚度是多少?

12. 单色平行光垂直照射到均匀覆盖着薄油膜的玻璃板上,设光源波长在可见光范围内可以连续变化,波长变化期间只观察到 500 nm 和 700 nm 这两个波长的光相继在反射光中消失。已知油膜的折射率为 1.33,玻璃的折射率为 1.50,求油膜的厚度。

13. 用某种波长的光入射迈克耳孙干涉仪,在动臂移动 0.138 mm 的过程中,视场中有 50 个圆环冒出,求入射光的波长。

14. 在迈克耳孙干涉仪的 M_2 镜前,插入一个厚度 $e = 5.9 \times 10^{-2}$ mm 的薄玻璃片时,可观察到 150 条干涉条纹向一方移动。若所用单色光的波长 $\lambda = 500$ mm,求所插玻璃片的折射率。

阅读材料

世界十大经典物理试验

美国两位学者在全美物理学家中作了一份调查,请他们提有史以来最出色的十大物理试验,结果刊登在 2002 年 9 月份的美国《物理世界》杂志上。其中多数都是我们在中学课本中耳熟能详的经典之作。令人惊奇的是十大经典试验几乎都是由一个人独立完成,或者最多有一两个助手协助。试验中没有用到什么大型计算工具如计算机一类,最多不过是把直尺或者是计算器。

所有这些试验的另外共通之处是他们都仅仅"抓"住了物理学家眼中"最美丽"的科学之魂:最简单的仪器和设备,发现了最根本、最单纯的科学概念,就像一座座历史丰碑一样,扫开了人们长久的困惑和含糊,开辟了对自然界的崭新认识。

从十大经典物理试验评选本身,我们也能清楚地看出 2000 年来科学家们最重大的发现轨迹,就像我们"鸟瞰"历史一样。

1. 托马斯・杨的双缝演示应用于电子干涉试验

电子干涉试验是在 1927 年玻尔、爱因斯坦就以电子干涉试验为例来讨论量子力学的基本原理。可是由于技术上的困难,直到 20 世纪 70 年代,它还只是一个思想实验。

1961 年,德国科学家约恩孙(C. Jonson)直接做了电子双缝干涉实验。他在铜膜上刻出相距 $d = 1$ μm、宽 $b = 0.3$ μm、长为 50 μm 的双缝,他使灯丝发射的电子经过 50 kV 的电压加速后,得到物质波波长 $\lambda \approx 0.05 \times 10^{-10}$ m 的电子束垂直入射到双缝上,在双缝后距离 0.35 m 处的荧光屏或照相底片上得到了清晰的等间距等强度的双缝干涉图样,与光波双缝干涉图完全一致,明确地显示了电子具有波动的特征。电子双缝干涉实验被列为世界十大最美丽的实验之榜首。

2. 伽利略的自由落体试验

在 16 世纪末人人都认为重量大的物体比重量小的物体下落得快,因为伟大的亚里士多德是这么说的。伽利略,当时在比萨大学数学系任职,他大胆地向公众的观点挑战,他从斜塔上同时扔下一轻一重的物体,让大家看看两个物体同时落地。他向世人展示尊重科学而不畏权威的可贵精神。

3. 罗伯特・密立根的油滴试验

很早以前,科学家就在研究电。人们知道这种无形的物质可以从天上的闪电中得到,也可以通过摩擦头发得到。1897 年,英国物理学家托马斯已经得知如何获得负电荷电流。1909 年美国科学家罗伯特・密立根开始测量电流的电荷。

4. 牛顿的棱镜分解太阳光

艾萨克・牛顿出生那年,伽利略与世长辞。牛顿 1665 年毕业于剑桥大学的三一学院。当时大家都认为白光是一种纯的没有其他颜色的光,而有色光是不知何故发生变化的光(又是亚里士多德的理论)。

为了验证这个假设,牛顿把一面三棱镜放在阳光下,透过三棱镜,光在墙上被分解为不同颜色,后来我们称之为光谱。人们知道彩虹的五颜六色,但是他们认为那是不正常的。牛顿的结论是:正是这些红、橙、黄、绿、青、蓝、紫基础色有不同的色谱才形成了表面上颜色单一的白色光,如果你深入地看看,发现白光是非常美丽的。

5. 托马斯·杨的光干涉试验

牛顿也不是什么都对。牛顿曾认为光是由微粒组成的,而不是一种波。1802 年,英国医生(也是物理学家)托马斯·杨向这个观点挑战。他在百叶窗上开了一个小洞,然后用厚纸片盖住,再在纸片上戳一个很小的洞,让光线透过,并用一面镜子反射透过的光线。然后他用一个厚约 1/30 英寸(1 in = 2.54 cm)的纸片把这束光从中间分成两束。结果对一个世纪后量子学说的创立起到了至关重要的作用。

6. 卡文迪许扭矩试验

牛顿的另一贡献是他的万有引力理论:两个物体之间的吸引力与它们质量的乘积成正比,与它们距离的平方成反比。但是万有引力到底多大?18 世纪末,英国科学家亨利·卡文迪许决定要找到一个计算方法。他把两头带有金属球的 6 英寸木棒用金属线悬吊起来,再用 350 磅(1 lb = 0.453 592 kg)重的皮球放在足够近的地方,以吸引金属球转动,从而使金属线扭动,然后用自制的仪器测量出微小的转动。

测量的结果惊人的准确,他测出了万有引力的参量常数。在卡文迪许的基础上可以计算地球的密度和质量,地球的质量为 6.0×10^{24} kg。

7. 埃拉托色尼测量地球圆周

在公元前 3 世纪,埃及的一个名叫阿斯瓦的小镇上,夏至正午的阳光悬在头顶。物体没有影子,太阳直接照入井中。埃拉托色尼意识到这可以帮助他测量地球的圆周。在几年后的同一天的同一时间,他记录了同一地点的物体的影子。发现太阳光线有稍稍偏离,与垂直方向大约成 7°。剩下的就是几何问题了。假设地球是球状,那么它的圆周应是 360°。如果两座城市成 7°,就是 7/360 的圆周,就是当时 5000 个希腊运动场的距离。因此地球圆周应该是 25 万个希腊运动场,今天我们知道埃拉托色尼的测量误差仅仅在 5% 以内。

8. 伽利略的加速度试验

伽利略为研究物体移动,做了一个长 6 m、宽 3 m 的光滑直木板槽。再把这个木板槽倾斜固定,让铜球从木槽顶端沿斜面滑下。然后测量铜球每次下滑的时间和距离研究它们之间的关系。亚里士多德曾预言滚动球的速度是均匀不变的:铜球滚动两倍的时间就走出两倍的距离。伽利略却证明铜球滚动的距离和时间的平方成正比:两倍的时间里,铜球滚动 4 倍的距离。因为存在重力加速度。

9. 卢瑟福发现核子

1911 年,原子在人们的印象中就像是"葡萄干布丁",大量正电荷聚集的糊状物质,中间包含着电子微粒。但是卢瑟福还在曼彻斯特大学做放射能实验时发现,向金箔发射带正电荷的 α 微粒时有少量被弹回。卢瑟福计算出原子并不是一团糊状物质,大部分物质集中在一个中心小核上,现在称为核子,电子环绕在它周围。

10. 米歇尔·傅科钟摆试验

1851 年法国科学家傅科当众做了一个实验,用一根长 220 英尺的钢丝吊着一个重 62 磅重的头上带有铁笔的钢球悬挂在屋顶下,观测记录它的摆动轨迹。周围观众发现钟摆每次摆动都会稍稍偏离原轨迹并发生旋转时,无不惊讶。实际上这是因为房屋在缓缓移动。傅科的演示说明地球是在围绕地轴旋转。在巴黎的纬度上,钟摆的轨迹是顺时针方向,30 小时一周期。在南半球,钟摆应是逆时针转动,而在赤道上将不会转动。在南极,转动周期是 24 小时。

第10章 光的衍射

衍射现象和干涉现象一样,也是一切波动的重要特征。光的衍射(diffraction)现象,从另一个侧面再次证明了光的波动性,同时,更加明确地指出了几何光学基本规律(光的直线传播、反射及折射定律)的近似性。为简单起见,本章只讨论远场衍射,即平行光通过单缝、圆孔及光栅时衍射条纹的特点和应用,并对 X 射线衍射作简略介绍。

10.1 光的衍射现象 惠更斯-菲涅耳原理

10.1.1 光的衍射现象

当波在传播过程中遇到障碍物时,能够绕过障碍物的边缘到达沿直线传播所不能达到的区域,这种现象称为**波的衍射**现象。例如,水波绕过闸口,声波绕过高墙(隔墙有耳),无线电波能绕过大山传入收音机等,都是在日常生活中我们很容易观察到的衍射现象。

光作为一种电磁波,也具有衍射现象。但光的衍射现象却不易看到,这是因为光波的波长较短,比障碍物线度小得多,一般表现为直线传播。当障碍物(如小孔、狭缝、小圆盘、细针等)尺度与光的波长可以比较时,就会看到明显的衍射现象。光不仅在"绕弯"传播,还能产生明暗相间的条纹,这种条纹图样称为**衍射图样**(diffraction pattern)。图 10.1.1 表示障碍物是圆盘和矩形孔时呈现的明暗相间的衍射条纹。

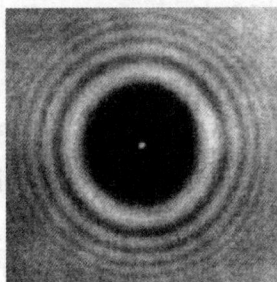

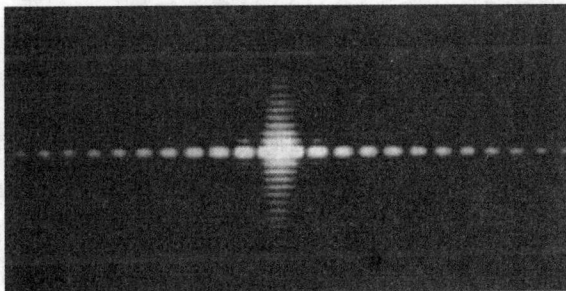

(a) 圆盘的衍射图样　　　　**(b)** 矩形孔的衍射图样

图 10.1.1　光的衍射现象

这些条纹不是干涉条纹,因为这些条纹的特征和干涉条纹不同。光在传播的途径上遇到某种障碍物时,光就偏离原来直线传播的路径,可以绕到障碍物的阴影区域并形成明暗相间的条纹,这种现象称为**光的衍射**。

10.1.2 衍射的分类

衍射系统一般是由光源、衍射屏和接收屏组成的。按它们相互距离的关系,通常把光的衍射分为两大类:一类叫**菲涅耳衍射**(Fresnel diffraction),一类叫**夫琅禾费衍射**(Fraunhofer diffraction)。

如果衍射屏(或障碍物)离光源 S 和接收屏的距离为有限远,或者离其中之一为有限远,这类衍射称为菲涅耳衍射,又称发散光的衍射,如图 10.1.2(a) 所示。如果衍射屏(或障碍物)离光源 S 和接收屏的距离均为无限远,这类衍射称为夫琅禾费衍射,又称平行光的衍射,如图 10.1.2(b) 所示。夫琅禾费衍射在实验室中是用两个会聚透镜来实现的,如图 10.1.2(c) 所示。

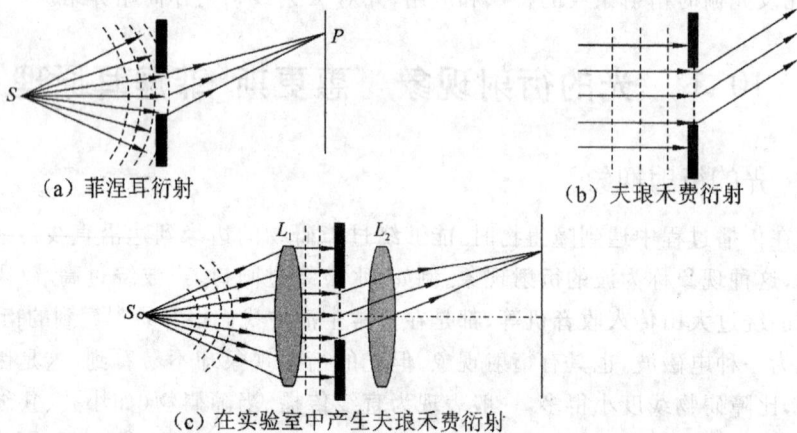

(a) 菲涅耳衍射　　　　　　　(b) 夫琅禾费衍射

(c) 在实验室中产生夫琅禾费衍射

图 10.1.2　两类衍射

在两类衍射中,夫琅禾费衍射在理论和实际应用中都十分重要,而且分析和计算都比较简单,因此在本书中只讨论夫琅禾费衍射。

10.1.3 惠更斯-菲涅耳原理

惠更斯原理告诉我们:任何时刻波面上的每一点都可以作为子波的波源,这些子波的包络就是新的波面。虽然此原理成功地定性解释了波在障碍物附近发生的波的衍射,但却不能说明光强的重新分布,因而不能解释光的衍射图样中明暗相间的条纹的形成。

菲涅耳在波的叠加原理的基础上,受到杨氏双缝的启发,赋予子波以物理的特征,给出了关于相位和振幅的定量描述,提出了**"子波相干叠加"**的概念,从而补充和丰富惠更斯原理,发展成为**惠更斯-菲涅耳原理**(Huygens-Fresnel principle),为衍射理论奠定了基础。他认为,由光源发出的光,其波阵面上每个面元 dS 都成为一个发射球面子波的波源,对局部波阵面来说,从同一波面上各点发出的子波是相干的,在光传播空间的某一点,光波的振幅是各子波相干叠加的结果。

根据这个原理,可圆满地解释光的衍射现象,并可计算出衍射图中光强的分布。如图 10.1.3所示,波面 S 上每个面积元 dS 都可以看成新的波源,它们发出球面子波。波面前方

空间某一点 P 的光振动可以由 S 面上所有面元发出的
子波在该点的光振动叠加后的合振动来表示。菲涅耳进
一步指出：从面元 dS 所发出的子波的振幅与 dS 的面积
成正比，与面元到点 P 的距离 r 成反比，并且与面元法线
e_n 和 r 之间的夹角 θ 有关。我们将子波振幅与夹角 θ 的关
系用函数 $K(\theta)$ 来表示，由于 $K(\theta)$ 是由 dS 取向的倾斜
而引起的，因而被称为倾斜因子。至于点 P 处光振动的

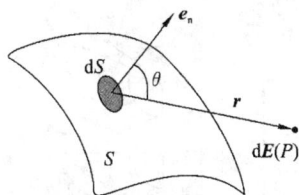

图 10.1.3　惠更斯- 菲涅耳原理

相位，仍由 dS 到点 P 的光程决定。由此可知，点 P 处的光矢量 E 的大小由如下积分所决定

$$E = C\int_S \frac{K(\theta)}{r}\cos(\omega t - kr)\mathrm{d}S \tag{10.1.1}$$

这就是惠更斯-菲涅耳原理的数学表达式。式中，C 是比例常数，倾斜因子 $K(\theta)$ 随 θ 增大而
缓慢减小，当 $\theta \geqslant \dfrac{\pi}{2}$ 时，$K(\theta) = 0$，这就解释了子波为什么不能向后传播。

　　应用惠更斯- 菲涅耳原理，原则上可以解决一般衍射问题。但式(10.1.1) 的积分一般
是比较复杂的，只对少数简单情况可求得解析解。下面我们将应用菲涅耳半波带法来解释
衍射现象。

10.2　单缝夫琅禾费衍射

10.2.1　单缝夫琅禾费衍射的实验装置

　　夫琅禾费衍射是平行光的衍射，在实际应用中可以借助于透镜来实现。如图 10.2.1(a)
所示，线光源 S 放在透镜 L_1 的焦平面上，因此从透镜 L_1 穿出的光线形成一平行光束。这束
平行光照射在单缝 K 上，一部分穿过单缝，再经过透镜 L_2，在 L_2 的焦平面处的屏幕 E 上
将出现一组明暗相间的平行直条纹，如图 10.2.1(b) 所示。

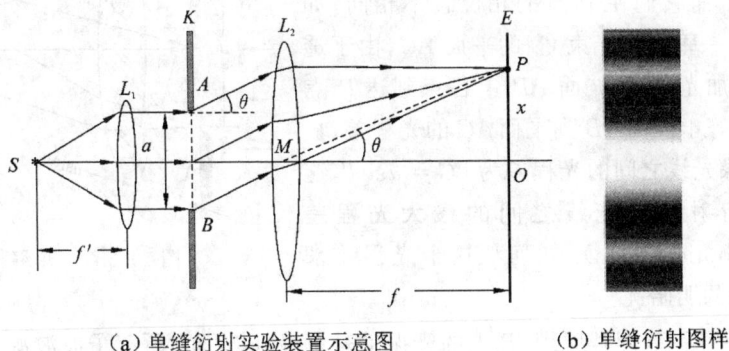

（a）单缝衍射实验装置示意图　　　　　　（b）单缝衍射图样

图 10.2.1　单缝夫琅禾费衍射

　　设单缝 K 的宽度为 a，在平行单色光的垂直照射下，单缝平面 AB 就是入射光经过单
缝时的波前，如图 10.2.2 所示（图中的缝宽 a 被大大扩大了，缝的长度是垂直于纸面的）。
按照惠更斯原理，在波前上的每一点都可视为子波波源，各自发出球面波。显然，每一个子

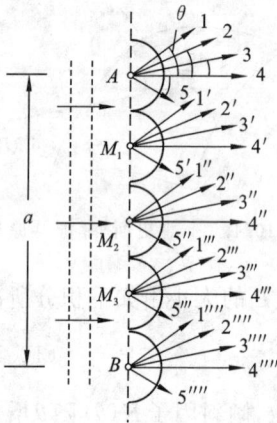

图 10.2.2　单缝平面的子波

波波源向前方所有可能的方向都发射出子波，这些子波都称为衍射光，它们在图 10.2.2 上用许多带箭头的直线表示。例如点 A 上的 1,2,3,4,5 就代表该点发出的任意 5 个传播方向的衍射光，而波前上各点发出的所有衍射光，则互相构成各方向的平行光束，每一光束包含许多互相平行的子波。例如在图 10.2.2 中，沿同一方向的 1,1′,1″,1‴,1⁗,… 的无数子波构成一个平行光束，图中画出 5 个平行光束，每一个光束的方向可用与光的入射方向的夹角 θ 来表示，这个角称为**衍射角**。

同一衍射角 θ 方向上的衍射光经过透镜 L_2 会聚于焦平面上同一点 P，P 点的位置由通过透镜光心的衍射光线 MP 决定，如图 10.2.1(a) 所示，所以 P 点与衍射角 θ 一一对应，所有在这一方向上的衍射光在该点进行无穷子波相干叠加来决定该点的光强和明暗。

10.2.2　菲涅耳半波带法

下面我们采用菲涅耳半波带法来分析观测屏幕上的衍射图样。

首先，考虑沿入射方向（$\theta = 0$）传播的一束衍射平行光（图 10.2.3 中光束①），它们从同一波阵面 AB 上各点出发时具有相同的相位，光程差为零。而透镜不产生附加的光程差，所以这些平行光经过透镜 L 汇聚 P_0 点时是同位相叠加，因此互相加强。这样，在正对狭缝中心的 P_0 处将是一条明纹的中心，这就是**中央明纹**（或**零级明纹**）中心的位置。

其次，考虑沿衍射角 θ 方向传播的平行光（图 10.2.3 中光束②），它们经过透镜会聚于屏幕上的 P 点，这束光中各子波射线到达 P 点时的光程并不相等，因而它们在 P 点的相位各不相同。如果过点 A 作一垂直于光束②的平面 AC，由于透镜不产生附加光程差，波面 AB 上各点到达 P 点的光程差就等于波面 AB 到平面 AC 的光程差。显然，两条边缘光线之间的光程差为 $BC = a\sin\theta$，这也是该组衍射光各光线之间的**最大光程差**（maximum optical path）。如何从这个光程差来决定 P 点处的明暗呢？

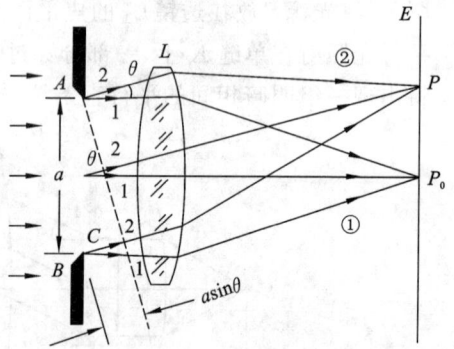

图 10.2.3　单缝衍射

根据惠更斯-菲涅耳原理，P 点的光振动是单缝处波面上所有子波波源发出的子波传到 P 点的振动的相干叠加。为了考虑在 P 点的振动的合成，我们想象在衍射角 θ 为某些特定值时，从 C 点开始作一系列平行于 AC 的平面，使两相邻平面之间的距离等于入射光波长的一半，即 $\dfrac{\lambda}{2}$，从而将宽度为 a 的波阵面 AB 分成许多**等宽度**的纵长条带（例如图 10.2.4 中这些平面将单缝所在处的 AB 波面分割为 AA_1，A_1A_2 和 A_2B 三个宽度相等的条带）。这样就使两个相邻条带上的任意两个对应点(如 A_1A_2 带上的 G 点与 A_2B 带上的 G' 点)所发出的子波在 P 点的光程差均为 $\dfrac{\lambda}{2}$(位相差为 π),这样的条带称为**半波带**,如图 10.2.4 所示。利用这样的半波带法来分析衍射图样的方法叫**半波带法**(half-wave zone method)。

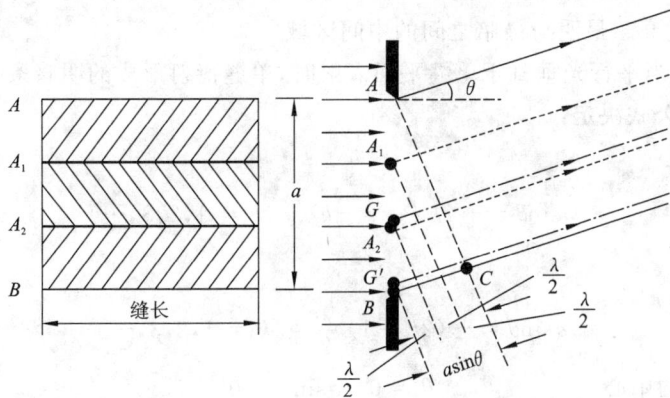

图 10.2.4　菲涅耳半波带法

显然,衍射角 θ 不同,则单缝处波阵面分出的半波带个数不同,半波带的个数取决于单缝两边缘处衍射光线之间的光程差 BC,由图 10.2.4 可见

$$BC = a\sin\theta$$

当 BC 等于半波长的奇数倍时,即对于某给定衍射角 θ,单缝上波面 AB 可分为奇数个半波带(图 10.2.5(a)),当 BC 等于半波长的偶数倍时,单缝处波阵面可分成偶数个半波带(图 10.2.5(b))。

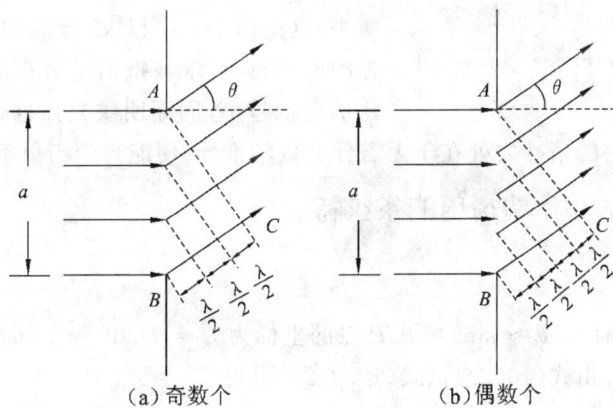

(a)奇数个　　　　　　　(b)偶数个

图 10.2.5　半波带

这样分出的半波带,由于它们到 P 点的距离近似相等,各个波带的面积相等,所以各个波带在 P 点所引起的光振幅接近相等,而相邻两半波带的对应点上发出的子波在 P 点的光程差为 $\dfrac{\lambda}{2}$,将两两干涉相消。因此两相邻半波带发出的光振动在 P 点合成时将完全相互抵消。这样,对于某给定的衍射角 θ,如果单缝处波阵面 AB 恰好能分成**偶数个半波带**,

则由于一对对相邻的半波带发出的光都分别在 P 点相互抵消,所以合振幅为零,P 点应是暗纹的中心;如果单缝处波阵面可分成奇数个半波带,则一对对相邻的半波带发出的光分别在 P 点相互抵消后,还剩下一个半波带发出的光到达 P 点合成,P 点应近似为明纹的中心;如果对应于某个衍射角 θ,波面 AB 既不可分成偶数个半波带,也不可分成奇数个半波带,则 P 点将是介于最明与最暗之间的中间区域。

综上所述,当平行光垂直于单缝平面入射时,单缝衍射形成的明暗条纹位置用衍射角 θ 表示,由以下公式决定:

暗条纹中心

$$a\sin\theta = \pm 2k\frac{\lambda}{2} = \pm k\lambda \quad (k = 1, 2, 3, \cdots) \qquad (10.2.1)$$

明条纹中心

$$a\sin\theta = \pm(2k+1)\frac{\lambda}{2} \quad (k = 1, 2, 3, \cdots) \qquad (10.2.2)$$

中央明纹的中心 $\qquad\qquad\quad \theta = 0 \quad a\sin\theta = 0$

式中,k 为明纹或暗纹的级次。注意:式(10.2.1)与式(10.2.2)与杨氏双缝干涉决定明纹和暗纹的关系式在形式上正好相反,切勿混淆。

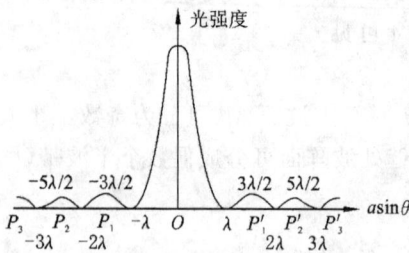

图 10.2.6 单缝衍射条纹的光强分布

在单缝衍射条纹中,光强分布并不是均匀的,如图 10.2.6 所示。中央条纹(即零级明纹)最亮,同时也最宽(约为其他明纹宽度的两倍)。中央条纹的两侧,光强迅速减小,直至第一个暗条纹;其后,光强又逐渐增大而成为第一级明条纹,依此类推。必须注意到:各级明纹的光强随着级数的增大而逐渐减小。这是由于 θ 角越大,分成的波带数越多,半波带的面积越小,未被抵消的波带面积占单缝面积的比例也就越小,因而明纹光强也就越小。由此可见,菲涅耳的半波带法的精妙之处在于无需什么数学推导,便能得到衍射条纹分布的概貌。

10.2.3 单缝夫琅禾费衍射的条纹特点

1. 条纹位置

通常 θ 很小,有 $\tan\theta \approx \sin\theta \approx \theta$。$P$ 点的坐标为 $x = f\tan\theta \approx f\sin\theta$,$f$ 为透镜的焦距,如图 10.2.7 所示。由式(10.2.1)、式(10.2.2),可得

明纹中心的坐标

$$x = \pm(2k+1)\frac{\lambda f}{2a} \quad (k = 1, 2, 3, \cdots) \qquad (10.2.3)$$

暗纹中心坐标

$$x = \pm k\frac{\lambda f}{a} \quad (k = 1, 2, 3, \cdots) \qquad (10.2.4)$$

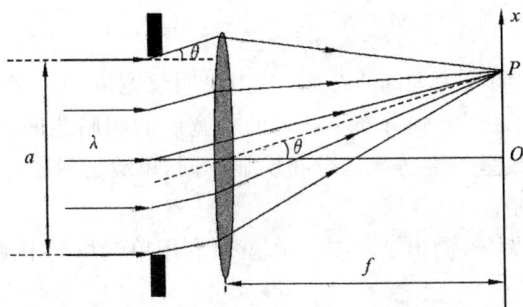

图 10.2.7　单缝衍射条纹的位置

2. 条纹宽度

如图 10.2.8(a) 所示，$x = 0$ 处是中央明纹的中心，在屏上中央明条纹两侧的第一级（$k = \pm 1$）暗纹中心之间的区域为中央明纹。由此我们定义中央明纹的角宽度 $\Delta \theta_0$ 为 $k = \pm 1$ 暗纹中心对透镜中心的张角。以 $\theta_{1暗}$ 表示 $k = 1$ 级暗纹中心对应的衍射角，则由式 (10.2.1)，有

$$\pm \theta_{1暗} = \pm \arcsin \frac{\lambda}{a} \approx \pm \frac{\lambda}{a}$$

显然 $\theta_{1暗}$ 是中央明纹的半角宽度，所以中央明纹的角宽度为

$$\Delta \theta_0 = 2\theta_{1暗} \approx 2\frac{\lambda}{a} \tag{10.2.5}$$

定义中央明纹的线宽度为两个第一级暗纹中心之间的距离。在式 (10.2.4) 中取 $k = 1$，得两个第一级暗纹中心坐标：$x_{\pm 1暗} = \pm \frac{\lambda}{a}f$。所以中央明纹的线宽度为

$$\Delta x_0 = 2x_{1暗} = 2\frac{\lambda}{a}f \tag{10.2.6}$$

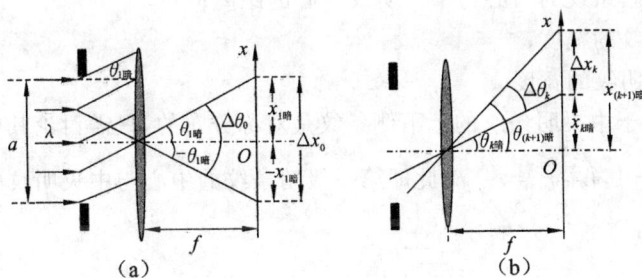

图 10.2.8　单缝衍射明条纹的角宽度和线宽度

式 (10.2.6) 表明，中央明纹的宽度正比于波长 λ，反比于缝宽 a。这一关系又称为**衍射反比律**。可见波长越长，光的衍射效果越好；缝越窄，衍射效果越明显。

其他各级次明纹的宽度定义为与之相邻的两个暗纹中心的角间距与距离，如图 10.2.8(b) 所示，有

$$\Delta\theta_k = \theta_{k+1\text{暗}} - \theta_{k\text{暗}} = \frac{\lambda}{a} \qquad \Delta x_k = x_{k+1\text{暗}} - x_{k\text{暗}} = \frac{\lambda}{a}f \qquad (10.2.7)$$

可见,其他各级次明纹为等间隔分布,是中央明纹宽度的一半。所以单缝衍射条纹是以中央明纹对称的、一系列光强分布不均匀的等宽度的明暗相间、与缝平行的直条纹。它和杨氏干涉图样中条纹呈等宽等亮的分布明显不同,单缝衍射图样的中央明纹既宽又亮,两侧的明纹则窄而较暗。

若已知缝宽 a、焦距 f,测出 Δx_0 或 Δx,就可利用单缝衍射来测定光波的波长 λ。

3. 缝宽 a 对衍射条纹的影响

由式(10.2.1)、(10.2.2)和衍射反比律(10.2.6)可知,对于波长 λ 一定的单色光,缝宽 a 变小时,相应各级次条纹的衍射角增大,衍射现象越显著;当 a 增大时,各级条纹的衍射角变小,都向中央明纹靠拢,此时各级条纹的间隔变小而逐渐不能分辨,这时衍射现象就不明显。当 $a \gg \lambda$,各级条纹非常接近中央明纹,以致不能区分,形成单一的明纹,即单缝在透镜中的像,此时可认为光沿直线传播,遵从几何光学的规律。由此可见,几何光学是波动光学在 $a \gg \lambda \left(\frac{\lambda}{a} \to 0 \right)$ 时的极限情形。对于透镜成像来讲,仅当衍射不显著时,才能形成物的几何像,如果衍射不能忽略时,则透镜所成的像将不是物的几何像,而是一个衍射图样。

4. 白光入射时的衍射条纹

当缝宽 a 一定时,对于同级次条纹,波长越大,则衍射角越大。因此,当用白光入射,除了在中央明纹区形成白色条纹之外,在两侧将出现一系列由紫到红的彩色条纹,且不同级亮纹间有重叠,称之为衍射光谱。

例 10.2.1　用波长 $\lambda = 500$ nm 的单色光,垂直照射到宽为 $a = 0.25$ mm 的狭缝,在缝后置一焦距 $f = 0.25$ m 的凸透镜,求:

(1) 第一级暗条纹的中心与中央明纹中心的距离;

(2) 中央明纹的宽度;

(3) 第一级明纹的宽度。

解　(1) 由于中央明条纹的上下侧条纹是对称分布的,只需讨论其中的一侧。根据式(10.2.4),取 $k=1$,得:$x_1 = \frac{\lambda}{a}f$。此即第一级暗条纹的中心与中央明纹中心的距离,代入数据,得

$$x_1 = \frac{\lambda}{a}f = \frac{500 \times 10^{-6}}{0.25} \times 0.25 \times 10^3 = 0.5 \text{ (mm)}$$

(2) 中央明纹的宽度为 x_1 的两倍,由式(10.2.6),得

$$\Delta x_0 = 2x_1 = 2\frac{\lambda}{a}f = 2 \times \frac{500 \times 10^{-6}}{0.25} \times 0.25 \times 10^3 = 1.0 \text{ (mm)}$$

(3) 第一级明纹宽度为 $k=1$ 和 $k=2$ 两条暗纹之间的距离,即

$$\Delta x = x_2 - x_1 = 2\frac{\lambda}{a}f - \frac{\lambda}{a}f = \frac{\lambda}{a}f = 0.5 \text{ (mm)}$$

例 10. 2. 2　一波长为 λ_1 的单色平行光垂直入射一单缝,其衍射第三级明纹恰与波长为 $\lambda_2 = 600 \text{ nm}$ 的单色光垂直入射该单缝时的衍射第二级明纹重合,试求波长 λ_1。

解　由单缝衍射明纹条件式(10.2.2),对波长分别为 λ_1 和 λ_2 的单色光,有

$$a\sin\theta = \pm(2k_1+1)\frac{\lambda_1}{2} \qquad a\sin\theta = \pm(2k_2+1)\frac{\lambda_2}{2}$$

当 $k_1 = 3$ 级明纹和 $k_2 = 2$ 级的明纹重合时,有

$$(2k_1+1)\frac{\lambda_1}{2} = (2k_2+1)\frac{\lambda_2}{2}$$

解得

$$\lambda_1 = \frac{2k_2+1}{2k_1+1}\lambda_2 = \frac{2\times2+1}{2\times3+1}\times600 = 428.6 \text{ (nm)}$$

10.3　圆孔衍射　　光学仪器的分辨本领

10.3.1　圆孔衍射

当光波射到小圆孔时,也会产生衍射现象。光学仪器中所用的孔径光阑、透镜的边框等都相当于一个透光的圆孔,在成像问题中常要涉及**圆孔衍射**(circular aperture diffraction)问题,所以圆孔夫琅禾费衍射具有重要的意义。

如果在观察单缝夫琅禾费衍射的实验装置中,用小圆孔代替狭缝 K。当平行单色光垂直照射到圆孔上,光通过圆孔后被透镜 L 会聚。按照几何光学,在光屏上只能出现一个亮点。但是实际上在光屏上看到的是圆孔的衍射图样,中央是一个较亮的圆斑,外围是一组同心的暗环和明环。这个由第一暗环所围的中央光斑,集中了入射光强度的 83.8%,称为艾里(G. B. Airy)斑,如图 10.3.1 所示。

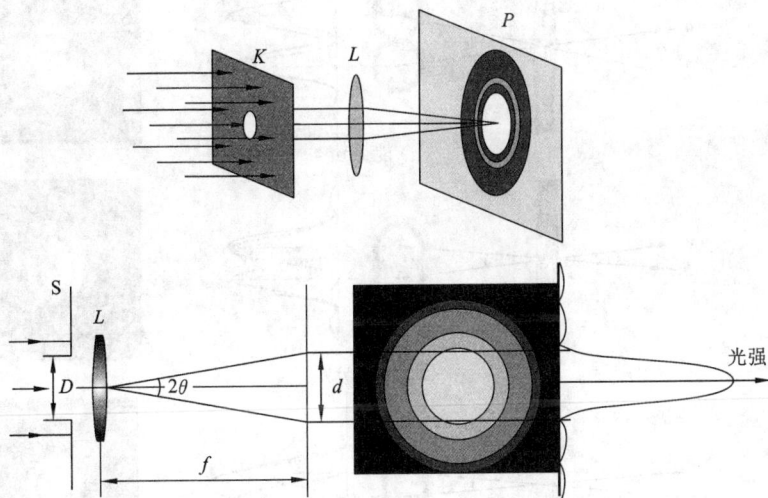

图 10.3.1　圆孔衍射和艾里斑

由理论计算可得,第一级暗环(艾里斑的边缘)对应的衍射角满足

$$\sin\theta = 1.22\frac{\lambda}{D} \qquad (10.3.1)$$

式中，D 是圆孔的直径；λ 是入射光的波长，与单缝衍射第一级暗纹的条件相对应，仅仅多了一个反映几何形状的因数 1.22。

θ 称为艾里斑的半角宽度，而 2θ 称为艾里斑的角宽度，从图 10.3.1 中可以看出，2θ 也相当于第一级暗环直径对透镜光心对所张的角。当 θ 很小时，可以计算出艾里斑的直径为

$$d = 2f\tan\theta \approx 2f\sin\theta = 2.44\frac{\lambda}{D}f \qquad (10.3.2)$$

这一关系与单缝衍射的衍射反比律在物理实质上是一致的。它说明，波长 λ 越大或者圆孔直径 D 越小时，衍射现象就越显著。当 $\lambda/D \ll 1$ 时，衍射现象可以忽略，光线沿直线传播，遵守几何光学规律。

10.3.2　光学仪器的分辨本领

大多数光学仪器都要通过透镜将入射光会聚成像，透镜边缘一般都是制成圆形的，可以看成一个小圆孔。从几何光学的观点来说，物体通过光学仪器成像时，每一物点就有一对应的像点，但由于光的衍射，像点已不是一个几何的点，而是有一定大小的艾里亮斑。因此对相距很近的两个物点，其相对应的两个艾里亮斑就会互相重叠甚至无法分辨出是两个物点的像。可见，由于光的衍射现象，使光学仪器的分辨能力受到限制。例如，天上两颗亮度大致相同、相距很近的星体 a 和 b，在望远镜物镜的像方焦平面上形成两个艾里亮斑，它们分别是 a 和 b 的像。如果这两个亮斑分得较开，亮斑的边缘没有重叠，或重叠较少，我们就能够分辨出 a,b 两点(图 10.3.2(a))。如果 a,b 靠得很近，它们的亮斑将相互重叠，a,b 两点就不再能分辨出来(图 10.3.2(c))，此图的照片再放大若干倍，还是分辨不清 a,b 两点。

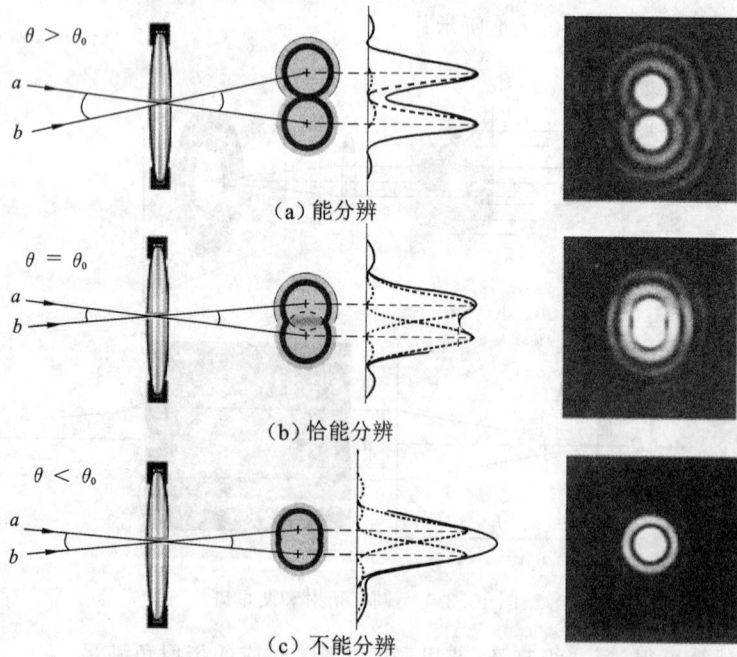

图 10.3.2　光学仪器的分辨本领

对一个光学仪器来说,如果一个点光源的衍射图样的中央最亮处刚好与另一个点光源的衍射图样的第一个最暗处相重合(图 10.3.2(b)),这时两衍射图样(重叠区的)光强度约为单个衍射图样的中央最大光强的 80%,一般人的眼睛刚刚能够分辨出这是两个光点的像。这时,我们说这两个点光源恰好为这一光学仪器所分辨,这一条件称为**瑞利判据**(Rayleigh criterion)。而在这一临界条件下 a,b 两点对透镜光心的张角称为**最小分辨角**(angle of minimum resolution)θ_0,这正是艾里斑的半角宽度,由式(10.3.1)可知

$$\theta_0 = 1.22\frac{\lambda}{D} \tag{10.3.3}$$

可见,最小分辨角由仪器的孔径 D 和光波的波长 λ 决定。在光学中,常将光学仪器的最小分辨角的倒数称为这仪器的**分辨本领**(resolving power)(或分辨率),即

$$R = \frac{1}{\theta_0} = \frac{D}{1.22\lambda} \tag{10.3.4}$$

可见,提高光学仪器的分辨本领有两条途径:一是增大透镜的直径 D;二是减少入射光波长 λ。在天文观察上,采用直径很大的透镜(因为 λ 无法改变),一方面是为了增大入射光能量,另一方面就是为了提高分辨本领。例如,1990 年发射的哈勃太空望远镜(图 10.3.3)的凹面物镜的直径为 2.4 m,最小分辨角 θ_0 小于 0.1 s,可观察 130 亿光年远的太空深处。而美国筹划研制的新一代太空望远镜主镜口径达 7.5 m,其观察范围比"哈勃"大 4～6 倍,清晰度却不亚于"哈勃"。在显微镜的应用上,我们所利

图 10.3.3 哈勃太空望远镜

用的光波波长 λ 越短,其最小分辨角也越小,分辨本领也就越高。利用波长为 0.1 nm 的电子束,可以制成最小分辨距离达 10^{-1} nm 的电子显微镜,它的放大率可达几万倍乃至几百万倍,比普通光学显微镜的分辨本领大数千倍。

例 10.3.1 正常人眼睛通常状况下瞳孔的直径大约为 3 mm。问人眼的最小分辨角为多大?远处有两根细丝间距为 2.24 mm,试问在多远的地方才能区分得开?

解 以视觉感受最灵敏的黄绿光来讨论,波长 $\lambda = 550$ nm,则人眼的最小分辨角为

$$\theta_0 = 1.22\frac{\lambda}{D} = 1.22 \times \frac{5.5 \times 10^{-7}}{3 \times 10^{-3}} = 2.24 \times 10^{-4} \ (\text{rad}) \approx 1'$$

设细丝间距为 ΔL,人与细丝相距为 L,则两根细丝对人眼的张角为 $\Delta\theta = \frac{\Delta L}{L}$。恰能分辨时,由式(10.3.3),有:$\Delta\theta = \theta_0$。于是有

$$L = \frac{\Delta L}{\theta_0} = \frac{2.24 \times 10^{-3}}{2.24 \times 10^{-4}} = 10 \text{ m}$$

超过上述距离,则人眼不能分辨。

10.4　光　栅　衍　射

在单缝衍射中，原则上可以利用单色光通过单缝所产生的衍射条纹来测定光的波长λ。但是为了测得准确的结果，就必须把各级条纹分得很开，而且每一级条纹又要很亮。然而对单缝衍射来说，这两个要求不可能同时满足。因为要求各级明纹分得很开，单缝的宽度 a 就要很小，而宽度太小，通过单缝的光能量就少，因而条纹就不亮。那么，我们是否可以使获得的明纹本身既亮又窄，且相邻明纹分得很开呢？利用**光栅**（grating）就可以获得这样的衍射条纹。

10.4.1　光栅

一般而言，具有周期性结构的衍射屏都可以称为**光栅**。光栅通常分为两种，一种是**透射光栅**（transmission grating），一种是**反射光栅**（reflection grating）。在一块很平的玻璃上，用金刚石刀尖刻出一系列等宽度等间隔的平行刻痕，如图 10.4.1(a) 所示，每条刻痕处相当于毛玻璃不透光，而两条刻痕间可以透光，相当于一个单缝，这样平行排列的大量等距等宽的狭缝就构成了平面透射光栅。在很平整的不透光材料（如金属）表面刻出一系列等间隔的平行刻槽，则入射光将在这些刻槽处反射，这种光栅称为反射式光栅，如图 10.4.1(b) 所示。

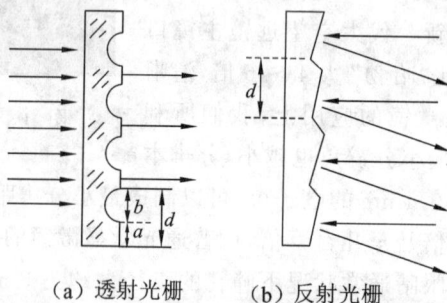

（a）透射光栅　　（b）反射光栅

图 10.4.1　光栅的种类

通常光栅上每厘米内刻有几千条甚至上万条刻痕，可见衍射光栅是一种非常精密的光学元件。在近代物理实验中，光栅常常用于分光装置，主要用来形成光谱。

10.4.2　光栅衍射

本节主要讨论平面透射光栅的夫琅禾费衍射，图 10.4.2 所示为光栅衍射的示意图。当平行单色光垂直照射在光栅上，衍射光束通过透镜会聚在透镜焦平面处的屏幕上，产生一组明暗相间的衍射条纹。

如图 10.4.3 所示，光栅衍射条纹的分布与单缝的情况明显不同。在单缝衍射条纹中，中央明纹宽度很大，其他各级明纹的宽度较小，且强度随级数增高而递减。而在光栅衍射中，随狭缝数目的增多，明纹亮度增加而条纹变细，且互相分得越开，在明纹之间形成大片暗区。

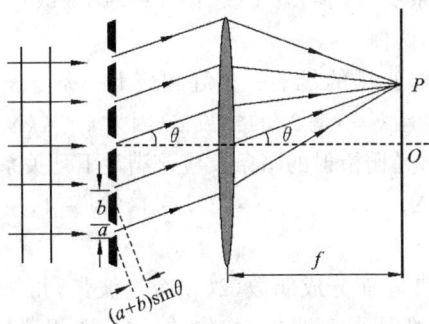

图 10.4.2　光栅衍射示意图

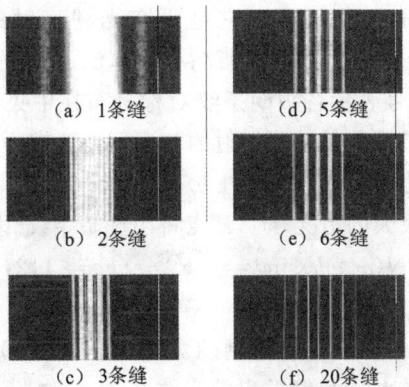

图 10.4.3　缝衍射条纹

　　我们先研究光栅上每条狭缝的单缝衍射情况。在单缝夫琅禾费衍射中,屏幕上各级条纹的位置仅取决于相应的衍射角 θ,而与单缝在缝平面上所处的位置无关。也就是说,如果把单缝平行于缝平面上下移动,通过同一透镜而在屏幕上显示的衍射图样,仍在原位置保持原状。因此,在具有 N 条狭缝的光栅平面上,所有狭缝单独产生的单缝衍射图样在屏幕上的位置是相同的,观察屏上 N 束完全重合的单缝衍射条纹将叠加在一起。如果这 N 束衍射光是不相干的,那么在屏上呈现的仍然是单缝衍射图样,只是各处的光强都增加了 N 倍。但是,光栅是与杨氏双缝类似的分波阵面的装置,这 N 束衍射光是相干光,在屏幕上会聚时这 N 束衍射光还要产生多缝干涉现象。

　　在光栅衍射中,当平行光入射时,每一条狭缝都会发生单缝夫琅禾费衍射,而不同狭缝发出的衍射光都是相干光,所以它们彼此之间还要发生干涉。因此,光栅每个缝的自身衍射和各缝之间的干涉共同决定了光通过光栅后的光强分布,即光栅衍射实际上是多光束干涉和单缝衍射的综合效果。下面我们就根据这一思想对光栅衍射进行分析。

　　设图 10.4.2 中光栅每一条透光部分的宽度为 a,不透光部分的宽度为 b,$a+b$ 称为该光栅的**光栅常数**(grating constant),记为 d,即

$$d = a + b$$

它是光栅的空间周期性的反映。以 N 表示光栅的总缝数,并设平面单色光波垂直入射到光栅表面上。先考虑多缝干涉的影响,这时可认为各缝共形成 N 个间距都是 d 的同相的子波波源,它们沿每一方向都发出频率相同、振幅相同的光波。这些光波叠加就形成多光束干涉。当衍射角为 θ 时,光栅上从上到下,任意相邻两狭缝衍射光束到达 P 点的光程差都是相等的。由图 10.4.2 可知,这一光程差为

$$\delta = (a+b)\sin\theta = d\sin\theta$$

由光的相干规律可知,当 θ 满足

$$(a+b)\sin\theta = \pm k\lambda \quad (k = 0,1,2,\cdots) \tag{10.4.1}$$

时,所有的缝发出的各衍射光到达 P 点引起的光振动是同相位的,它们将发生相长干涉从而在 θ 方向形成明条纹。值得注意的是,由于这种明条纹是由所有狭缝射出的衍射光叠加而成的,这时 P 点的合振幅应是来自一条缝光振幅的 N 倍,而合光强将是来自一条缝衍射光强的 N^2 倍。可见,光栅的缝数 N 越大,则条纹越明亮。和这些明条纹相应的光强的极大值称为**主极大**(principal maximum)。决定主极大位置的式(10.4.1)称为**光栅方程**

(grating equation),它是研究光栅衍射的基本公式之一。式中,k 称为主极大的级次。$k = 0$ 时,称为中央明纹;$k = 1,2,3,\cdots$ 的明条纹分别叫第 1 级、第 2 级、第 3 级、$\cdots$ 明纹,正、负号表示各级明条纹对称分布在中央明纹两侧。

按照分析单缝衍射的菲涅耳半波带法类推,光栅的最上一条缝和最下一条缝发出的光的光程差为 $\delta = N(a+b)\sin\theta$。当 δ 等于 $k'\lambda$,并且 k' 不是 N 的整数倍(因为 $k' = kN$ 属于出现主极大的情况)时,P 点将出现暗条纹。因此,光栅衍射的暗条纹应该满足下列关系式

$$N(a+b)\sin\theta = \pm k'\lambda \quad (k' = 1,2,\cdots,N-1,N+1,\cdots,2N-1,2N+1,\cdots)$$

$$(10.4.2)$$

这时,可以视为将光栅的宽度为 $N(a+b)$ 的波阵面分成偶数($2k'$)个半波带,相邻两个半波带的对应狭缝发出的光线在 P 点的光程差都是半个波长,相位差 π,干涉相消。由于半波带为偶数个,成对抵消,故 P 点出现暗纹。式中,k' 为暗纹的级次,显然在相邻两个主极大之间都有 $N-1$ 条暗纹。而两暗纹之间应为明条纹,所以在 $N-1$ 条暗纹之间还应有 $N-2$ 条明纹,但这些明纹是大量半波带相互抵消剩下的一个半波带的光强,计算表明,这些明纹的强度仅为主极大明纹的 4% 左右,所以称为次明纹或次极大。当 N 很大时,次级大的光强很小,通常用肉眼无法分辨,相邻两个主极大之间实际上形成一片暗区。这样,多光束干涉的结果就是:在几乎黑暗的背景上出现了一系列又细又亮的明条纹。这一结果的光强分布曲线如图 10.4.4(b) 所示。

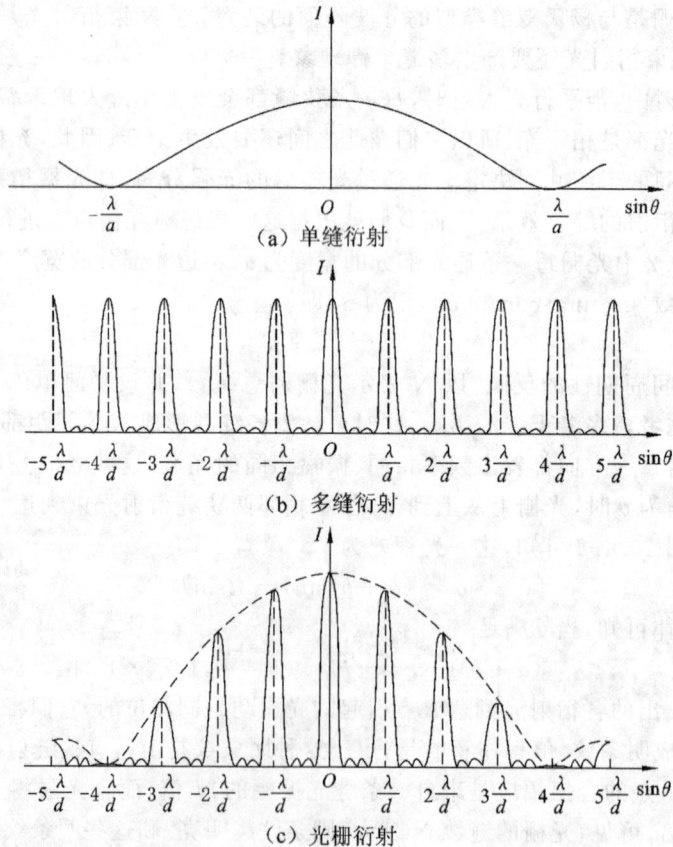

(a) 单缝衍射

(b) 多缝衍射

(c) 光栅衍射

图 10.4.4　光栅衍射的光强分布

图 10.4.4(b) 中的光强分布曲线是假设各缝在各方向的衍射光的强度一样得出的。实际上,光栅衍射的条纹还要受到单缝衍射的影响。每条缝发的光,由于衍射,在不同 θ 的方向的光强是不同的(图 10.4.4(a))。不同 θ 的方向的衍射光相干叠加形成的主极大也就要受衍射的影响,光栅衍射的各级主极大是来源于不同强度的衍射光的干涉叠加。当衍射角较小时,单缝衍射光强较大,由此所产生的多光束干涉主极大光强就越大,随着衍射角的增大,单缝衍射光强变小,由此所产生的多光束干涉主极大光强也变小。这就是说,多光束干涉的明条纹经过单缝衍射光强的调制,最后才形成光栅衍射的主极大。图10.4.4(b)给出的是 $N=4$ 时,不考虑单缝衍射因素时,多缝干涉的光强分布。图 10.4.4(a) 所示为每一个单缝衍射的光强分布,它对 4 光束干涉的光强分布进行调制,给出了光栅衍射的"轮廓",即由单缝衍射和多缝干涉共同决定了实际的光栅衍射光强分布,如图 10.4.4(c) 所示。

还应该指出的是,由于单缝衍射光强分布在某些值时,可能为零,所以,如果对应这些 θ 值按多光束干涉出现某些级的主极大时,这些主极大将消失。这种主极大明纹受到单缝衍射调制而消失的特殊结果叫**缺级现象**(missing order)。如图10.4.4(c) 中,光栅衍射的第 4 级主极大缺级。原因在于此处既是第 4 级主极大的位置,同时又是单缝衍射条纹的第 1 级暗纹的位置。所缺的级次由光栅常数 d 与缝宽 a 的比值决定。因为,主极大满足式(10.4.1): $(a+b)\sin\theta=\pm k\lambda$,而衍射极小满足式(10.2.1): $a\sin\theta=\pm k'\lambda$。如果某一 θ 同时满足这两个方程,则 k 级主极大缺级。两式相除,可得所缺的主极大级次 k 为

$$k=\pm\frac{d}{a}k' \quad (k'=1,2,3,\cdots) \tag{10.4.3}$$

例如,当 $d=4a$ 时, $k=\pm4,\pm8,\pm12,\cdots$ 的主极大都要缺级,如 10.4.4(c) 所示。

10.4.3　光栅光谱

根据光栅方程 $(a+b)\sin\theta=\pm k\lambda$ 可知,若光栅常数 $(a+b)$ 一定,除中央明纹外,则入射光波长不同,同一级 k 所对应的衍射角也就不同。因此,当以白光入射时,除了中央明纹仍为白亮纹外,其他各级明纹将按由紫到红的顺序排列,对称地排在中央明纹两侧,这些彩色光带称为**光栅光谱**。从第二级光谱开始将发生重叠,级次越高,重叠越严重,如图 10.4.5 所示。

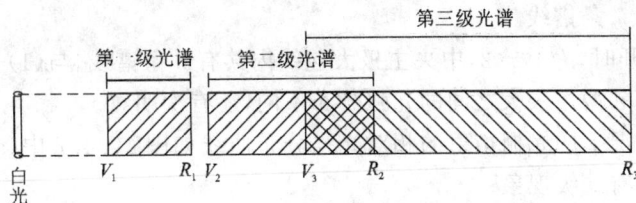

图 10.4.5　光栅光谱

各种元素或化合物有它们自己特定的谱线,测定光谱中各谱线的波长和相对强度,可以确定该物质的成分及其含量。测定物质中原子或分子的光谱,有助于了解原子或分子的内部结构和运动规律,了解物质的微观结构。这种分析方法称为光谱分析,在科学研究和

工程技术上有着广泛的应用。

例 10.4.1　用白色平行光垂直入射到每厘米有 6500 条缝的光栅上,求第三级光谱的张角。

解　白光是由紫光($\lambda_1 = 400$ nm)和红光($\lambda_2 = 760$ nm)之间的各色光组成的,光栅常数为

$$d = a + b = \frac{1}{6500} \text{(cm)}$$

设第三级($k = 3$)紫光和红光的衍射角分别为 θ_1 和 θ_2,于是由式(10.4.1),可得

$$\sin\theta_1 = \frac{3\lambda}{a+b} = 0.78, \quad \theta_1 = 51.26°$$

$$\sin\theta_2 = \frac{3\lambda}{a+b} = 1.48 > 1 \quad (\text{说明 } \theta_2 \text{ 不存在})$$

这说明第三级谱线只能出现一部分谱线,这一部分光谱的张角为

$$\Delta\theta = 90° - 51.26° = 38.74°$$

设第三级谱线所能出现的最大波长为 λ'(对应的衍射角 $\theta' = 90°$)

$$\lambda' = \frac{(a+b)\sin 90°}{3} = \frac{a+b}{3} = 513 \text{(nm)} \quad (\text{绿光})$$

于是,第三级谱线所能出现的为紫、蓝、青、绿等色光,而黄、橙、红等色光看不见。

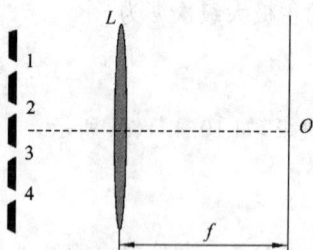

图 10.4.6　四缝光栅

例 10.4.2　有一四缝光栅,如图 10.4.6 所示。缝宽为 a,光栅常数 $d = 2a$。其中 1 缝总是开的,而 2,3,4 缝可以开也可以关闭。波长为 λ 的单色平行光垂直入射光栅,试画出下列条件下,夫琅禾费衍射的相对光强分布曲线 I/I_0-$\sin\theta$。

(1) 关闭 3,4 缝;

(2) 关闭 2,4 缝;

(3) 4 缝全开。

解　(1)关闭 3,4 缝时,四缝光栅变成双缝,且 $d/a = 2$,所以在中央主极大包线内共有 3 条谱线。

(2)关闭 2,4 缝时,仍成双缝,但光栅常数 d 变成 $d' = 4a$,即 $d'/a = 4$,所以在中央主极大包线内共有 7 条谱线。

(3)4 缝全开时,$d/a = 2$,中央主极大包线内共有 3 条谱线。与(1)不同的是,主极大明纹的宽度和相邻两主极大之间的光强分布不同,还有次明纹。

上述三种情况下的光栅衍射的相对光强分布曲线如图 10.4.7 中(a)、(b)、(c)所示,注意三种情况都有缺级现象。

例 10.4.3　用每毫米刻有 500 条刻痕的光栅,观察钠黄线($\lambda = 589.3$ nm)。若光线垂直照射光栅时以及平行光线以入射角为 30° 斜向上入射时,分别求能看到条纹最大级数以及光屏上呈现全部条纹的级数。

解　(1)光线垂直照射时,由光栅方程 $(a+b)\sin\theta = k\lambda$,得

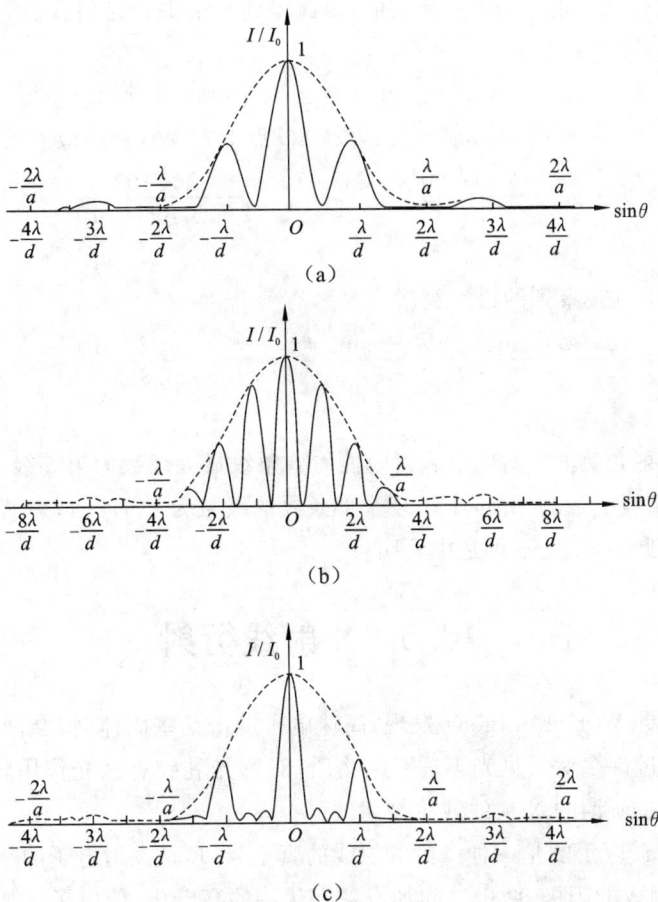

图 10.4.7　例 10.4.2 相对光强分布曲线

$$k = \frac{(a+b)\sin\theta}{\lambda}$$

可见 k 的可能最大值相应于 $\sin\theta = \pm 1$. 故

$$k_{\mathrm{m}} = \frac{(a+b)\sin(\pm 90°)}{\lambda} = \frac{\pm 10^{-3}}{5.893 \times 10^{-7} \times 500} = \pm 3.4$$

由于级数只能取整数,则垂直入射时能看到条纹最大级数是第三级,光屏上呈现全部条纹的级数为 $k = 0, \pm 1, \pm 2, \pm 3$,一共有 7 个条主极大明纹.

(2) 若平行光以 i 角斜向上入射时,光程差的计算公式应作适当的修正.从图 10.4.8 中可以看出,在衍射角的方向上,相邻两狭缝对应点的衍射光程差为

$$\delta = BD - AC = (a+b)\sin\theta - (a+b)\sin i$$
$$= (a+b)(\sin\theta - \sin i)$$

这里角 i 和角 θ 的正负号是这样规定的:从图中光栅平面的法线算起,逆时针转向光线时的夹角取正值,

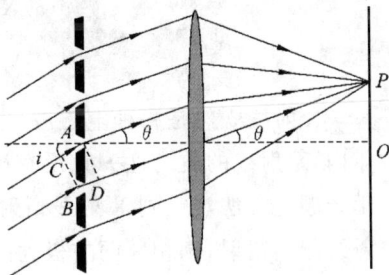

图 10.4.8　例 10.4.3 计算图

反之取负值。图中所示的 i 和 θ 都是正值。由此得到一束平行光斜入射到光栅表面时的光栅方程为

$$(a+b)(\sin\theta-\sin i)=\pm k\lambda \quad (k=0,1,2,\cdots)$$

同样,k 的可能最大值相应于 $\sin\theta=\pm1$,设在 O 点上方观察到的最大级次为 k_{1m},有

$$k_{1m}=\frac{(a+b)(\sin90°-\sin30°)}{\lambda}=\frac{2\times10^{-6}}{2\times5.893\times10^{-7}}=1.7$$

取 $k_{1m}=1$。

设在 O 点下方观察到的最大级次为 k_{2m},有

$$k_{2m}=\frac{(a+b)\left[\sin(-90°)-\sin30°\right]}{\lambda}=-\frac{3\times2\times10^{-6}}{2\times5.893\times10^{-7}}=-5.1$$

取 $k_{2m}=-5$。

因此,以入射角为 30° 斜向上入射时能看到条纹最大级数为第 5 级,比垂直入射时能够观察到的光谱线级数高。光屏上呈现全部条纹的级数为 $-5,-4,-3,-2,-1,0,+1$,也是 7 个条纹。此时,O 处不再是中央明纹。

10.5 X 射线衍射

1895 年伦琴(W. C. Rontgen) 发现,高速电子撞击某些固体时,会产生一种看不见的射线,它能够透过许多对可见光不透明的物质,对感光乳胶有感光作用,并能使许多物质产生荧光,这就是所谓的 X 射线或伦琴射线。

图 10.5.1(a) 所示的是一种产生 X 射线的真空管,K 是发射电子的热阴极,A 是由钼、钨或铜等金属制成的阳极。两极之间加有数万伏特的高电压,使电子流加速,向阳极 A 撞击而产生 X 射线。当时,对这种射线的本质尚不清楚,故称它为 X 射线。实验证实它是一种波长很短的电磁波,波长在 0.01 nm ~ 10 nm 范围内。

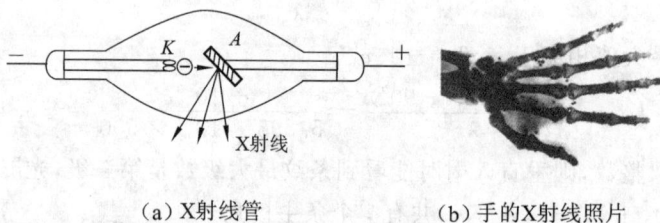

(a) X射线管   (b) 手的X射线照片

图 10.5.1 X 射线

X 射线既然是一种电磁波,也应该有干涉和衍射现象。但在伦琴发现 X 射线后的十多年内,X 射线的波动性一直没有被实验证实。原因在于 X 射线的波长很短,利用普通的光学光栅是无法观察到 X 射线衍射光谱的。例如,用光栅常数 $d=500$ nm 的光学光栅对 X 射线产生衍射,则相邻两主极大的角间距约为 2×10^{-6} rad,实际上已无法观察。人们曾希望获得 X 射线使用的光栅,但既然 X 射线的波长的数量级相当于原子直径,这样的光栅当然就无法用机械方法来制造。

　　1912 年,德国物理学家劳厄(M. Von. Laue)想到,**晶体**(crystal)是由一组有规则排列的微粒(原子、离子或分子)组成的,它们在晶体中排列成有规则的空间点阵,即**晶格**(图 10.5.2)。晶体内相邻微粒之间的距离称为晶格常量,其数量级约为几十纳米,与 X 射线的波长同数量级,因此可以利用晶体作为天然三维衍射光栅。

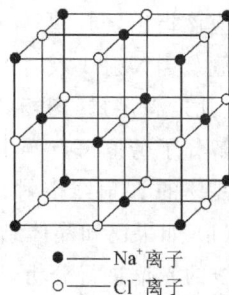

● —— Na⁺ 离子
○ —— Cl⁻ 离子

图 10.5.2　食盐(NaCl)的晶格

　　劳厄用一束 X 射线通过铅屏的小孔射向晶体时,如图 10.5.3(a) 所示,放置在晶体后的底片上就会显影出具有对称性的按一定规则分布的斑点。如图 10.5.3(b) 中所示的这些斑点称为劳厄斑,劳厄斑的出现正是 X 射线通过晶体点阵发生衍射的结果。

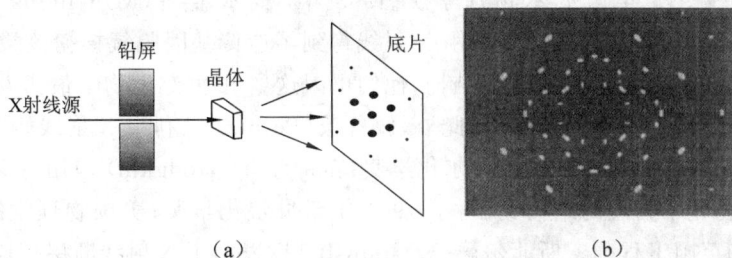

（a）　　　　　　　　　　　　　（b）

图 10.5.3　(a)X 射线的衍射;(b) 劳厄斑点

　　劳厄从实验证明了 X 射线的波动性,同时还证实了晶体中原子排列的规则性,其间隔与 X 射线的波长同数量级,荣获 1914 年诺贝尔物理学奖。

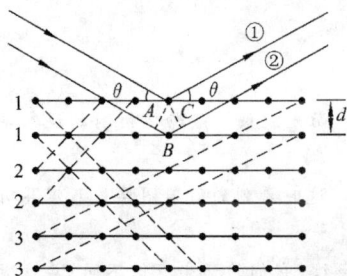

图 10.5.4　推导布拉格公式图

　　1913 年,英国物理学家布拉格父子(W. H. Bragg; W. L. Bragg)提出了一种比较简单的方法来研究 X 射线,他们把晶体的空间点阵简化,当成反射光栅处理。晶体看成是一系列彼此相互平行的原子层构成的,这些原子层称为**晶面**(crystal plane),两个相邻的晶面间距为 d,称为晶格常数,如图 10.5.4 所示。图中小圆点表示晶体点阵中的原子(或离子)。

　　当一束平行的 X 射线以掠射角(入射线与晶面之间的夹角)θ 投射到晶体上时,一部分将为表面层原子(或离子) 所散射,其余部分将为内部各原子(或离子)层所散射。按惠更斯原理,这些原子(或离子) 就成为子波波源,向各方向发出散射波。可以证明,在各原子层(或离子) 所散射的射线中,只有按反射定律反射的射线的强度为最大。由图可见,上下两原子(或离子)层所发出的反射线 ①、② 的光程差为

$$\delta = AB + BC = 2d\sin\theta$$

显然,各层散射射线相互加强而形成亮点的条件是

$$2d\sin\theta = k\lambda \quad (k = 1,2,3,\cdots) \tag{10.5.1}$$

这就是著名的**布拉格公式**(Bragg's formula)。

应该指出,同一晶体中包含许多不同取向的晶面簇(如图 10.5.4 所示的 11,22,33,…晶面簇)。当 X 射线入射到晶体表面上时,对于不同的晶面簇,掠射角 θ 不同,晶面间距 d 也不同。凡是满足式(10.5.1)的,都能在相应的反射方向得到加强,所以形成不同的斑点,这就解释了劳厄斑点产生的原因。

晶体的 X 射线衍射有着广泛的应用,体现在以下两个方面:

(1) 如果已知晶体结构,则可以根据布拉格公式求得 X 射线的波长;若对原子发射的 X 射线的光谱进行分析,还可研究原子的结构。

(2) 如果用已知波长的 X 射线照射某晶体的晶面,则由出现最大衍射强度方向的掠射角 θ 可以求得晶格常数 d,从而研究晶体的结构。这一应用发展为 X 射线的晶体结构分析,在科学技术上也有极大的应用价值。布拉格父子由于在应用 X 射线研究晶体结构方面的贡献,荣获 1915 年诺贝尔物理学奖。1953 年,威尔金斯(M. Wilkins)、沃森(J. D. Watson)和克里克(F. H. Crick)利用 X 射线得到了遗传基因脱氧核糖核酸(deoxyribose nucleic acid,简称 DNA)的双螺旋结构,他们也因这项 20 世纪生物学最伟大的成就,获得了 1962 年诺贝尔生理学及医学奖。此外,佩鲁茨(Perutz)等利用 X 射线研究了血红蛋白的原子链结构,获得了 1962 年诺贝尔化学奖;霍奇金(D. Hodgkin)应用 X 射线研究了一系列重要生物化学物质的结构,获得了 1964 年诺贝尔化学奖;美国物理学家科马克(A. Cormack)和英国工程师豪斯菲尔德(S. Hounsfield)发明了 X 射线断层扫描仪(即 CT 扫描仪),获得了 1979 年诺贝尔生理学及医学奖。

总之,X 射线对科学技术的发展和人类社会进步产生了深刻影响,它为我们提供了一个强有力的武器,促进着医学、化学、生物学及其他相关学科领域的不断发展。

思 考 题

1. 为什么在日常生活中声波的衍射、无线电波的衍射随处皆是,而光波被一般物体衍射的现象却很少有?举出一个日常能见到的光的衍射的例子。

2. 用眼睛通过一单狭缝直接观察远处与缝平行的线状白光光源,这时看到的衍射图样是菲涅耳衍射还是夫琅禾费衍射?

3. 单缝夫琅禾费衍射和杨氏双缝干涉同样是出现明暗交替的条纹,它们的产生有何不同?单缝衍射明纹条件 $a\sin\theta=\pm(2k+1)\dfrac{\lambda}{2}$ 与双缝干涉的暗纹条件 $d\sin\theta=\pm(2k+1)\dfrac{\lambda}{2}$ 的形式相同,但条纹一明一暗,这是为什么?

4. 单缝夫琅禾费衍射实验中,试讨论下列情况衍射图样的变化:

(1) 狭缝变窄;

(2) 入射光的波长增大;

(3) 单缝垂直于透镜光轴上下平移;

(4) 线光源 S 垂直透镜光轴上下平移。

5. 在单缝衍射中,为什么级次越高(衍射角 θ 越大)的明纹亮度越小?

6. 在单缝的夫琅禾费衍射中,若单缝处波阵面恰好分成 4 个半波带,光线 1,3 是同相位的,光线 2,4 也是同相位的。如图 1 所示,为什么 P 点的光强不是极大而是极小?

7. 若把单缝衍射实验装置全部浸入水中时,衍射图样将发生怎样的变化?

8. 如果人眼能感知的电磁波段不是 $400 \sim 760$ nm 附近,而是移到毫米波段,人眼的瞳孔仍保持在 4 mm 左右的孔径,那么人们所看到的世界将是一幅什么景象?

9. 双缝衍射与双缝干涉有什么相同点?又有什么区别?光栅衍射和单缝衍射有何区别?为什么光栅衍射的明纹特别亮?光栅衍射图样的强度分布具有哪些特征?这些特征分别与光栅的哪些参数有关?

10. N 缝的衍射光栅中,入射的能流比单缝衍射大 N 倍,而主极大强度却比单缝大 N^2 倍,这是否违反能量守恒定律?

11. 如果光栅中透光狭缝的宽度与不透光部分的宽度相等,光栅衍射图样有何特点?

12. 当入射的平行单色光从垂直于光栅平面入射变为斜入射时,能观察到的光谱线的最高级次 k 如何变化?

13. 光栅形成的光栅光谱与玻璃棱镜形成的色散光谱有何不同?

14. 蓝光光盘,即蓝光 DVD 是 DVD 光盘的新一代光盘格式,一个单层的蓝光光盘的容量达 25 G。使用蓝色激光在光盘上进行数据读写较红色激光有何优越性?

15. 为什么天文望远镜的直径很大?如果知道了其直径是 2.44 m,由此你知道了这台望远镜的哪些光学性能?

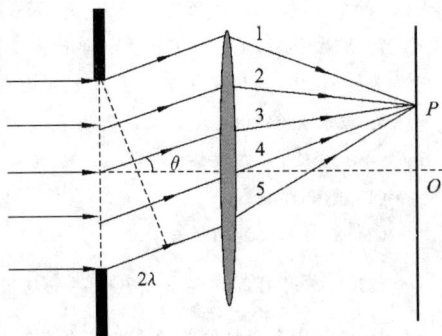

图 1   思考题 6 图

习 题 10

1. 用 $\lambda = 6000$ Å 的单色平行光束垂直照射单缝,在单缝后放一焦距为 2.0 m 的会聚透镜,已知位于透镜焦平面处的屏幕上的中央明条纹宽度为 2.00 mm,求该单缝的宽度。

2. 若有一波长为 $\lambda = 600$ nm 的单色平行光,垂直入射到缝宽 $a = 0.6$ mm 的单缝上,缝后有一焦距 $f = 40$ cm 透镜。试求:

(1) 屏上中央明纹的宽度;

(2) 两个第三级暗纹之间的距离;

(3) 若在屏上 P 点观察到一明纹,距中央明纹的距离为 $x = 1.4$ mm。问 P 点处是第几级明纹,对 P 点而言狭缝处波面可分成几个半波带?

3. 一单色平行光束垂直入射一单缝,其衍射第 3 级明纹位置恰与波长为 600 nm 的单色光垂直入射该缝时衍射的第 2 级明纹位置重合,试求该单色光的波长。

4. 单缝宽 $a = 0.10$ mm,透镜焦距 $f = 50$ cm,用 $\lambda = 5000$ Å 的绿光垂直照射单缝。若把此装置浸入水中($n = 1.33$),中央明条纹的半角宽度为多少?

5. 人眼的瞳孔直径为 3 mm,若视觉感受最灵敏的光波长为 550 nm,试问:

(1) 人眼最小分辨角是多少?

(2) 在教室的黑板上,画一等号,其两横线相距 $\Delta x = 2$ mm,试分析坐在离黑板 $L = 10$ m 处的同学能否分辨这两条横线。

6. 据说间谍卫星上的照相机能清楚识别地面上汽车的牌照号码。

(1) 如果需要识别的牌照上的字划间的距离为 5 cm,在 160 km 高空的卫星上的照相机的最小分辨角是多少?

(2) 此照相机的孔径需要多大?光的波长按 500 nm 计。

7. 用波长为 546.1 nm 的平行单色光垂直照射在一透射光栅上,在分光计上测得第一级光谱线的衍射角为 $\theta = 30°$。则该光栅每一毫米上有几条刻痕?

8. 波长 $\lambda = 6000$ Å 的单色光垂直入射到一光栅上,第二、第三级明条纹分别出现在 $\sin\theta = 0.20$ 与 $\sin\theta = 0.30$ 处,第四级缺级。求:

(1) 光栅常数;

(2) 光栅上狭缝的宽度;

(3) 求在衍射角 $-\frac{1}{2}\pi < \theta < \frac{1}{2}\pi$ 范围内可能观察到的全部主极大的级次。

9. 一束具有两种波长的平行光垂直入射在光栅上,$\lambda_1 = 600$ nm,$\lambda_2 = 400$ nm,发现距中央明纹 5 cm 处 λ_1 光的第 k 级主极大和 λ_2 光的第 $k+1$ 级主极大相重合,放置在光栅与屏之间的透镜的焦距 $f = 50$ cm,求:

(1) 上述 k 值;

(2) 光栅常数 d。

10. 以氢放电管发出的光垂直照射在某光栅上,在衍射角 $\theta = 41°$ 的方向上看到 $\lambda_1 = 656.2$ nm 和 $\lambda_2 = 410.1$ nm 的谱线相重合,求最小光栅常数。

11. 波长 $\lambda = 500$ nm 的单色平行光垂直投射在一个 5 缝($N = 5$)的平面光栅上,已知光栅常数 $d = 3$ μm,缝宽 $a = 1$ μm,光栅后会聚透镜的焦距 $f = 50$ cm,试求:

(1) 单缝衍射中央明纹的线宽度;

(2) 在单缝衍射中央明纹的宽度内有几个光栅主极大;

(3) 视场范围内总共可看到的衍射光谱线条数;

(4) 若入射光以 $i = 30°$ 的入射角斜向上入射,视场范围内可见的衍射光谱线条数。

12. 一束波长范围为 400～700 nm 的平行光垂直入射在每毫米有 500 条缝的光栅上,要想在屏幕上得到的第一级光谱的宽度为 50 mm,求透镜的焦距。

13. 已知入射的 X 射线束含有从 0.95～1.30 Å 范围内的各种波长,晶体的晶格常数为 2.75 Å,当 X 射线以 45° 角入射到晶体时,问对哪些波长的 X 射线能产生强反射?

14. 以波长 0.11 nm 的 X 射线照射岩盐晶面,实验测得在 X 射线与晶面的夹角(掠射角)为 11°30′ 时,获得第一级极大的反射光。那么岩盐晶体原子平面之间的间距 d 为多大?

阅读材料

全息照相

全息照相(简称全息)原理是 1948 年伽伯(D. Gabor)为了提高电子显微镜的分辨能力而提出的。他曾用汞灯作光源拍摄了第一张全息照片。其后,这方面的工作进展相当缓慢。直到 1960 年激光出现以后,全息技术才获得了迅速发展,现在它已是一门应用广泛的重要新技术。

一、全息照片的拍摄

照相技术是利用了光能引起感光乳胶发生化学变化这一原理。这化学变化的浓度随入射光强度的增大而增大,因而冲洗过的底片上各处会有明暗之分。普通照相使用透镜成像原理,底片上各处乳剂化学反应的深度直接由物体各处的明暗决定,因而底片就记录了明暗,或者说,记录了入射光波的强度或振幅。全息照相不但记录了入射光波的强度,而且还能记录下入射光波的相位。之所以能如此,是因为全息照相利用了光的干涉现象。

全息照相没有利用透镜成像原理,拍摄全息照片的基本光路大致如图 2 所示。来自同一激光光源

（波长为λ）的光分成两部分：一部分直接照到照相底片上，叫参考光；另一部分用来照明被拍摄物体，物体表面上各处散射的光也射到照相底片上，这部分光叫物光。参考光和物光在底片上各处相遇时将发生干涉。所产生的干涉条纹既记录了来自物体各处的光波的强度，也记录了这些光波的相位。

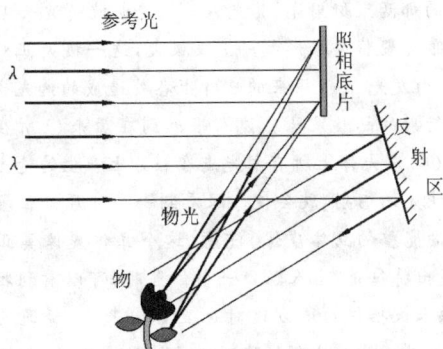

図 2　全息照片的拍摄　　　　　　　　図 3　相位记录说明

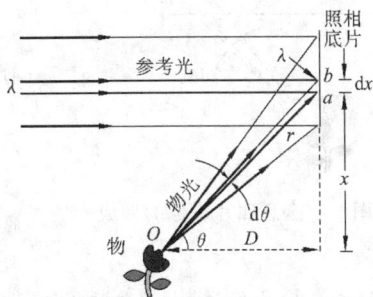

干涉条纹记录光波的强度的原理是容易理解的。因为射到底片上的参考光的强度是各处一样的，但物光的强度则各处不同，其分布由物体上各处发来的光决定，这样参考光和物光叠加干涉时形成的干涉条纹在底片上各处的浓淡也不同。这浓淡就反映物体上各处发光的强度，这一点是与普通照相类似的。

干涉条纹怎样记录相位的呢？如图 3 所示，设 O 为物体上某一发光点。它发的光和参考光在底片上形成干涉条纹。设 a,b 为某相邻两条暗纹（底片冲洗后变为透光缝）所在处，距 O 点的距离为 r。要形成暗纹，在 a,b 两处的物光和参考光必须都反相。由于参考光在 a,b 两处是相同的（如图设参考光平行垂直入射，但实际上也可以斜入射），所以到达 a,b 两处的物光的光程差必相差 λ。由图示几何关系可知：$\lambda = \sin\theta \mathrm{d}x$。由此得

$$\mathrm{d}x = \lambda/\sin\theta = \frac{\lambda r}{x}\mathrm{d}x$$

这一公式说明，在底片上同一处，来自物体上不同发光点的光，由于它们的 θ 或 r 不同，与参考光形成的干涉条纹的间距就不同，因此底片上各处干涉条纹的间距（以及条纹的方向）就反映了物光波相位的不同，这不同实际上反映了物体上各发光点的位置（前后、上下、左右）的不同。整个底片上形成的干涉条纹实际上是物体上各发光点发出的物光与参考光所形成的干涉条纹的叠加。这种把相位不同转化为干涉条纹间距（或方向）不同从而被感光底片记录下来的方法是普通照相方法中不曾有的。

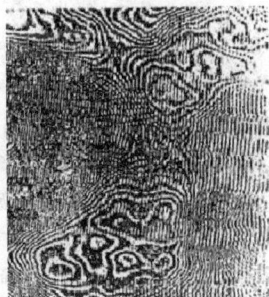

由上述可知，用全息照相方法获得的底片并不直接显示物体的形象，而是一幅复杂的条纹图像，而这些条纹正记录了物体的光学全息。图 4 所示是一张全息照片的部分放大图。

图 4　全息照片外观

由于全息照片的拍摄利用光的干涉现象，它要求参考光和物光是彼此相干的。实际上所用仪器设备以及被拍摄物体的尺寸都比较大，这就要求光源有很强的时间相干性和空间相干性。激光，作为一种相干性很强的强光源正好满足了这些要求，而用普通光源则很难做到。这正是激光出现后全息技术才得到长足发展的原因。

二、全息图像的观察

观察一张全息照片所记录的物体的形象时，只需用拍摄该照片时所用的同一波长的照明光沿原参考光的方向照射照片即可，如图 5 所示。这时在照片的背面向照片看，就可看到在原位置处原物体的完整的立体形象，而照片就像一个窗口一样。所以能有这样的效果，是因为光的衍射的缘故。仍考虑两相邻

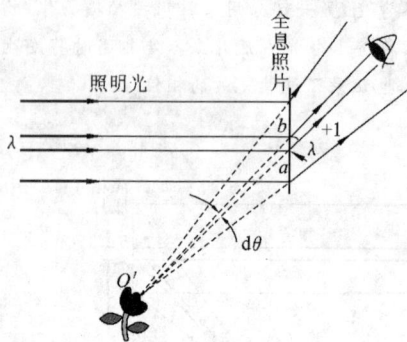

图 5　全息照片虚像的形成

的条纹 a 和 b,这时它们是两条透光缝,照明光透过它们将发生衍射。沿原方向前进的光波不产生成像效果,只是强度受到照片的调制而不再均匀。设原来从物体上 O 点发来的物光的方向的那两束衍射光,其光程差一定也就是波长 λ。这两束光被人眼会聚将叠加形成 +1 级极大,这一极大正对应于发光点 O。由发光点 O 原来的底片上各处造成的透光条纹透过的光的衍射的总效果就会使人眼感到在原来 O 所在处有一发光点 O′。发光体上所有发光点在照片上产生的透光条纹对入射照明光的衍射,就会使人眼看到一个在原来位置处的一个原物的完整的立体虚像。**注意**,这个立体虚像真正是立体的,其突出特征是:当人眼换一个位置时,可以看到物体的侧面像,原来被挡住的地方这时也显露出来了。普通的照片不可能做到这一点。人们看普通照片时也会有立体的感觉,那是因为人脑对视角的习惯感受,如远小近大等。在普通照片上无论如何也不能看到物体上原来被挡住的那一部分。

全息照片还有一个重要特征是通过其一部分,例如一块残片,也可以看到整个物体的立体像。这是因为拍摄照片时,物体上任一发光点发出的物光在整个底片上各处都与参考光发生干涉,因而在底片上各处都有该发光点的记录。取照片的一部分用照明光照射时,这一部分上的记录就会显示出该发光点的像。对物体上所有发光点都是这样,所不同的只是观察的"窗口"小了一点。这种点-面对应记录的优点是用透镜拍摄普通照片时所不具有的。普通照片与物是点-点对应的,撕去一部分,这一部分就看不到了。

还可以指出的是,用照明光照射全息照片时,还可以得到一个原物的实像,如图 6 所示。从 a 和 b 两条透光缝衍射的,沿着和原来物光对称的方向的那两束光,其光程差也正好相差 λ。它们将在和 O′ 点对于全息照片对称的位置上相交干涉加强形成 -1 级极大。从照片上各处由 O 点发出的光形成的透光条纹所衍射的相应方向的光将会聚于 O′ 点而成为 O 点的实像。整个照片上的所有条纹对照明光的衍射的 -1 级极大将形成原物的实像。但在此实像中,由于原物的"前边"变成了"后边","外边"翻到了"里边",和人对原物观察不相符合而成为一种"幻视像",所以很少由实际用处。

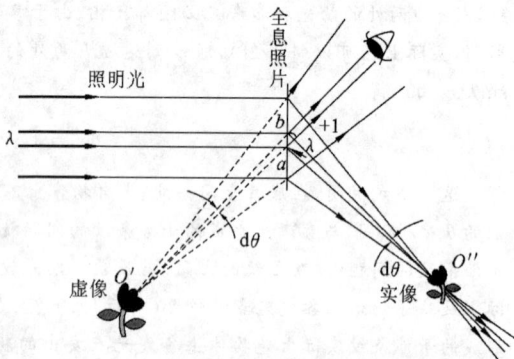

图 6　全息照片的实像

以上所述是平面全息的原理,在这里照相底片上乳胶层厚度比干涉条纹间距小很多,因而干涉条纹是两维的。如果乳胶层厚度比干涉条纹间距大,则物光和参考光有可能在乳胶层深处发生干涉而形成三维干涉图样。这种光信息记录是所谓体全息。

三、全息的应用

全息照相技术发展到现阶段,已发现它有大量的应用。如全息显微术、全息 X 射线显微镜、全息电影、全息干涉计量术、全息存储、特征字符识别等。

除光学全息外,还发展了红处、微波、超声全息术,这些全息技术在军事侦察或监视上具有重要意义。如对可见光不透明的物体,往往对超声波"透明",因而超声全息可用于水下侦察和监视,也可用于医疗透视以及工业无损探伤等。

应该指出的是,由于全息照相具有一系列优点,当然引起人们很大的兴趣与注意,应用前途是很广泛的。但直到目前为止,上述应用还多处于实验阶段,到成熟的应用还有大量的工作要做。

第**11**章 光 的 偏 振

光的干涉和衍射现象揭示了光的波动特性,但还不能由此确定光是横波还是纵波;光的偏振现象证实了光的横波特性,这与电磁理论的预言完全一致。

本章首先介绍偏振光的定义、各种偏振态的区别;然后说明如何获得和检验线偏振光、产生偏振光的常用器件及其应用,其中主要讨论光在各向同性介质界面上的反射和折射时的偏振现象,以及光通过各向异性介质(晶体)中出现双折射时的偏振现象。

11.1 光的横波性 自然光和偏振光

所谓横波就是波的振动方向与传播方向垂直;所谓纵波就是波的振动方向与传播方向平行。

11.1.1 横波的偏振性

为了说明什么是偏振现象以及横波和纵波的不同,我们先引用机械波通过狭缝的例子。如图 11.1.1(a)、(b) 所示,将一根橡皮绳穿过狭缝 AB,橡皮绳一端固定,另一端用手握住上下抖动,于是就有横波沿绳传播,当缝 AB 与手抖动方向(横波的振动方向)平行时(图 11.1.1(a)),横波便穿过狭缝继续向前传播;而当缝 AB 与手抖动方向垂直时(图 11.1.1(b)),在狭缝后面的绳上就不再有波动。这是由于横波的振动方向与狭缝垂直时,振动受阻,不能穿过狭缝继续向前传播。在图 11.1.1(c)、(d) 中,用一长直轻弹簧穿过狭缝 AB,用手推拉弹簧,则有纵波沿弹簧向前传播,不论狭缝 AB 的取向如何,纵波都能无阻碍通过狭缝继续向前传播。这说明,对纵波而言,通过波的传播方向所作的所有平面内的运动情况都相同,没有一个平面显示出比其他任何平面特殊,即纵波对于传播方向具有对称性;但对横波来说,通过波的传播方向且包含振动矢量的那个平面显然与和其他不包含振动矢量的平面有区别,即波的振动方向对传播方向有不对称性,对着传播方向看去,横波的振动方向是一个特殊的方向。这种振动方向对于传播方向的不对称性就称为**偏振**(polarization)。它是横波区别于纵波的一个最明显的标志。只有横波才有偏振现象。如把波的振动方向和波的传播方向所构成的平面称为波的**振动面**(plane of vibration),那么对横波则有确定的振动面,而纵波则无法确定其振动面。

11.1.2 偏振光与自然光

电磁波是横波,光波是电磁波,光矢量(电场强度)E 和磁场强度 H 都与波的传播方向垂直,并组成右螺旋关系。对横波而言,当传播方向确定以后,并不能唯一确定其振动方

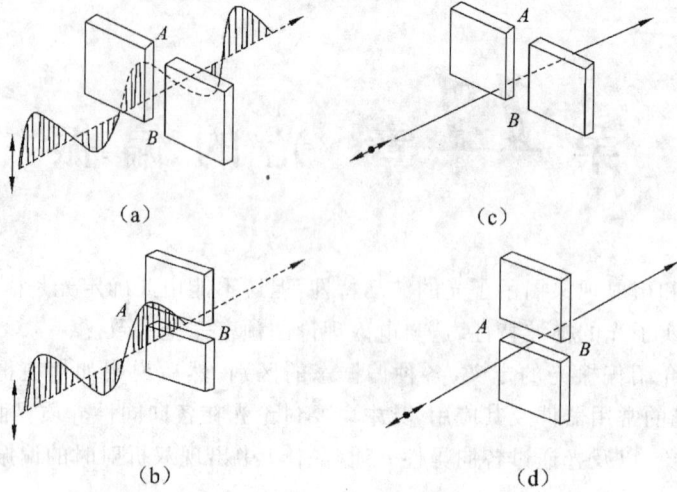

图 11.1.1　机械横波与纵波的区别

向。因为在垂直于光波传播方向的平面内,光矢量可能有不同的振动方向,就有各式各样的振动状态。通常把光矢量保持在特定方向上的状态称为**偏振态**。因此,在垂直于光波传播方向的平面内光矢量的各种振动状态使光具有多种偏振态,常见的有 5 种。

1. 线偏振光

在垂直于光的传播方向考察,光矢量只沿一个固定方向的直线振动的光称为**线偏振光**(linear polarized light) 或**完全偏振光**,由于线偏振光的振动面是唯一确定的(图11.1.2(a)),线偏振光的光矢量就只在自己的振动面内振动,故又称为平面偏振光,可用图 11.1.2(b) 表示。其中,(a) 图表示光矢量在图面内的线偏振光,(b) 图是光矢量垂直图面的线偏振光。

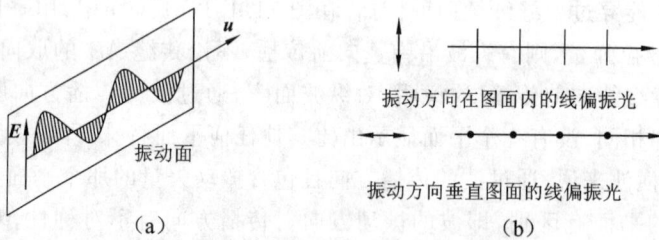

图 11.1.2　线偏振光振动示意图

2. 自然光

在普通光源中,有大量的(数量级达10^{22} 以上)、排列毫无规律的原子或分子在发光,而各个原子和分子在同一时刻发出的光波列,或者同一原子和分子在不同时刻发出的光波列不仅各自频率、初相位、波列长度都可能不同,彼此不相关,波列的光矢量之间没有恒定的相位差,而且光波列的光振动方向和传播方向也是彼此互不相关而随机分布的。这样整个光源发出的光平均来看，在垂直于光波的传播方向上，沿各个方向振动的光矢量都有，任何方向的光振动的振幅都相同，且各个方向上的光振动之间毫无固定相位关系。因此在一段时间内，这些互不相关、不同时刻的各个光矢量的末端在这个平面上就组成一个圆，如图 11.1.3(a) 所示。光矢量就既有时间分布的均匀性，又有空间分布的均匀性，这种光就是**自然光**(natural light)，其光强度就等于各个原子光波列的强度之和，而沿同一振动面的那些原子光波列的强度之和与振动面的方向无关，从而自然光的强度关于光的传播方向具有轴对称分布。

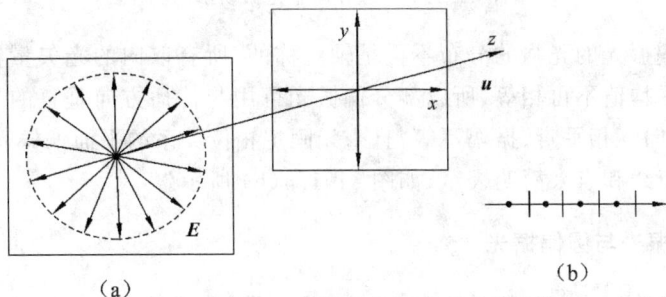

图 11.1.3　自然光振动示意图

在自然光中，任何取向的光矢量 E 都可分解为相互垂直的两个方向（如 x 和 y 方向）上的分量，所有取向的光矢量在这两个方向上分量的时间平均值必相等。由于各个光矢量之间无固定相位关系，其中任意两个取向不同的光矢量不能合成一个单独的矢量，它们只能作非相干叠加，即两个振动方向互相垂直的光的分光强为

$$I_x = \overline{E_x^2} = \sum_i \overline{E_{ix}^2}, \quad I_y = \overline{E_y^2} = \sum_i \overline{E_{iy}^2}, \quad 且 \quad I_x = I_y$$

自然光的总光强为

$$I = I_x + I_y$$

上述分析表明，自然光可以用在与传播方向垂直的平面上的两个互相独立、振动方向互相垂直、振幅相等且毫无固定相位关系的平面偏振光来表示。常用和传播方向垂直的短线表示在图面内的光振动，而用点表示和图面垂直的光振动。对自然光来说，数目相等的短线和点交替均匀画出，表示没有哪一个方向的光振动占优势，如图 11.1.3(b) 所示。反之，自然光可分解为两束相互独立、等幅、振动方向相互垂直但取向可以任意的、光强等于自然光光强一半的不可合成的平面偏振光。

3. 部分偏振光

如果在垂直于光波的传播方向上，光矢量的振动方向也是随机地迅速变化，各方向的光振动都有，但光矢量 E 沿某一方向的振动占优势，而在和该方向成正交的方向上较弱，且各个方向上的振动也没有固定的相位关系，则称这种光为**部分偏振光**(partial polarized light)。这种光可视为自然光与线偏振光的组合，在一段时间内，部分偏振光各时刻的光矢量末端在与传播方向垂直的平面上组成一个椭圆，如图 11.1.4(a) 所示，其中线偏振光的振动方向是这个部分偏振光的振幅最大的方向。

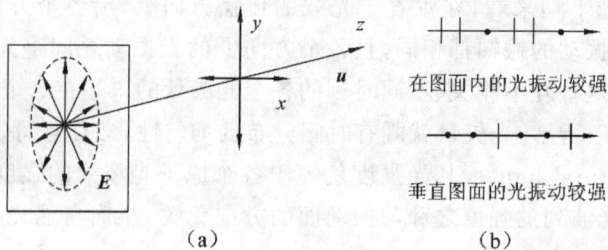

图 11.1.4　部分偏振光振动示意图

　　由于部分偏振光的光强的分布不再是轴对称的,所有取向的光矢量在两个垂直方向上分量的时间平均值不再相等,所以部分偏振光可用与传播方向垂直的平面上的两个互相独立、振动方向互相垂直、振幅不等、且毫无固定相位关系的平面偏振光来表示;经常可用数目不等的短线和点来简明表示,如图 11.1.4(b) 所示。

4. 椭圆偏振光与圆偏振光

　　在垂直于光的传播方向的平面内,如果光矢量(或光的振动方向)以一定的频率绕光的传播方向(以光线为轴) 旋转,当光矢量端点的运动轨迹为一个圆时,则称这种光为**圆偏振光**(circularly polarized light);当光矢量端点的运动轨迹为一椭圆时,则称这种光为**椭圆偏振光**(elliptlically polarized light)。圆偏振光和椭圆偏振光都有右旋或左旋之分,迎着光线看,光矢量顺时针方向旋转的称为右旋,光矢量逆时针方向旋转的称为左旋,如图 11.1.5 所示。根据相互垂直的简谐振动的合成规律,圆偏振光或椭圆偏振光是由在与传播方向垂直的平面内的两个等幅或不等幅、振动方向相互垂直、且有固定相位差的线偏振光合成而得。

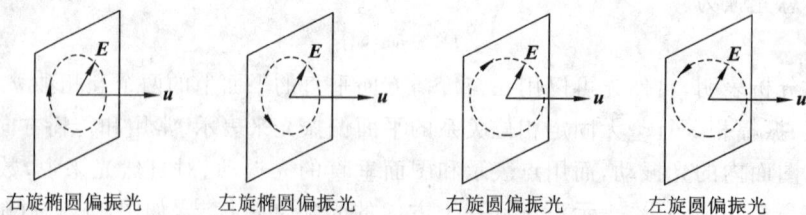

右旋椭圆偏振光　　左旋椭圆偏振光　　右旋圆偏振光　　左旋圆偏振光

图 11.1.5　椭圆偏振光与圆偏振光振动示意图

11.2　起偏与检偏　马吕斯定律

　　虽然普通光源发出的光是自然光,但在自然界中存在各种偏振光,在实验室里也能通过许多途径获得偏振光,例如可利用自然光在介质界面上的反射和折射,利用分子的散射,利用晶体的二向色性和晶体的双折射等方法来产生偏振光,利用新型的激光光源也能获得偏振光。偏振光在科学研究和工程技术中有极为广泛的应用。

11.2.1　偏振片

有些各向同性介质,在某种作用下会呈现各向异性,能强烈吸收入射光矢量在某方向的分量,而通过其垂直分量,从而使自然光变为线偏振光,介质的这种性质称为**二向色性**。偏振片(polaroid)通常由这种各向异性的透明介质制成。例如有一种偏振片就是用聚乙烯醇薄膜经碘溶液浸泡,然后沿一个方向拉伸并烘干制成。由于碘-聚乙烯醇分子沿拉伸方向排成一条长链,电子可以在长链方向上运动,入射光矢量沿此方向的分量对电子做功,因而被强烈吸收;而在垂直方向上电子无法运动,光矢量的相应分量不做功,因而不会被吸收。

偏振片中允许光振动通过的方向称为**偏振化方向**或**透光轴**。通常用记号"↕"把偏振化方向标示在偏振片上,如图 11.2.1 表示。当自然光从偏振片射出后,透射出的就是振动方向与偏振化方向一致的线偏振光,该线偏振光的强度为入射的自然光的光强的一半。

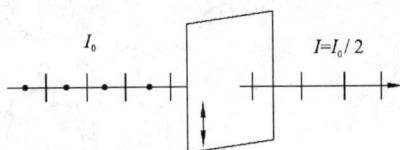

图 11.2.1　偏振片

11.2.2　起偏与检偏

如图 11.2.2(a) 所示,在自然光传播的路径上垂直于传播方向放置偏振片 P_1,当自然光通过 P_1 后,就变成了光矢量振动方向与偏振片 P_1 的偏振化方向一致的线偏振光,通常称这个从自然光获得线偏振光的过程为**起偏过程**,获得线偏振光的器件或装置 P_1 称为**起偏器**。由于自然光中光矢量对称均匀,以光路为轴转动 P_1,透过 P_1 的光强不随 P_1 的转动而变化,就是自然光光强的一半。在光路中与 P_1 平行再放置另一个偏振片 P_2,以光路为轴转动 P_2 时,则会发现透射光强度在零和最大之间变化,当 P_2,P_1 的偏振化方向平行时,观察到的透射光强最大,如图 11.2.2(b) 所示;当 P_2,P_1 的偏振化方向垂直时,从 P_1 出射的线偏振光入射到 P_2 后完全被它吸收,透射光强为零,出现**消光现象**,如图 11.2.2(c) 所示。以光线传播方向为轴旋转第二个偏振片 P_2,如果每转 90° 就交替出现透射光强最大和消光现象,并经历由亮变暗,再由暗变亮的周期性变化过程,那么入射到该偏振片上的光必定是线偏振光,否则就不是线偏振光,因而这也就成为识别线偏振光的依据。这一过程称为**检偏过程**,偏振片 P_2 就是检偏器,它不仅可用来检查入射光是否为线偏振光,而且还可确定偏振光的振动面。

当入射到检偏器上的光是部分偏振光时,转动偏振器会发现光强也随着转动而变化,但不存在消光的情况。当入射到检偏器上的光是圆偏振光或椭圆偏振光时,随着检偏器的转动,对于圆偏振光,其透射光强将和检验自然光时的情况一样,光强不变化;对于椭圆偏振光,其透射光强的变化和检验部分偏振光时的变化一样。因此,仅用检偏器观察光强的变化,可以区分线偏振光、自然光和部分偏振光。但是不能区分自然光和圆偏振光,也不能区分部分偏振光和椭圆偏振光。圆偏振光和椭圆偏振光如何鉴别留待 11.5 节再详细讨论。

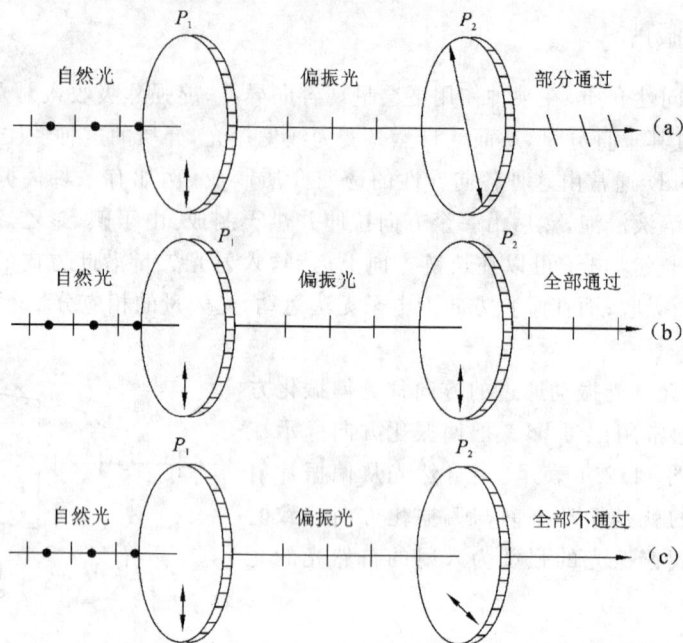

图 11.2.2　起偏与检偏

11.2.3　马吕斯定律

前面已经指出自然光的强度可以分解为相互垂直的两个线偏振光的光强之和,每个线偏振光的光强为自然光的一半,若设自然光的强度为 I_0,通过 P_1 的线偏振光的强度

$$I = \frac{I_0}{2} \tag{11.2.1}$$

那么光强为 I 的线偏振光入射检偏器 P_2 后,透射光的强度 I' 变化规律又如何呢?马吕斯(E. L. Malus)在 1809 年研究线偏振光透过检偏器后透射光的光强时发现:如果入射线偏振光的光强为 I,透过检偏器后,透射的强度 I'(不计检偏器对光的吸收)为

$$I' = I \cos^2\alpha \tag{11.2.2}$$

式中,α 是起偏器和检偏器两个偏振化方向间的夹角,也是线偏振光光振动的方向和检偏器透光轴间的夹角。式(11.2.2)称为**马吕斯定律**,该定律可证明如下:

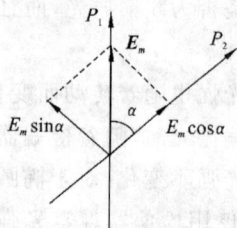

图 11.2.3　马吕斯定律

如图 11.2.3 所示,起偏器 P_1 偏振化方向(或线偏振光的振动方向)和检偏器 P_2 的偏振化方向的夹角为 α,若线偏振光的振幅为 E_m,当它投射到检偏器上时,可将 E_m 分解为 $E_m\cos\alpha$ 及 $E_m\sin\alpha$ 两个相互垂直的分量,显然,若不考虑偏振片对光的吸收,检偏器只允许平行于自己的偏振化方向的分量 $E_m\cos\alpha$ 通过,所以从检偏器透出的光的振幅为

$$E'_m = E_m \cos\alpha$$

由于光强正比于光矢量振幅的平方,故得透射光和入射的线偏振光的光强度之比为

$$\frac{I'}{I} = \frac{E_m^2 \cos^2\alpha}{E_m^2} = \cos^2\alpha$$

即 $I' = I\cos^2\alpha$。

由马吕斯定律知,当 $\alpha = 0$ 或180°时, $I' = I$,透射光强最大。当 $\alpha = 90°$ 或 270°时 $I' = 0$,透射光强为零,这时没有光从检偏器射出,是两个消光位置,当 α 为其他值时,则透射光强 I' 介于 0 和 I 之间。

偏振片的应用很广。如汽车夜间行车时为了避免对方汽车灯光晃眼以保证安全行车,可以在所有汽车的前窗玻璃和车灯前装上与水平方向成45°角,而且向同一方向倾斜的偏振片,这样就不会被对方车灯晃眼了。

偏振片也可用于制成太阳镜和照相机的滤光镜。观看立体电影的眼镜的左右两个镜片就是用偏振片做的,它们的偏振化方向互相垂直。

例 11.2.1　如图 11.2.4 所示,在两块正交偏振片(偏振化方向垂直) P_1 和 P_3 之间插入另一个偏振片 P_2,光强为 I_0 的自然光垂直入射偏振片 P_1,求以角速度 ω 转动 P_2 时,透过 P_3 的光强 I_3 与转角的关系。

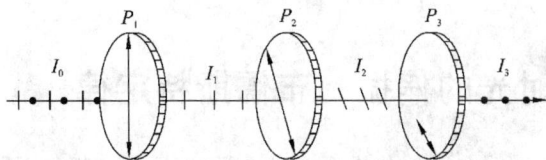

图 11.2.4　例 11.2.1 图　　　　图 11.2.5　例 11.2.1 矢量图

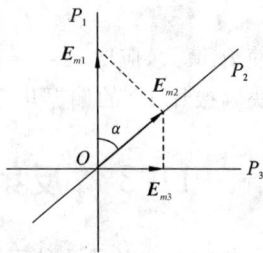

解　依题意,设转动 P_2 时的某时刻, P_1 和 P_2 的偏振化方向之间的夹角为 $\alpha = \omega t$(假设 $t = 0$ 时, P_1 和 P_2 的偏振化方向互相平行),则透过各偏振片的光振幅矢量如图 11.2.5 所示,由于各偏振片只允许和自己的偏振化方向相同的偏振光透过,所以透过各偏振片的光振幅的关系为

$$E_{m3} = E_{m2}\cos\left(\frac{\pi}{2} - \alpha\right) = E_{m1}\cos\alpha\cos\left(\frac{\pi}{2} - \alpha\right)$$

$$= E_{m1}\cos\alpha\sin\alpha = \frac{1}{2}E_{m1}\sin2\alpha$$

于是透过 P_3 的光强 I_3 为

$$I_3 = \frac{1}{4}I_1\sin^2 2\alpha$$

又由于入射光为自然光,所以经偏振片 P_1 后成为光振动方向与 P_1 偏振化方向一致的线偏振光,其光强 I_1 依式(11.2.1),有 $I_1 = I_0/2$,所以最后得

$$I_3 = \frac{1}{8}I_0\sin^2 2\alpha$$

可见,当 P_1 和 P_2 的偏振化方向之间的夹角 $\alpha = 45°$ 时,透过 P_3 的光强 I_3 有最大值: $I_3 = \frac{1}{8}I_0$。 P_2 以角速度 ω 转动一周,会出现 4 次最亮($\alpha = \omega t = 45°, 135°, 225°, 315°$),4 次最暗

$(\alpha = \omega t = 0°, 90°, 180°, 270°)$。

例 11.2.2 有两个偏振片叠在一起,其偏振化方向之间的夹角为 45°。一束强度为 I_0 的光垂直入射到偏振片上,该入射光由强度相同的自然光和线偏振光混合而成。此入射光中线偏振光矢量沿什么方向才能使连续透过两个偏振片后的光束强度最大?

解 设两个偏振片以 P_1 和 P_2 表示,以 θ 表示入射光中线偏振光的光矢量振动方向与 P_1 的偏振化方向之间的夹角,则透过 P_1 后的自然光的强度为 $\frac{1}{2}\left(\frac{I_0}{2}\right)$,线偏振光的强度依马吕斯定律为 $\frac{1}{2}I_0\cos^2\theta$,该混合光透过 P_1 后的光强 I_1 为

$$I_1 = \frac{1}{2}\left(\frac{1}{2}I_0\right) + \frac{1}{2}I_0\cos^2\theta$$

再依马吕斯定律,连续透过 P_1 和 P_2 后的透射光的光强 I_2 为

$$I_2 = I_1\cos^2 45°$$

即

$$I_2 = \left[\frac{I_0}{4} + \frac{1}{2}(I_0\cos^2\theta)\right]\cos^2 45°$$

要使 I_2 最大,应取 $\cos\theta = \pm 1$,即 $\theta = 0, \pi$,即要入射光中线偏振光的光矢量振动方向与第一块偏振片 P_1 的偏振化方向平行。

11.3 反射和折射时光的偏振 布儒斯特定律

自然光入射到两种不同的各向同性透明介质的分界面上时,要发生反射和折射,不仅光的传播方向要改变,而且偏振状态也要发生变化。一般情况下,反射光和折射光不再是自然光,而是部分偏振光。

11.3.1 由反射获得偏振光

获得偏振光的最简单的方法是马吕斯在 1808 年发现的反射起偏法。如图11.3.1 所示,一束自然光以入射角 i 从空气中入射到玻璃板上时,反射光是垂直于入射面的光振动多于平行振动的部分偏振光,而折射光是平行于入射面的光振动多于垂直振动的部分偏振光,两者振幅最大的方向是互相垂直的。

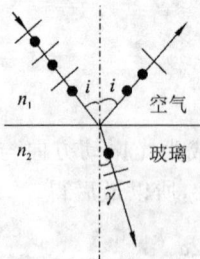

图 11.3.1 自然光经反射和折射后
产生部分偏振光

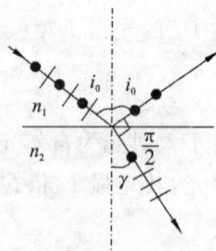

图 11.3.2 起偏振角

　　理论和实验都证明,反射光的偏振化程度和入射角 i 有关。当入射角等于某一特定值 i_0 时,反射光是光振动垂直于入射面的线偏振光(图11.3.2)。这个特定的入射角 i_0 称为**起偏振角**(polarizing angle),或称为**布儒斯特角**。

　　实验还发现,当光线以起偏振角入射时,反射光和折射光的传播方向相互垂直,即

$$i_0 + \gamma = \frac{\pi}{2} \tag{11.3.1}$$

根据折射定律:$n_1 \sin i_0 = n_2 \sin\gamma = n_2 \cos i_0$,即

$$\tan i_0 = \frac{n_2}{n_1} = n_{21} \tag{11.3.2}$$

式中,n_{21} 是介质 2 对介质 1 的相对折射率。式(11.3.2)称为布儒斯特定律,是为了纪念在 1812 年从实验上确定这一定律的布儒斯特(Brewster)而命名的,根据后来的麦克斯韦电磁方程可以从理论上严格证明这一定律。

　　这里特别要注意的是,不论入射光的偏振状态如何,只要以 i_0 角入射,得到的反射光只可能是垂直于入射面振动的线偏振光,如果入射光就是光振动平行于入射面的线偏振光,则将不产生反射,只有折射光,如图 11.3.3(a) 所示。若入射光是光振动垂直于入射面的线偏振光,入射角可任意,则得到的反射光和折射光将都是完全偏振光,只是当以 i_0 角入射时,反射光和折射光出射方向是垂直的,如图11.3.3(b) 所示。

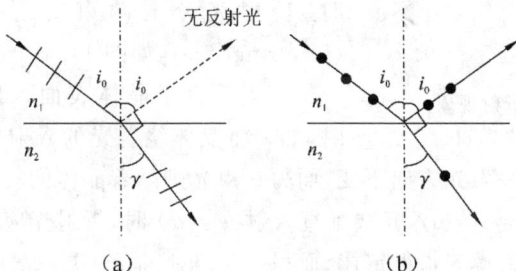

图 11.3.3　线偏振光以起偏振角入射的两种特殊情况

11.3.2　由折射获得偏振光

　　按照布儒斯特定律,当自然光以布儒斯特角入射到两个介质界面时,反射光是线偏振光。但是,反射光仅是入射光中垂直分量很小的一部分(在空气-玻璃界面,仅占 15%),在折射光中包含了入射光中大部分垂直分量和全部的平行分量。换言之,反射光偏振化程度高,但光强较弱;折射光偏振化程度低,但光强较强。

　　为了增强反射光的强度和折射光的偏振化程度。可以把若干个玻璃片叠起来,形成玻璃片堆。当自然光以布儒斯特角入射玻璃片堆时,光在各层界面上反射和折射,垂直于入射面的光振动分量被逐次反射使反射光的强度加强,同时折射光中的垂直分量也因多次反射而减小,从而使得折射光的偏振

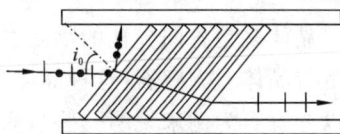

图 11.3.4　玻璃片堆产生完全偏振光

化程度提高。当玻璃片足够多时,使最后透射出的折射光几乎成为光振动平行于入射面的线偏振光了,而且透射偏振光的振动面与反射光的振动面相互垂直,如图 11.3.4 所示。

11.4 双折射 寻常光和非常光

除了光在两种各向同性介质分界面上反射折射时产生光的偏振现象外，自然光通过各向异性的晶体后，也可以观察到光的偏振现象。光通过晶体后的偏振现象是和晶体对光的双折射现象同时发生的。

11.4.1 晶体的双折射现象 寻常光（o 光）和非常光（e 光）

一束光射向两种各向同性介质的分界面上所产生的折射光只有一束，它遵守折射定律。因此光在两种各向同性介质的分界面上所产生的折射时，通常观察到的是一个像。例如把一块厚玻璃放在报纸上，能看到每一个字有一个像，这个像好似上浮了一些，这是由于光被玻璃折射的结果。如果换用透明的方解石（$CaCO_3$）晶片放在纸上，却能看到每个字都有相互错开的两个像，而且两像上浮的高度也不同。这说明一束光在方解石晶体内分成了两束折射光。这种一束光射入各向异性介质（除立方系晶体，如岩盐外）时，折射光分成两束的现象称为**双折射现象**（birefringence），如图 11.4.1 所示。

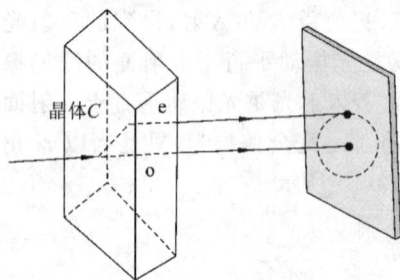

图 11.4.1 双折射现象

当光垂直于晶体表面入射而产生双折射现象时，如果将晶体绕着光的入射方向慢慢转动，则其中按原方向的传播的那一束光方向不变，而另一束光则随着晶体的转动绕前一束光旋转。按光的折射定律 $n_1 \sin i = n_2 \sin \gamma$，光线垂直入射（$i = 0$）时，折射光应沿着原方向传播，可见沿着原方向传播的光束遵守折射定律，而另一束却不遵守。更一般的实验表明，改变入射角 i 时，在晶体内产生的两束折射光中的一束恒遵守折射定律，这束折射光称为**寻常光**（ordinary light），简称 o 光；另一束折射光则不遵守折射定律，即当入射角 i 改变时，$\sin i / \sin \gamma$ 的比值不是一个常数，且在一般情况下，这束折射光还不在入射面内，这束折射光称为**非常光**（extraordinary light），简称 e 光。

必须说明的是，只有在晶体内才有 o 光和 e 光之分，射出晶体后就无所谓 o 光和 e 光了.

11.4.2 双折射晶体 光轴和主平面

晶体多是各向异性的物质，能产生双折射现象的晶体称为**双折射晶体**。具有代表性的双折射晶体有方解石（这种晶体首先在冰岛发现，又称冰洲石）和石英（水晶）两种，下面多以方解石为例来说明一些与双折射现象有关的问题。

实验发现，方解石一类晶体内部存在着某些特殊方向，当光沿此方向传播时，不发生双折射，这一特殊方向称为**晶体的光轴**（optical axis）。应该注意，晶体的光轴和几何光学系统的光轴是不同的，前者是晶体中的某一固定方向，并非某一条具体的直线，所有平行此方向的直线均可代表晶体的光轴；后者则是通过光学系统球面中心的直线。

　　有些晶体只有一个光轴,称为单轴晶体,方解石、石英、红宝石等是单轴晶体;另一些晶体有两个光轴,称为双轴晶体,如云母、硫磺、黄玉、蓝宝石等;也有没有光轴的晶体,例如 NaCl,这些晶体不产生双折射现象。下面只讨论单轴晶体的情况。

　　天然方解石晶体是六面棱体,两棱之间的夹角或约78°,或约 102°,如图 11.4.2 所示。从其三个钝角相会合顶点引出一条直线,并使其与各邻边成等角,这一直线方向就是方解石晶体的光轴方向,如图中 AB 和 CD 直线方向。

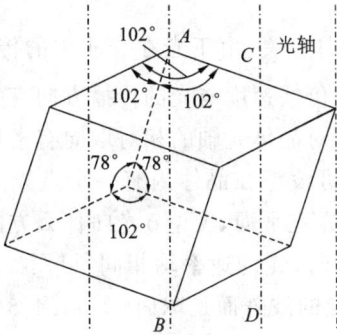

图 11.4.2　方解石晶体的光轴　　　　　图 11.4.3　光轴垂直入射面,晶体中的
　　　　　　　　　　　　　　　　　　　　　　　　o 和 e 光的主平面

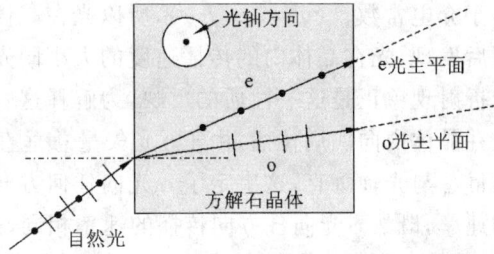

　　为了便于讨论 o 光和 e 光的振动方向,需要引入晶体的主截面和光线的主平面的概念。当光线在晶体的某一表面入射时,此表面的法线与晶体的光轴所构成的平面称为**晶体的主截面**(principal section of crystal),而把晶体中某条光线与晶体的光轴所构成的平面称为这条光线对应的**主平面**(principal plane of crystal)。由 o 光线和光轴组成的平面为 o 光的主平面,由 e 光线和光轴组成的平面称为 e 光的主平面。一般来说,o 光和 e 光的主平面不一定重合,如图 11.4.3 所示。图面是入射面(入射光与晶体表面法线组成的平面),图中围圈的点代表垂直于图面的晶体光轴,而 o 光和 e 光的主平面则是通过各自光线垂直于图面的平面,它们之间有一个很小的夹角。只有当入射面与晶体的主截面重合时,即光轴位于入射面内时,则 o 光和 e 光的主平面重合,并且 o 光和 e 光都在晶体的主截面内,如图 11.4.4 所示。

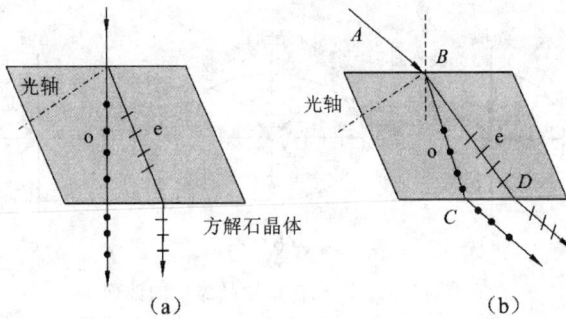

（a）　　　　　　　　　　　　　（b）

图 11.4.4　光轴在入射面内,晶体中的 o 光与 e 光

　　用检偏器检查这两束光的偏振性质,结论是这两束光均为线偏振光,并且 o 光的光矢

量的振动总是垂直于 o 光自己的主平面，e 光的光矢量的振动在 e 光自己的主平面内，由于两个主平面之间夹角很小，从而可认为 o 光和 e 光的振动面近乎垂直，如图 11.4.3 所示。当光轴在入射面内，且入射面就是晶体的主截面时，o 光的主平面与 e 光的主平面重合，这时 o 光矢量和 e 光矢量**完全互相垂直**，如图 11.4.4(a) 和(b) 所示。由此可知，o 光矢量总与光轴垂直，而 e 光矢量与光轴可以有不同的夹角。

11.4.3　光在单轴晶体中的传播　晶体的双折射作图法

晶体各向异性的表现之一是其介电常数 ε 与方向有关。由于光在介质中的传播速度决定于介电常数 ε（$u = 1/\sqrt{\varepsilon\mu}$），所以光在晶体内的传播速度与光的传播方向有关。仔细分析后发现，光在晶体内的传播速度的大小同光矢量对晶体光轴的相对取向有密切关系，而双折射现象正是这一性质的反映。为解释这一点，可设想在晶体内有一个点光源，它的光波在晶体内向四周传播。由于 o 光矢量总垂直于 o 光主平面，无论 o 光向什么方向传播，光矢量总与光轴垂直，这决定了 o 光向任何方向传播时，光的速率均相同，可用 u_o 表示 o 光的速率，既然 o 光向各方向传播的速率相同，故 o 光的波阵面是球面（图 11.4.5(a)）。而 e 光矢量总在其主平面内，即 e 光矢量与光轴共面，但 e 光矢量与光轴仍可以有各种夹角。如果 e 光矢量与光轴垂直，则 e 光与 o 光无异，此时 e 光速率也应等于 u_o，若 e 光矢量平行于光轴，其光速就不等于 u_o，现用 u_e 表示（即以 u_e 表示 e 光在晶体中沿垂直于光轴方向的传播速率）。可以预计，当 e 光矢量与光轴成其他角度时，其光的速率应处在 u_o 与 u_e 之间，显然，e 光矢量与光轴的夹角是随 e 光的传播方向变化的，故而以不同方向传播的 e 光就有不同速率，e 光的波阵面为旋转椭球面（图 11.4.5(b)）。因为 e 光与 o 光沿着光轴方向传播时有相同的速率 u_o，故 o 光球面与 e 光椭球面应在光轴处相切，在垂直光轴的方向上，o 光和 e 光的速率相差最大（图 11.4.5(c)）。

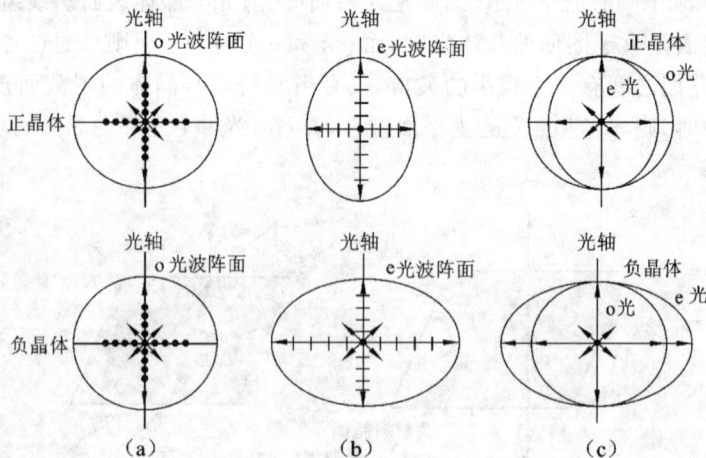

图 11.4.5　光在单轴晶体中的波面

根据折射率的定义，对于 o 光，晶体的折射率 $n_o = \dfrac{c}{u_o}$，与方向无关，是由晶体材料决定的常数；对于 e 光，由于它不遵守普通的折射定律，它在晶体内各个方向上的折射率（或

$\sin i/\sin\gamma$ 的比值）不相等，因此无法用一个折射率来反映它的折射规律，通常把真空中的光速 c 与 e 光沿垂直于光轴方向的传播速率 u_e 之比 $n_e = \dfrac{c}{u_e}$ 定义为 e 光的**主折射率**（principal refractive index）。实验发现单轴晶体有两类，一类是 $u_o > u_e$，$n_o < n_e$，称为正晶体，如石英、冰等；另一类是 $u_o < u_e$，$n_o > n_e$，称为负晶体，如方解石、电气石、白云石等。

　　根据上述分析，再利用惠更斯作图法可以确定单轴晶体中 o 光和 e 光的传播方向，从而就能定性说明晶体双折射现象的具体规律。

　　根据惠更斯原理，当自然光入射到晶体表面上时，其波阵面上的每一点都可当成发射子波的点波源，它们向晶体内发射球面的 o 光子波和椭球面的 e 光子波。作所有各点所发子波的包络面，即得晶体中 o 光波面和 e 光波面，从入射点引向相应子波波阵面与光波面的切点的连线方向就是所求晶体中 o 光、e 光的传播方向。图 11.4.6 所示为在实际工作中较常见的几种情形，晶体为方解石（负晶体）。

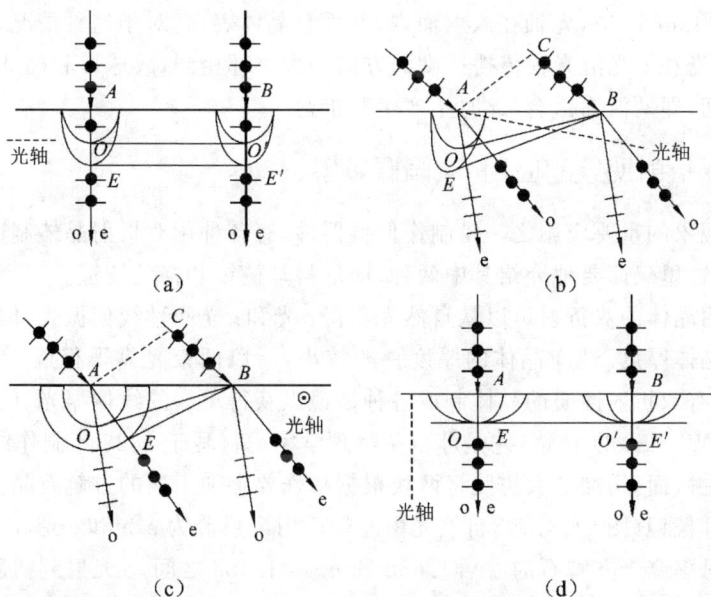

图 11.4.6　用惠更斯原理解释双折射现象

　　在图 11.4.6(a) 中，平行光垂直入射方解石晶体，光轴在入射面内并与晶面平行。这种情况入射波波阵面上各点同时到达晶体表面，波阵面 AB 上每一点同时向晶体内发出球面子波和椭球面子波（为了清楚起见，图中只画出 A，B 两点所发子波），两子波波阵面在光轴上相切，各点所发子波波面的包络面为平面。如图中所示。从入射点引向切点 O，O' 和 E，E' 的连线方向就是所求 o 光和 e 光的传播方向。这种情况下，入射角 $i=0$，o 光和 e 光都沿入射方向传播，但两者速率不同，所以 o 光和 e 光的波阵面不重合，在到达同一位置时，两者之间存在一定的相位差。双折射的实质是 o 光和 e 光的传播速度不同，折射率不同。因此对于这种情况，尽管 o 光、e 光传播方向一致，应该说还是有双折射的。

　　在图 11.4.6(b) 中，光轴在入射面内并与晶面斜交，但是入射光是斜入射的。平行光斜入射时，入射波波阵面 AC 不能同时到达晶面。当波阵面上 C 点到达晶面 B 点时，AC 波阵面上除 C 点以外的其他各点发出的子波,都已在晶体中传播了各自相应的一段距离,其中 A 点发出的波阵面如图所示。各点发出子波的包络面都是与晶面斜交的平面,如图所示。从入射点 B 向由 A 发出的子波波面引切线,再由向相应切点引直线,即得所求 o 光和 e 光的传播方向,o 光和 e 光因折射不同而分开,从而发生了双折射现象。若光轴不在入射面内,虽然 o 光线仍在纸面内,但 e 光线已不在纸面内(这时,o 光和 e 光主平面不重合).

在图 11.4.6(c) 中,光轴垂直于入射面,并平行于晶面。平行光斜入射,与图 11.4.6(b) 的情形类似。所不同的是因为 e 光的旋转椭球面的转轴就是光轴,所以旋转椭球与入射面的交线也是圆。在负晶体情况下,这个圆的半径为椭圆的长半轴并大于球面子波半径。两种子波的包络面也是与晶面斜交的平面。从入射点 A 向相应切点 O,E 引直线,即得 o 光和 e 光的传播方向。在这一特殊情况下,e 光也在入射面内,而且沿各个方向的速率均等于 u_e。如果入射角为 i,o 光和 e 光的折射角分别为 γ_o,γ_e,则有 $\sin i/\sin\gamma_o = n_o$,$\sin i/\sin\gamma_e = n_e$ 即在这种情况下,e 光的折射角可以用主折射率按普通折射定律来计算。

在图 11.4.6(d) 中,光轴在入射面内,并垂直晶体表面。对于这种情况,当平行光垂直入射时,因 o 光和 e 光沿光轴传播速度的方向和大小都相同,故球形和椭球形的子波波面在光轴上相切,即两波面重合,此时不产生双折射。

11.4.4　双折射现象的应用　偏振棱镜

双折射现象的重要应用之一是制作偏振器件,有各种用双折射晶体制成的、获得线偏振光的棱镜。这里仅简要地介绍其中两种,即尼科耳棱镜和格兰棱镜。

虽然利用晶体的双折射可以从自然光获得 o 光和 e 光两种线偏振光,但两束光的分开程度决定于晶体厚度。纯净晶体的厚度一般较小,所以两束光靠得很近,使用不方便。为此,人们利用有双折射性质的晶体制成各种棱镜以获得单一的线偏振光。历史上最著名的称为尼科耳(W. Nicol) 棱镜,它是苏格兰物理学家尼科耳于 1828 年制作的。$ABCD$ 是尼科耳棱镜的主截面。用加拿大树胶将两块根据特殊要求加工成的方解石晶体黏合起来,就构成了尼科耳棱镜(图 11.4.7)。自然光由左端面射入后分为 o 光和 e 光,由于所选用的黏合树胶的折射率介于方解石的 $n_o = 1.658$ 和 $n_e = 1.486$ 之间,o 光射到树胶层,因其入射角超过临界角而发生全反射(然后被涂黑的侧面吸收),而 e 光则穿越整个棱镜从右端面射出。

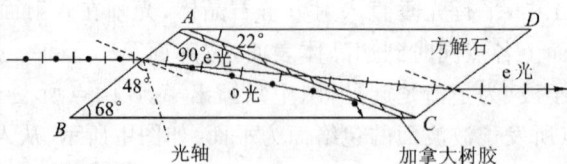

图 11.4.7　尼科耳棱镜

尼科耳棱镜的出射光与入射光实际上不在一直线上,所以当尼科耳棱镜绕入射光方向转动时,出射光线也跟着转动。形成一个圆筒状光束,使用调节都不太方便。格兰(Glan) 棱镜是尼科耳棱镜的改进型,将一块方解石加工成直角长方体,再切成两个楔块(图 11.4.8),然后黏合起来,这样得到的出射光与入射光能在一直线上。

光在晶体中的双折射现象除了能用于获
得线偏振光之外,还有其他广泛应用。例如,
可以将线偏振光变为圆偏振光或椭圆偏振
光,还可以应用于应力分析、电光调制、激光
倍频、参量振荡等技术中。

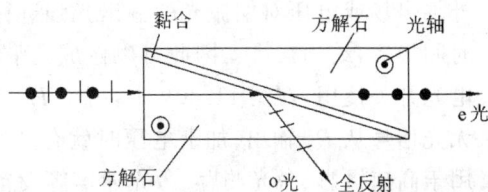

图 11.4.8 格兰棱镜

11.4.5 人工双折射 旋光现象

光通过各向同性的透明介质时,通常不发生双折射。但在外力(机械力、电场、磁场等)
的作用下,可使各向同性的透明介质变为各向异性,而出现双折射现象。这类双折射现象
称为人工双折射。下面我们就常见的几种人工双折射作一简要介绍。

1. 光弹效应

布儒斯特在 1816 年发现,通常透明的各向同性的材料(例如玻璃和塑料等),在内应
力或外来的机械应力作用下产生变形,就会获得各向异性的性质,从而使光产生双折射,
这种现象称为**光弹效应**,或叫**应力双折射**。

利用这种性质,在工程上可以制成各种机械零件的透明塑料模型,然后模拟零件的受
力情况,观察分析偏振光的干涉的色彩和条纹分布,从而判断零件内部的应力分布。这便
是光测弹性方法。

2. 电光效应

有些各向同性的透明介质在强电场作用下,介质分子作定向排列而呈现出各向异性,
获得类似于晶体的各向异性性质,从而使光产生双折射,这种现象称为电光效应。这一现
象是克尔(J. Kerr)在 1875 年首次发现的,所以也称为**克尔效应**。

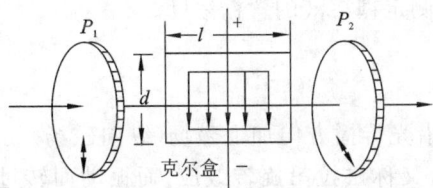

图 11.4.9 克尔效应

在图 11.4.9 所示的实验装置中,P_1,P_2 为正
交偏振片。克尔盒中盛有液体(如硝基苯
$C_6H_5NO_2$)并装有长为 l,间隔为 d 的平行板电极。
实验表明,加电场后,两极间液体获得单轴晶体的
性质,其光轴方向沿电场方向,在这种液体中 o 光
和 e 光的折射率之差与电场强度 E 的二次方及光
的波长成正比,即

$$n_o - n_e = KE^2\lambda \tag{11.4.1}$$

式中,K 为克尔常数,其值视液体的种类而定(如硝基苯 $K = 2.4 \times 10^{-12}$ m·V^{-2})。

线偏振光通过液体时产生双折射,通过液体后,o 光和 e 光的光程差为

$$\delta = (n_o - n_e)l = KlE^2\lambda \tag{11.4.2}$$

如果两极板所加电压为 U,则式中 E 可用 U/d 代替,于是有

$$\delta = (n_o - n_e)l = Kl\frac{U^2}{d^2}\lambda \tag{11.4.3}$$

当电压 U 变化时,光程差 δ 随之变化,从而使透过 P_2 的光强也随之变化,因此可以用

外加电场或电压对偏振光的输出光强进行调制,由于克尔效应的特点是产生和消失所需时间极短,约为10^{-9} s,因此可以做成几乎没有惯性的光断续器,可以作为反应极为灵敏的电光开关使用。在图 11.4.9 中,由于 P_1 与 P_2 的偏振化方向垂直,克尔盒上不加电压时,无光信号从 P_2 输出;加上电压时就有光信号输出。这种开关就能在10^{-9} s 内做出响应。可用于高速摄影、激光测距、激光通信等设备中。

另外,有些晶体,特别是压电晶体在加电场后也能改变其各向异性性质,其折射率的差值与电场强度 E 成正比,所以称为**线性电光效应**。这是泡克耳斯(F. Pockels)在 1893 年发现的,又称为**泡克耳斯效应**。

3. 磁致效应

有些非晶体在强磁场作用下,物质的分子磁矩组成一定程度的定向排列,从而也具有了类似于晶体的各向异性的特性。当光通过受磁场作用的非晶体时,也会产生双折射现象,这称为**磁致效应**。

4. 旋光现象

当线偏振光通过某些物质(如石英、氯酸钠等晶体或食糖水溶液、松节油等),光矢量的振动面将以传播方向为轴发生转动,这一现象称为**旋光现象**。由实验可得出以下结果:

(1) 不同旋光物质能使偏振光的振动面向不同方向旋转,迎着光源观测,可分为右旋(顺时针转动)和左旋(逆时针转动)两种。

(2) 振动面转过的角度 φ 与光通过旋光物质的厚度 d 成正比:

对于旋光晶体 $\varphi = \alpha d$

对于旋光溶液 $\varphi = \alpha' \rho d$

比例系数 α 称为晶体的旋光率,它与晶体材料和入射偏振光的波长有关。α' 称溶液的比旋光率,ρ 为溶液的浓度。因此利用糖溶液的旋光性可测定糖溶液的含糖浓度。

5. 磁致旋光

当光通过透明介质(普通的非旋光物质),如果沿光传播方向加上磁场(纵向磁场)亦能使光的振动面产生转动,这一现象称为**磁致旋光**,又称**法拉第旋转效应**,而振动面转过的角度为

$$\varphi = VdB$$

式中,d 为介质厚度,B 为所加磁场的磁感应强度,V 称为韦尔代(Verdet)常数。

在法拉第旋转效应发现后的 100 余年来并未获得有价值的应用,直到 20 世纪 60 年代,由于激光与光电子技术的发展才使法拉第旋转效应有了用武之地,现在已利用这种性质制成磁光调制器、磁光隔离器、磁光开关等。

11.5 椭圆偏振光和圆偏振光 偏振光的干涉

11.5.1 波片

将一块单轴晶体切割出厚为 d 的薄片,然后抛光成光滑表面,即成为一波晶片,简称**波片**,或**相位延迟器**。波片的光轴与其表面平行,它的作用是使在波片内传播的 o 光和 e 光通过波片后,产生一确定的光程差和相位差。

设有图 11.5.1 所示的装置,P 为偏振片,C 为双折射晶片制成的波片,光轴平行于晶片并沿 y 方向。当一束单色光通过 P 成为线偏振光后,再进入波片分成 o 光(光矢量垂直于光轴)和 e 光(光矢量平行于光轴)。两者虽然沿同一路径传播并不分开,但由于 o 光和 e 光的传播速度不同(属于图 11.4.6(a) 所示的情形),在波片中产生的 o 光和 e 光通过厚为 d 的波片后,两者的光程差为

$$\delta = (n_{\mathrm{o}} - n_{\mathrm{e}})d \tag{11.5.1}$$

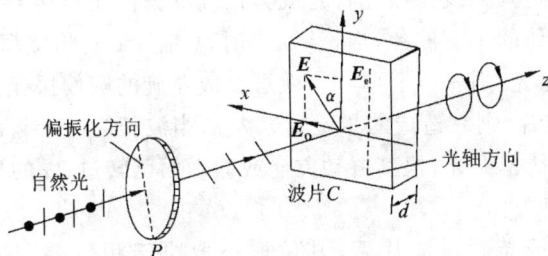

图 11.5.1 波片与椭圆偏振光的产生

对应相位差为

$$\Delta\varphi = \frac{2\pi}{\lambda}(n_{\mathrm{o}} - n_{\mathrm{e}})d \tag{11.5.2}$$

对于某种波片,当入射光的频率一定时,适当选取波片的厚度 d,就可以使 o 光和 e 光之间产生任意数值的相位延迟。

如果所选晶片的厚度 d 使 o 光和 e 光的相位差(对负晶体,$u_{\mathrm{o}} < u_{\mathrm{e}}$,$n_{\mathrm{o}} > n_{\mathrm{e}}$,o 光比 e 光滞后;对正晶体 $u_{\mathrm{o}} > u_{\mathrm{e}}$,$n_{\mathrm{o}} < n_{\mathrm{e}}$,e 光比 o 光滞后)

$$\Delta\varphi = \frac{2\pi}{\lambda}|n_{\mathrm{o}} - n_{\mathrm{e}}|d = \frac{\pi}{2}$$

即光程差 $|n_{\mathrm{o}} - n_{\mathrm{e}}|d = \frac{\lambda}{4}$。这时波片的厚度为

$$d = \frac{\lambda}{4|n_{\mathrm{o}} - n_{\mathrm{e}}|} \tag{11.5.3}$$

此晶片称为该波长的 **1/4 波片**(quarter-wave plate)。

又若使

$$\Delta\varphi = \frac{2\pi}{\lambda}|n_{\mathrm{o}} - n_{\mathrm{e}}|d = \pi \qquad |n_{\mathrm{o}} - n_{\mathrm{e}}|d = \frac{\lambda}{2}$$

这时波片的厚度为

$$d = \frac{\lambda}{2\,|\,n_{\mathrm{o}} - n_{\mathrm{e}}\,|} \qquad\qquad (11.5.4)$$

此晶片称为该波长的 **1/2 波片**(half-wave plate)或**半波片**。

11.5.2　椭圆偏振光和圆偏振光

　　如图 11.5.1 所示,设 C 为 1/4 波片,单色的平行自然光通过偏振片 P 后,成为单色的平行线偏振光,这束光垂直入射到 1/4 波片上,且让入射到波片上的线偏振光的光振动方向(P 的偏振化方向)与晶体的光轴成的 α 角,则线偏振光在波片内分成两个振动频率相同、振动方向互相垂直,而传播方向相同的 o 光和 e 光。如果线偏振光的振幅为 E,则 o 光和 e 光的振幅分别为

$$E_{\mathrm{o}} = E\sin\alpha \qquad E_{\mathrm{e}} = E\cos\alpha$$

于是在 o 光和 e 光通过 1/4 波片后,我们就得到了振动频率相同、振动方向互相垂直,有固定的相位差 $\pi/2$,而传播方向相同的两个线偏振光。类似于相互垂直的机械简谐振动能叠加成椭圆和圆运动,这两束线偏振光将合成为正椭圆偏振光。当 $\alpha = 45°$ 时,$E_{\mathrm{o}} = E_{\mathrm{e}}$,就是圆偏振光。对于负晶体的 1/4 波片,当 $\alpha = 45°$ 时,y 轴上 e 光相位超前 x 轴上 o 光 $\pi/2$,就可合成右旋的圆偏振光;当 $\alpha = -45°$ 时,就可合成左旋的圆偏振光。

　　如果 B 为 1/2 波片,则它造成的相位延迟为 π,当波长为 λ 的线偏振光垂直于 1/2 波片入射时,透射光仍是线偏振光,但其振动方向或振动面已转过 2α 的角度。它常用于改变或调整线偏振光的振动方向。

　　由此可见,线偏振光通过波片后,其偏振态取决于相位差和原线偏振光分解的振幅比。

　　前面在 11.2 节曾介绍,用检偏器检验圆偏振光或椭圆偏振光时,因光强的变化规律与检验自然光和部分偏振光相同,因而无法将它们公开来。由本节讨论可知,自然光和圆偏振光或部分偏振光和椭圆偏振光之间的根本区别是相位的关系不同。圆偏振光和椭圆偏振光是由两个有确定的相位差的互相垂直的光振动合成的。合成光矢量有规律的旋转。而自然光和部分偏振光与上述情况不同,不同振动面上的光振动是彼此独立的,因而表示它们的两个互相垂直的振动之间没有恒定的相位差。

　　根据这一区别,可以在检偏器前加一 1/4 波片来区分。如果是圆偏振光,通过 1/4 波片后就能变成线偏振光,这样再转动检偏器时就可观察到光强有变化,并出现最大光强和消光,如果是自然光,它通过 1/4 波片后仍为是自然光,转动检偏器时光强仍然没有变化。

　　检验椭圆偏振光时,要求 1/4 波片的光轴方向平行于椭圆偏振光的长轴或短轴,这样椭圆偏振光通过 1/4 波片后也变为线偏振光。而部分偏振光通过 1/4 波片仍为部分偏振光,因而也就可以将它们区分开了。

　　以上讨论,同时也说明了在图 11.5.1 所示的装置中偏振片 P 的作用。如果没有偏振片 P,自然光直接入射晶片,尽管也能产生双折射,但是获得的 o 光、e 光之间没有恒定的位相差,这样便不会获得椭圆偏振光和圆偏振光。

11.5.3 偏振光的干涉

在适当条件下,偏振光和自然光一样也可以产生干涉现象。与自然光的干涉相同,两束偏振光的干涉也必须满足频率相同、振动方向基本相同以及有恒定的相位差这几个基本条件。

在实验室中观察偏振光的干涉的基本装置如图 11.5.2 所示。它和图 11.5.1 所示装置不同之处在于在晶片 C 后面再加一块偏振片 P_2,通常总是使 P_1 和 P_2 两个偏振化方向正交。

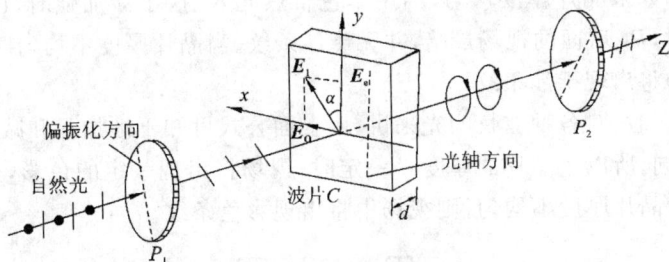

图 11.5.2　偏振光干涉

单色自然光垂直入射于偏振片 P_1,通过 P_1 后成为线偏振光,然后通过晶片 B 后由于晶片的双折射,成为有一定相差但光振动互相垂直的两束光。这两束光射入 P_2 时,只有沿 P_2 偏振化方向的光振动才能通过,于是就得到了两束相干的偏振光。

图 11.5.3 所示为通过 P_1,C 和 P_2 的光的振幅矢量图。这里 P_1,P_2 表示两正交偏振片的偏振化方向,C 表示晶片的光轴方向。设用 E_1 表示入射到晶面上的由 P_1 产生的线偏振光的振幅,在晶面上可分解成振幅分别为 E_e 和

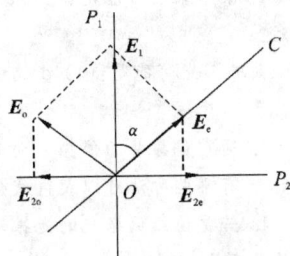

图 11.5.3　偏振光干涉的
振幅矢量图

E_o 的 e 光和 o 光。它们在透出 P_2 后的两束相干光的振幅分别为 E_{2e} 和 E_{2o},如果忽略吸收和其他损耗,由振幅矢量图 11.5.3,可求得

$$E_{2e} = E_e\sin\alpha = E_1\cos\alpha\sin\alpha \quad E_{2o} = E_o\cos\alpha = E_1\sin\alpha\cos\alpha$$

可见在 P_1,P_2 正交时,$E_{2e} = E_{2o}$。

由于 E_{2e} 和 E_{2o} 所代表的线偏振光具有相同的频率、相同的振动面,并有恒定的相位差

$$\Delta\varphi = \frac{2\pi}{\lambda}(n_o - n_e)d + \pi \tag{11.5.5}$$

故它们是相干光。显然,这两束相干光是对光束进行分振动面的结果。因为通过 P_1 的是线偏振光,所以进入晶片 C 后形成的两束光的初相为零。式(11.5.5)中第一项是晶片双折射引起的相位差,第二项 π 是考虑到 E_{2e} 和 E_{2o} 本身在 P_2 上投影取向相反而引起的附加相位差。这一附加相位差与 P_1 和 P_2 的偏振化方向间的相对取向有关,在 P_1 和 P_2 的偏振化方向平行时,就无需附加 π 相位差了。这样在 P_1 和 P_2 的偏振化方向正交时,通过 P_2 的两

束光是频率相同、振幅相等、振动方向相同、相位差恒定的相干光,因而能够产生偏振光的干涉现象。

显然,若相位差

$$\Delta\varphi = 2k\pi \; (k = 1,2,3,\cdots) \quad \text{或} \quad (n_o - n_e)d = (2k-1)\frac{\lambda}{2}$$

时,干涉加强,即通过 P_2 后的光强有最大值;若相位差

$$\Delta\varphi = (2k+1)\pi \; (k = 1,2,3,\cdots) \quad \text{或} \quad (n_o - n_e)d = k\lambda$$

时,干涉减弱,即通过 P_2 后的光强有最小。

由此可见,如果晶片厚度均匀,当用单色自然光入射,干涉加强时,P_2 后面的视场最明;干涉减弱时,P_2 后面的视场最暗,并无干涉条纹。当晶片厚度不均匀时,各处干涉情况不同,则视场中将出现干涉条纹。

当白光入射时,对各种波长的光来讲,由上面公式可知干涉加强和减弱条件因波长的不同而各不相同。所以当晶片的厚度 d 一定时,视场将出现一定的色彩,这种现象称为色偏振。如果这时晶片厚度不均匀,则视场中将出现彩色条纹。

思 考 题

1. 某一束光可能是:(1)线偏振光;(2)部分偏振光;(3)自然光。如何用实验决定这束光究竟是哪一种光?

某一束光可能是:(1)线偏振光;(2)圆偏振光;(3)自然光。如何用实验决定这束光究竟又是哪一种光?

2. 通常偏振片的偏振方向是没有标明的,有什么简易的方法将它确定下来?

3. 有哪些方法可以获得线偏振光?

4. 若要使线偏振光的光振动方向改变 90° 最少需要几片偏振片?这些偏振片怎样放置才能使透射光的强度最大?

5. 有两种介质,折射率分别为 n_1 和 n_2。当自然光从折射率为 n_1 的介质入射到折射率为 n_2 的介质时,测得布儒斯特角为 i_{01},当自然光从折射率为 n_2 的介质入射到折射率为 n_1 的介质时,布儒斯特角为 i_{02},若 $i_{01} > i_{02}$,问哪一种介质的折射率大?

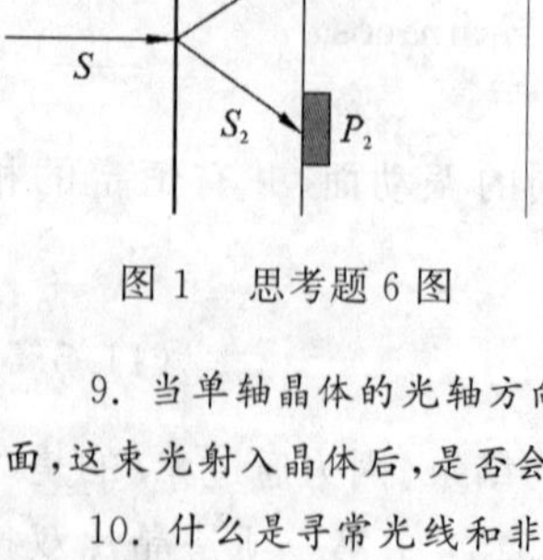

图 1　思考题 6 图

6. 如图 1 所示,在杨氏实验的双缝后面各置一片偏振片 P_1, P_2。

(1) 两偏振片 P_1, P_2 的透射方向相互平行,单色自然光产生的干涉条纹有何变化?

(2) 两偏振片 P_1, P_2 的透射方向相互垂直,干涉条纹又有何变化?

7. 一束光入射到两种透明介质的分界面上时,发现只有透射光而无反射光,试说明这束光是怎样入射的?其偏振状态如何?

8. 双折射晶体的光轴是否只是一条线?或只是空间的一个方向?

9. 当单轴晶体的光轴方向与晶体表面成一定角度时,一束与光轴方向平行的光入射到该晶体表面,这束光射入晶体后,是否会发生双折射?

10. 什么是寻常光线和非常光线?它们的光振动方向与各自的主平面是什么关系?

11. 一块 1/4 波片和两片偏振片混在一起,如何用实验方法将它们分开?

习 题 11

1. 两偏振片的偏振化方向成 60° 夹角和 45° 夹角时,求自然光在这两种情况下,通过两偏振片后的光强之比。

2. 强度为 I_0 的一束光,垂直入射到两个叠在一起的偏振片上,这两个偏振片的偏振化方向之间的夹角为 60°。若这束入射光是强度相等的线偏振光和自然光混合而成的,且线偏振光的光矢量振动方向与此二偏振片的偏振化方向皆成 30° 角,求透过每个偏振片后的光束强度。

3. 两个偏振片叠在一起,欲使一束垂直入射的线偏振光经过这两个偏振片之后振动方向转过了 90°,且使出射光强尽可能大,那么入射光振动方向和两偏振片的偏振化方向之间的夹角应如何选择?这种情况下的最大出射光强与入射光强的比值是多少?

4. 如图 2 所示,一束光强为 I_0 的自然光垂直入射在三个叠在一起的偏振片 P_1,P_2,P_3 上,已知 P_1 与 P_3 的偏振化方向垂直。求 P_2 与 P_3 的偏振化方向之间夹角为多大时,穿过第三个偏振片的透射光强为 $I_0/8$。

5. 自然光入射到两个互相重叠的偏振片上。如果透射光强为

(1) 透射光的最大强度的 1/3 时,这两个偏振片的偏振化方向间的夹角是多少?

(2) 入射光强度的 1/3,则这两个偏振片的偏振化方向间的夹角又是多少?

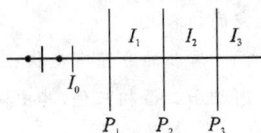

图 2　习题 4 图

6. 在水(折射率 $n_1 = 1.33$)和一种玻璃(折射率 $n_2 = 1.56$ 的交界面上,自然光从水中射向玻璃,求起偏角 i_0。若自然光从玻璃中射向水,再求此时的起偏角 i_0'。这两个起偏角的数值有什么关系?

7. 一束自然光,以某一角度角入射到平板玻璃板上。若反射光恰为线偏振光,且折射光的折射角 $\gamma = 30°$,求:

(1) 自然光的入射角;

(2) 玻璃的折射率;

(3) 玻璃下表面的反射光和折射光的偏振状态如何?画图说明。

8. 透明介质 I,II,III 和 I 如图 3 安排,三个交界面相互平行。一束自然光由 I 中入射。若 I,II 交界面和 III,I 交界面上的反射光都是线偏振光,求介质折射率 n_2 和 n_3 应满足什么关系?

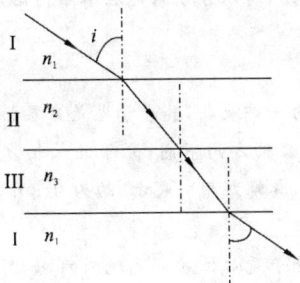

图 3　习题 8 图

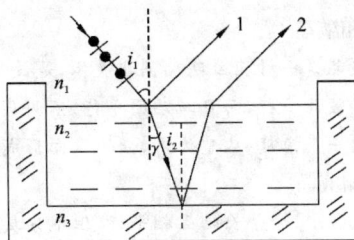

图 4　习题 9 图

9. 如图 4 所示,在一水平放置的平底玻璃盘($n_3 = 1.50$)内盛满水($n_2 = 1.33$),一束自然光从空气($n_1 = 1.00$)射向水面后,从水面和水底反射的光束分别用 1 和 2 表示。欲使 2 为完全偏振光,求自然光在水面的入射角 i_1,并指明光束 2 的光振动方向。

10. 光在某两种介质界面上的临界角(指全反射)是 45°,它在界面同一侧的起偏角是多少?

阅读材料

液　晶

一、液晶的结构

液晶是介于液态与结晶态之间的一种物质状态。它除了兼有液体和晶体的某些性质（如流动性、各向异性等）外，还有其独特的性质。对液晶的研究现已发展成为一个引人注目的学科。

液晶材料主要是脂肪族、芳香族、硬脂酸等有机物。液晶也存在于生物结构中，日常适当浓度的肥皂水溶液就是一种液晶。目前，由有机物合成的液晶材料已有几千种之多。由于生成的环境条件不同，液晶可分为两大类：只存在于某一温度范围内的液晶相称为热致液晶；某些化合物溶解于水或有机溶剂后而呈现的液晶相称为溶致液晶。溶致液晶和生物组织有关，研究液晶和活细胞的关系，是现今生物物理研究的内容之一。

液晶的分子有盘状、碗状等形状，但多为细长棒状。根据分子排列的方式，液晶可以分为近晶相、向列相和胆甾相三种，其中向列相和胆甾相应用最多。

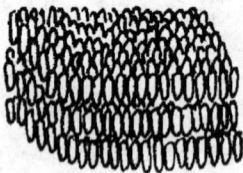
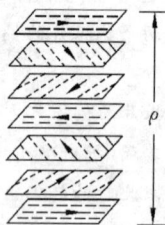
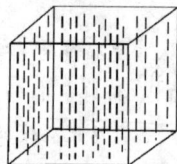

图 5　近晶相液晶分子　　图 6　胆甾相液晶分子　　图 7　向列相液晶分子
　　　排列示意图　　　　　　　排列示意图　　　　　　　排列示意图

1. 近晶相液晶

近晶相液晶分子分层排列，根据层内分子排列的不同，又可细分为近晶相 A、近晶相 B 等多种，图 5 所示为近晶相液晶的一种。由图可见，层内分子长轴互相平行，而且垂直于层面。分子质心在层内的位置无一定规律。这种排列称为取向有序，位置无序。

近晶相液晶分子间的侧向相互作用强于层间相互作用，所以分子只能在本层内活动，而各层之间可以相互滑动。

2. 胆甾相液晶

胆甾相液晶是一种乳白色黏稠状液体，是最早发现的一种液晶，其分子也是分层排列，逐层叠合。每层中分子长轴彼此平行，而且与层面平行。不同层中分子长轴方向不同，分子的长轴方向逐层依次向右或向左旋转过一个角度。从整体看，分子取向形成螺旋状，其螺距用 ρ 表示，约为 0.3 m，如图 6 所示。

3. 向列相液晶

向列相液晶中，分子长轴互相平行，但不分层，而且分子质心位置是无规则的，如图 7 所示。

二、液晶的光学特性

1. 液晶的双折射现象

一束光射入液晶后，分裂成两束光的现象称为双折射现象，如图 8 所示。

双折射现象实质上表示液晶中各个方向上的介电常数以及折射率是不同的。通常用符号 $\varepsilon_{//}$ 和 $\varepsilon_{\perp}$ 分别表示沿液晶分子长轴方向和垂直于长轴方向上的介电常数，并且把 $\varepsilon_{//} > \varepsilon_{\perp}$ 的液晶称为正性液晶，或 P 型液晶；而把 $\varepsilon_{//} < \varepsilon_{\perp}$ 的液晶称为负性液晶，或 N 型液晶。

多数液晶只有一个光轴方向，在液晶中光束沿光轴方向传播时，不发生双折射。一般液晶的光轴沿分子长轴方向,胆甾相液晶的光轴垂直于层面。由于其螺旋状结构,胆甾相液晶具有强烈的旋光性,其旋光率可达 $40\,000°/mm$。

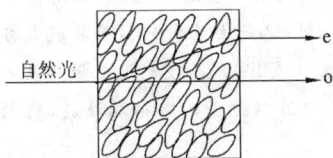

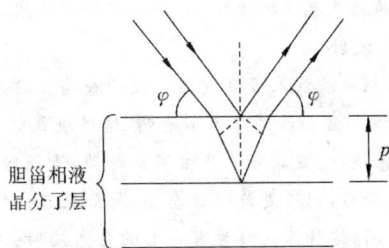

图 8　液晶的双折射　　　　　图 9　胆甾相液晶的选择反射

2. 胆甾相液晶的选择反射

胆甾相液晶在白光照射下,呈现美丽的色彩,这是它选择反射某些波长的光的结果。反射哪种波长的光取决于液晶的种类和它的温度以及光线的入射角。实验表明,这种选择反射可用晶体的衍射(图 9)加以解释。反射光的波长可以用布拉格公式表示为

$$\lambda = 2n\rho\sin\varphi$$

式中,λ 为反射光的波长,ρ 为胆甾相液晶的螺距,n 为平均折射率,φ 为入射光与液晶表面间的夹角。此式表明,沿不同角度可以观察到不同的色光。当温度变化时,胆甾相液晶的螺距发生敏锐的变化,因而反射光的颜色也随之发生变化。一般说来,温度低时反射光为红色,温度高时反射光为蓝色,但也有与此相反的情况。

胆甾相液晶的这一特性被广泛用于液晶温度计和各种测量温度变化的显示装置上。

实验表明,胆甾相液晶的反射光和透射光都是圆偏振光。

3. 液晶的电光效应

在电场作用下,液晶的光学特性发生变化,称之为电光效应。下面介绍两种电光效应。

1) 电控双折射效应

因为液晶具有流动性,通常把它注入玻璃盒中,称为液晶盒。当液晶盒很薄时,其分子的排列可以通过对玻璃表面进行适当处理如摩擦、化学清洗等加以控制。当液晶分子长轴方向垂直于表面时,称为垂面排列;平行于表面时,称为沿面排列。在玻璃表面涂上二氧化锡等透明导电薄膜时,则玻璃片同时又成为透明电极。

今把 N 型向列相垂直排列的液晶盒放在两正交偏振片之间,如图 10 所示。

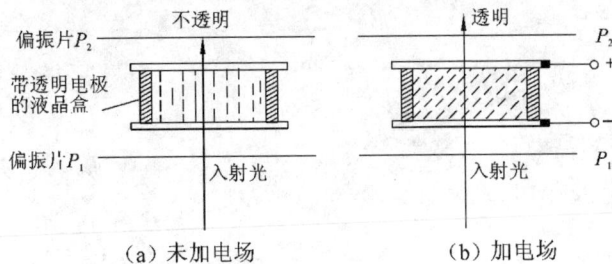

（a）未加电场　　　　　（b）加电场

图 10　电控双折射

未加电场时,通过偏振片 P_1 的光在液晶内沿光轴方向传播,不发生双折射,由于两偏振片正交,所以装置不透明。

加电场并超过某一数值(阈值)时,电场使液晶分子轴方向倾斜,此时光在液晶中传播时,发生双折

射,装置由不透明变为透明。

光轴的倾斜随电场的变化而变化,因而两双折射光束间的相位差也随之变化,当入射光为复色光时,出射光的颜色也随之变化。电控双折射现象用 P 型沿面排列的向列相液晶同样能观察到。

2) 动态散射

把向列相液晶注入带有透明电极的液晶盒内,未加电场时,液晶盒透明。施加电场并超过某一数值(阈值)时,液晶盒由透明变为不透明,这种现象称为动态散射。这是因为盒内离子和液晶分子在电场作用下,互相碰撞,使液晶分子产生紊乱运动,使折射率随时发生变化,因而使光发生强烈散射的结果。

去掉电场后,则恢复透明状态。但是如果在向列相液晶中混以适当的胆甾相液晶,则散射现象可以保存一些时间,这种情况称为有存储的动态散射。

动态散射现象在液晶显示技术中有广泛应用。目前用于数字显示的多为向列相液晶。图 11(a) 所示为 7 段液晶显示数码板。数码字的笔画由互相分离的 7 段透明电极组成,并且都与一公共电极相对。当其中某几段电极加上电压时,这几段就显示出来,组成某一数码字(图 11(b))。

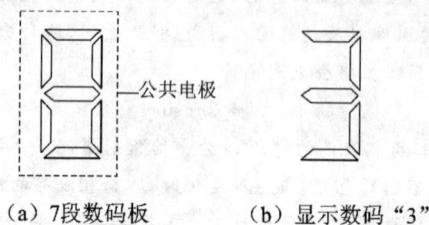

　　(a) 7段数码板　　　　(b) 显示数码"3"

图 11　液晶数字显示

第四篇

热　学

　　物质运动具有各种形态。在第一篇中研究了机械运动这种最简单、最基本的初级运动形态，采用了牛顿力学等确定论的研究方法。热现象是自然界中极为普遍的物理现象，热学是物理学的一个重要分支学科，它研究的是热现象的宏观特征及其微观本质。按研究角度和研究方法的不同，热学可分成热力学和统计物理学两个组成部分。**热力学**是研究物质热运动的宏观理论，不涉及物质的微观结构，从基本实验定律出发，通过严密的逻辑推理和数学演绎，找出物质各种宏观性质的关系，得出宏观过程进行的方向及过程的性质等方面的结论，具有高度的普适性与可靠性。**统计物理学**是研究物质热运动的微观理论，从物质由大量微观粒子组成这一基本事实出发，用统计的方法来推求宏观量与微观量统计平均值之间的关系，解释并揭示系统宏观热现象及其有关规律的微观本质。可见热力学与统计物理学的研究对象是一致的，但是研究的角度和方法却截然不同。在对热运动的研究上，统计物理学和热力学二者起到了相辅相成的作用。热力学的研究成果，可以用来检验微观统计物理学的正确性；统计物理学所揭示的微观机制，可以使热力学理论获得更深刻的意义。

第 *12* 章 气体动理论

热力学宏观理论的三大基本定律:第一定律,即能量守恒定律;第二定律,即热力学过程都是不可逆过程的规律;第三定律,指出绝对零度不能达到。宏观理论中回避不了有关热量的解释,历史上曾经将热量解释为热质,18 世纪终于在大量实验的基础上将热解释为构成物质的大量分子的无规则运动,从而也引出了宏观规律与微观运动的关联问题。科学家试图从分子和原子的微观层次上来说明物理规律,建立了研究物质热性质的统计物理学方法。

本章为统计物理学的基础内容。将从物质的微观结构出发,运用统计的方法研究物质最简单的聚集态 —— 气体的热学性质。阐述气体的压力、温度、热力学能等一些宏观量的微观本质。

12.1 热力学系统与状态

12.1.1 热力学系统

热力学中研究的对象是由大量粒子(如原子、分子及其他微观粒子)组成的宏观物质体系,通常称为**热力学系统**(thermodynamic system),简称为**系统**。热力学系统通常是从其周围物质中划分出来作为一个整体来进行研究的某一部分物质。这里所说的物质可以是气体、液体或固体。在热力学系统外部,与系统的状态变化直接相关的一切物质称为系统的外界。

根据系统与外界之间的相互作用以及能量、质量交换的情况,一般可以将系统分成几种类型。若系统与外界没有能量和物质的交换,这样的系统称为**孤立系统**;与外界没有物质交换,但有能量交换的系统,称为**封闭系统**;与外界无热量交换的系统为**绝热系统**;既有物质又有能量交换的系统称为**开放系统**。

12.1.2 平衡态

热力学系统在一定的条件下具有一定的热力学性质,处于一定的某种宏观状态,我们称之为系统的**热力学状态**(thermodynamic state),简称状态。热力学研究的就是热力学系统的宏观状态及其变化的规律。平衡态是热力学系统宏观状态中的一种简单而又十分重要的特殊情形。所谓**平衡态**(equilibrium state)是指在不受外界影响(不做功、不传热)的条件下,系统所有可观测的热现象的宏观性质都不随时间变化的状态。把一定质量的气体装在一给定体积的容器中,在不受外界影响的条件下,经过足够长的时间后,容器内各部分气体的压力趋向相等,温度趋同,气体的宏观热学性质将不随时间而变化,容器中的气体系统达到平衡态。应该指出,容器中的气体总不可避免的会与外界发生程度不同的能量和物质交换。所以平衡态只是一个理想的模型。实际中,如果气体状态的变化很微小,可以略去不计时就可以把气体的状态看成是近似平衡态。还应指出,气体的平衡状态只是一种**动态平衡**(thermal-dynamic equilibrium),因为,分子的无规则运动是永不停息的。通过气体分子的运动和相互碰撞,在宏观上表现为气体各部分的密度、温度、压强均匀且不随时间变化的平衡态。

12.1.3　状态参量

在力学中研究质点机械运动时,我们用位矢和速度(动量)来描述质点的运动状态。而在讨论由大量分子构成的气体的状态时,位矢和速度(动量)只能用来描述单个分子运动的微观状态,不能描述整个气体的宏观状态。对于热力学系统来说,当其处于平衡态时,可用某些确定的物理量来描述系统的宏观性质,这些描述系统宏观性质和状态的物理量就称为**状态参量**(state parameter)。状态参量按类型可分为几何参量(如体积 V)、力学参量(如压力 p)、化学参量(如质量或摩尔质量)和电磁参量(电场强度 E,电位移矢量 D 等)4 类。对一定量的气体,其宏观状态仅用气体的体积 V、压强 p 和热力学温度 T(简称温度)来描述时,这样的气体系统称为简单可压缩系统。p,V,T 这三个物理量称为气体的状态参量,是描述整个气体特征的量,它们均为**宏观量**(macroscopic quantity),而像分子的质量、速度、能量等则是**微观量**(microscopic quantity)。

确定一个平衡态,只需一组独立的状态参量就足够了。其他的状态参量,则是该组独立参量的函数。以独立状态参量为坐标,可以构成一个状态参量空间。一个平衡态,可以用状态参量空间中的一个点来描述。一个平衡过程,对应于状态参量空间中的一条特定的曲

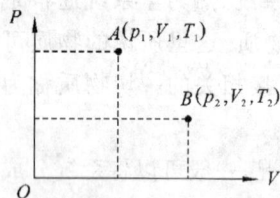

图 12.1.1　p-V 图

线。对于简单可压缩系统,一个平衡态对应于 p-V 空间(p-V 图)中的一个点,如图 12.1.1 中的点 $A(p_1,V_1,T_1)$ 或点 $B(p_2,V_2,T_2)$。对于气体,除常用 p-V 空间外,有时也用 T-V 空间(T-V 图)和 p-T 空间(p-T 图)。非平衡态由于没有统一的参量,因此不能在图上表示。

描述气体状态参量的三个物理量分别是体积 V、压强 p 和温度 T。

1. 体积

气体的体积 V 是几何参量,通常是指组成系统的分子的活动范围。由于分子的热运动,容器中的气体总是努力分散在容器中的各个空间部分,因此气体的体积,也就是盛气体容器的容积。在 SI 中,体积的单位是立方米,用符号 m^3 表示,常用单位还有升,用符号 L 表示。

2. 压强

气体的压强是力学效果参量,定义为单位面积受力,在气体内部取截面积 ΔS,其一面

受正压力 F,则压强为 $\dfrac{F}{\Delta S}$,在容器内表面表现为气体对容器壁单位面积上产生的压力,是大量气体分子频繁碰撞容器壁产生的平均冲力的宏观表现,显然与分子无规则热运动的频繁程度和剧烈程度有关。在国际单位制中,压强的单位是帕[斯卡](Pa),$1\,Pa = 1\,N\cdot m^{-2}$。常用的压强单位还有:厘米汞柱高(cmHg)、标准大气压(atm)等,它们与帕斯卡的关系是

$$1\,atm = 76\,cmHg = 1.013\,25 \times 10^5\,Pa$$

3. 温度

体积 V 和压力 p 都不是热学所特有的,体积属于几何参量,压力属于力学参量,而且它们都不能直接表征系统的"冷热"程度。因此,在热学中还必须引进一个新的物理量 —— 温度来描述状态的热学性质。气体的温度,宏观上表现为气体的冷热程度,而微观上看它表示的是分子热运动的剧烈程度。

在日常生活中,往往认为热的物体温度高,冷的物体温度低,这种凭主观感觉对温度的定性了解,在要求严格的热学理论和实践中,显然是远远不够的,必须对温度建立起严格的科学的定义。假设有两个热力学系统 A 和 B,原先处在各自的平衡态,现在使系统 A 和 B 互相接触,使它们之间能发生热传递,这种接触称为热接触。一般说来,热接触后系统 A 和 B 的状态都将发生变化,但经过足够长一段时间后,系统 A 和 B 将达到一个共同的平衡态,由于这种共同的平衡态是在有传热的条件下实现的,因此称为**热平衡**(thermal-dynamic equilibrium)。如果有 A,B,C 三个热力学系统,当系统 A 和系统 B 都分别与系统 C 处于热平衡,那么系统 A 和系统 B 此时也必然处于热平衡。这个实验结果通常称为**热力学第零定律**(zeroth law of thermodynamics)。这个定律为温度概念的建立提供了可靠的实验基础。根据这个定律,我们有理由相信,处于同一热平衡状态的所有热力学系统都具有某种共同的宏观性质,描述这个宏观性质的物理量就是温度。也就是说,一切互为热平衡的系统都具有相同的温度,具有相同温度的系统之间在热接触时不发生热量传递,这为我们用温度计测量物体或系统的温度提供了依据。

热力学第零定律给出了温度的定义,也给出了温度测量的依据。温度的数值表示法称为**温标**(temperature scale),即关于温度的零点及分度方法所作的规定。常用的有热力学温标 T、摄氏温标 t 和华氏温标 t_F 等。**热力学温标**(thermodynamic scale of temperature)是建立在热力学第二定律基础上的理想化的、科学的温标,并被国际计量大会采用作为标准温标。热力学温标选择了卡诺循环中系统吸收和放出的热量来确定温度,这种温度不依赖于测温物质的性质。国际单位制中采用热力学温标,温度的单位是开[尔文](K)。热力学温标选取水的三相点为参考点,规定水的三相点为 273.16 K。1 K 就是水的三相点(固、液、汽共存)温度的 $\dfrac{1}{273.16}$。摄氏温标也称百分温标,是瑞典天文学家摄尔修斯(A. Celsius)于 1742 年建立的。摄氏温标规定在标准大气压下,水的冰点为 0 度,沸点为 100 度,中间分为 100 等分,每等分代表 1 度,用 1 ℃ 表示。华氏温标由德国物理学家华伦海特(G. D. Fahrenheit)于 1714 年建立。他规定在标准气压下,冰和盐水的混合物温度为 0 度,

水的沸点为 212 度,中间分为 212 等份,每一等份为 1 度,用符号 1 ℉ 表示。华氏温标除了英、美还在使用外,其他国家较少有人使用。

摄氏温标与热力学温标的关系是

$$t = T - 273.15 \quad (\text{摄氏度 ℃})$$

华氏温标与热力学温标的关系是

$$t_F = 32 + \frac{9}{5}t \quad (\text{华氏度 ℉})$$

理想气体温标在它所能确定的范围内(1 ～ 1000K)与热力学温标一致。因此,在实际应用中,常用理想气体温度计测定值替代某一范围内的热力学温标。

12.1.4　理想气体物态方程

实验证明,当一定量的气体处于平衡态时,描述平衡状态的三个参量 p, V, T 之间存在一定的关系,当其中任意一个参量发生变化时,其他两个参量也将随之改变,三个参量 p, V, T 之间的关系可写成

$$T = T(p, V) \quad \text{或} \quad f(p, V, T) = 0$$

上述方程就是一定量的气体处于平衡态时**气体的物态方程**(equantion of state)。一般气体,在密度不太高,压力不太大(与大气压相比)和温度不太低(与室温比较)的实验范围内,气体状态的变化过程遵守玻意耳定律、盖吕萨克定律和查理定律,我们把任何情况下都遵守上述三条实验定律和阿伏伽德罗定律的气体称为理想气体。一般气体在温度不太低,压力不太大时,都可以近似作为理想气体。理想气体处在平衡态时,描述状态的三个参量 p, V, T 之间的关系即为理想气体物态方程。对一定质量 M 的理想气体,物态方程的形式为

$$pV = \frac{M}{M_{mol}}RT \quad \left(\text{物质的量 } \nu = \frac{M}{M_{mol}}\right) \tag{12.1.1}$$

式(12.1.1)也称为理想气体状态方程。式中,M_{mol} 为气体的摩尔质量;R 为一常数,称为普适气体恒量,也称为摩尔气体常量。其取值与方程中各量的单位有关,在国际单位制中

$$R = 8.31 \, \text{J} \cdot \text{mol}^{-1}\text{K}^{-1}$$

当压强用大气压(atm)为单位,体积用升(L)为单位时,

$$R = 8.21 \times 10^{-2} \, \text{atm} \cdot \text{L} \cdot \text{mol}^{-1}\text{K}^{-1}$$

式(12.1.1)中 ν 为气体的摩尔数,可表示为

$$\nu = \frac{M}{M_{mol}} = \frac{N}{N_A}$$

式中,N 为气体系统的总分子数;N_A 是阿伏伽德罗常数,在国际单位制中 $N_A = 6.02 \times 10^{23} \text{mol}^{-1}$。式(12.1.1)还可以进一步写成

$$p = \frac{M}{M_{mol}}\frac{RT}{V} = \frac{N}{V}\frac{RT}{N_A} = nkT \tag{12.1.2}$$

式中,$n = \frac{N}{V}$ 称为气体的分子数密度,即单位体积内的分子数;$k = \frac{R}{N_A}$ 称为玻尔兹曼常

数,在国际单位制中 $k = 1.38 \times 10^{-23}$ J·K^{-1}.式(12.1.2)是物态方程的微观形式。

理想气体实际上是不存在的,它只是真实气体的初步近似,许多气体如氢、氧、氮、空气等,在一般温度和较低压力下,都可视为理想气体。

12.2　理想气体压强与温度

气体对容器器壁有压力作用,气体的热运动剧烈程度与温度有关,这些都可以用分子运动论定量地加以微观解释。分子动理论是从物质的微观结构出发来阐明热现象规律的一种理论。具体的做法是,依据大量实验事实,抽象出物质的微观结构模型,借助于统计方法给出宏观结果。

12.2.1　分子运动理论的基本观点

1. 宏观物体是由大量微观粒子 —— 分子(原子)组成

化学性质相同的物质,其分子完全一样。人们已借助了近代实验仪器和实验方法,观察到某些晶体的原子结构图像,认识到物质都是由彼此间有一定间隙的分子组成,气体很容易被压缩,所以分子间的距离比固体、液体分子间的间隙都大。实验表明,在标准状态下,气体分子间的距离约为直径的 10 倍。不同物质的分子有大有小,但整个看起来,分子线度都是很小的,所以宏观系统包括的分子数目是巨大的。作为典型的例子,1 mol 任何物质包含有 6.02×10^{23} 个分子,1 mol 氢气只有 2 g,所包含的分子数同样有 6.02×10^{23} 个。

2. 分子之间有相互作用力

固体和液体的分子之所以会聚集到一起而不散开,是因为分子之间有相互吸引力。液体和固体很难被压缩,即使是气体当压缩到一定程度后也很难再继续压缩,这些现象说明分子之间除吸引力外还存在排斥力。图 12.2.1 所示是分子力 f 与分子间距离 r 的关系曲线。从图 12.2.1 上可以看出,当分子之间的距离 $r < r_0$(对于最简单的分子,r_0 约为 3×10^{-10} m 左右)时,分子力主要表现为斥力,并且随 r 的减小,急剧增加,当 $r = r_0$ 时,分子力为零。$r > r_0$ 时,分子力主要表现为引力。当 r 继续增大到大于10^{-9} m(大约 4 个分子直径)时,分子间的作用力就可以忽略不计了。可见分子力的作用范围是极小的,分子力属短程力。

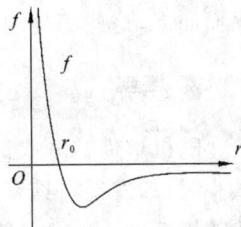

图 12.2.1　f-r 关系曲线

3. 分子都在做无规则运动,运动的剧烈程度与物体的温度有关

在室内打开一瓶香水,过一段时间就会在整个房间内闻到香味,这是由于分子无规则运动而产生的扩散现象。布朗运动是间接证明液体分子无规则运动的典型例子,且实验证实液体的温度越高,布朗运动愈剧烈,从而间接说明了温度越高液体分子无规则运动愈剧烈。

　　由于系统包含的分子数目巨大,分子在运动过程中相互碰撞将是极其频繁的,对气体来讲,在通常温度和压力下,一个分子在 1 s 的时间里大约要经历10^9次碰撞。频繁的碰撞导致分子的速度在不断变化,要想跟踪每一个分子,并对它们列出运动方程,是几乎不可能做到的。气体处于平衡态时,气体的每个分子在某一时刻位于容器中哪一个位置,具有多大速度都具有一定的偶然性,但大量分子的整体表现是有规律的。例如,平衡态时,容器中各处的温度、密度、压力这些宏观量都是均匀的,一定的,可观测的。微观上每个分子的速率有大有小,但速率的统计平均值是确定的。这表明在大量的,偶然、无序的分子运动中,包含一种规律性。这种规律性来自大量偶然事件的集合,故称为统计规律。统计规律在某种意义上就是将微观量和宏观量联系起来的规律,也就是要运用统计方法求出大量分子的微观量的统计平均值,用以解释宏观系统的热的性质。宏观物体的热现象是物质中大量分子无规则运动的集体表现。

12.2.2　统计规律的基本概念

1. 事件

　　在自然界中,存在着许多千奇百怪的现象,这些现象就是事件。我们把在一定条件下一定要发生的事件称为**必然事件**(inexorable event)。例如,抛出的石头将落回地面;人总是要死的;在标准气压下,水在 0 ℃ 时要结冰等,都是必然事件。另外一些事件,在一定条件下是必定不可能发生的,叫做**不可能事件**(impossible event)。例如,在标准气压下,水在 50 ℃ 时沸腾;仅在重力作用下,石块飞向空中;老人变回婴儿等,都是不可能事件。除了必然事件和不可能事件之外,自然界还存在另一类事件,在一定条件下,这些事件可能发生也可能不发生,人们无法预先确定。我们把这类事件称为**随机事件**(random event)。例如,一个冰雹落地,有可能恰好打在农作物上,也可能不打在农作物上;从一大堆作业本中随意抽出一本,可能是你的,也可能是别人的;抛一枚硬币,落地后可能正面向上,也可能反面向上,这些都是随机事件。

2. 概率

　　随机事件在一次试验中是否发生虽然无法事先确定,但在相同条件下,大量重复同一试验时,却发现它具有一定的规律性。或者说,一个随机事件的发生具有一定的可能性。描述随机事件出现的可能性的大小的量称为**概率**(probability)。

　　当大量地重复进行同一个随机事件的试验时,状态 A 出现的次数 N_A 与试验的总次数 N 的比值 $P_a = \dfrac{N_A}{N}$,当 N 无限增大时,P_a 的极限值总会趋近于某一个常数 P_A。我们把常数 P_A 称为状态 A 出现的概率,即有

$$P_A = \lim_{N \to \infty} \frac{N_A}{N} \qquad (12.2.1)$$

　　概率 P_A 是状态 A 出现的可能性的量度。当 N 为有限值时,P_a 与 P_A 之差,称为**涨落**,即与概率的偏差。

　　例如,进行抛硬币的试验成千上万次,则随着抛币次数 N 的增大,出现正面向上的次

数逐渐趋近于总次数 N 的一半,并在 1/2 附近略有偏离。由此可见,抛硬币正面向上的概率为 1/2。又如,在一个黑箱内放有红、黄、绿三色的球各一个。随意从箱内拿出一个球,观察其颜色,然后把球放回箱内。重复进行该试验很多很多次,例如 10 万次,我们会发现拿出红、黄、绿球的概率各为 1/3。

设在一定条件下,每次试验可能出现的事件共有 m 个,这些事件彼此不能同时出现,但每次试验必定出现其中的事件之一。即设 $A_1, A_2, \cdots, A_m$ 是 m 个不相容的随机事件,则这 m 个事件的概率之和为 1,即

$$\sum_{i=1}^{m} P(A_i) = 1 \tag{12.2.2}$$

式中,$P(A_i)$ 是事件 A_i 出现的概率。例如,抛硬币试验中,正、反面向上的概率各为 1/2,其和为 1;又如,上述从箱中拿球的试验中,拿出红、黄、绿球的概率各为 1/3,其和为 1。这一结论称为**归一化条件**。

3. 统计平均和统计规律

上面在介绍随机事件发生的概率时,实际上已引入了统计的概念。物质是由为数众多的粒子组成的。单个粒子服从力学规律,大量粒子的整体却遵从统计规律。从上面这些例子可以看出,对于随机事件,只有进行大量的实验和观测,才能确定其发生的概率。这种由大量事件组成的总体或由大量粒子所组成的系统所遵从的规律称为统计规律。通过微观运动与宏观运动的联系以求求宏观运动规律的方法叫统计方法。在分子物理学中,由于系统由大量分子组成,每个分子的热运动又是无规则的,故只能用统计的方法来揭示其规律性。例如,在平衡态下,各个分子速率多大?无法逐一考察,故用统计方法求其平均速率。实验和理论都表明,宏观量是对应微观量的统计平均值。

在统计中,平均值常采用算术平均的方法求得。设有一处在给定状态的宏观系统,并假设描述该系统的某特征量 x 具有分立值 $x_1, x_2, \cdots, x_m$。我们对量 x 进行 N(N 很大)次测量,且在每次测量前使系统达到同一初态,即测量具有相同的条件。如果测得 $x = x_1$ 有 N_1 次,测得 $x = x_2$ 有 N_2 次,$\cdots$,测得 $x = x_m$ 有 N_m 次。此处

$$N_1 + N_2 + \cdots + N_m = N$$

则 x 的**统计平均值**(average value)定义为

$$\bar{x} = \lim_{N \to \infty} \frac{x_1 N_1 + x_2 N_2 + \cdots + x_m N_m}{N} = \lim_{N \to \infty} \sum_i \frac{x_i N_i}{N} = \sum_i x_i P_i \tag{12.2.3}$$

式中,P_i 为测量 x 得到值为 x_i 的概率。

关于统计规律,有两点是值得注意的:统计规律是偶然性与必然性的统一,它统一在对事件的大量观测、试验和研究中;统计规律所得的结论只能说明可能性的大小,决不能直接用它说明个别事件。也就是说,统计规律仅对大量事件才有意义。

伽尔顿板是说明统计规律的演示实验装置,如图 12.2.2 所示。在一块竖直木板的上部规则地钉上铁钉,木板的下部用竖直隔板隔成等宽的狭槽,从顶部中央的入口处可以投入小球,板前覆盖玻璃使小球不致落到槽外。实验中可以一次投入大量小球,或多次投入单个小球。观察落入某个槽中的小球数。实验结果表明:单个小球落入某个槽内是偶然事

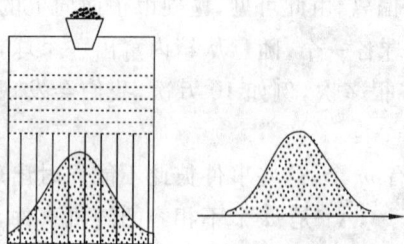

图 12.2.2 伽尔顿板

件，大量小球落入槽内的分布遵从一定的统计规律。实验结果同时表明：统计规律伴随着涨落现象，如一次投入大量小球（或单个小球多次投入）落入某个槽中的小球数具有一个稳定的平均值，而每次实验结果都有差异。槽内小球数量少，涨落现象明显；反之，槽内的小球数量多时涨落现象不明显。

一切与热现象有关的宏观量的数值都是统计平均值。在任一给定瞬间或在系统中任一给定局部范围内，观测值都与统计平均值有偏差。

本章将要研究的理想气体的压力公式和温度公式、能量均分定律、麦克斯韦速率分布律等都是统计规律。

12.2.3 理想气体的压强公式

1. 理想气体的微观模型和统计假设

理想气体对应于一定的微观模型，称为理想气体的分子模型。它基于对每个分子的力学性质的假设：

（1）分子本身的线度比起分子之间的平均距离来说，小得很多，以致可以忽略不计。我们知道，对于一般气体，分子的占有体积为其固有体积的 1000 倍左右，因此可以忽略分子本身的大小。

（2）分子在不停的运动，分子之间以及分子与器壁之间发生着频繁的碰撞，这些碰撞是完全弹性的。单个分子遵从经典的力学规律。

（3）除碰撞瞬间外，忽略分子间力，忽略重力。这是因为分子力是短程力，除碰撞瞬间外，分子间距 $r > R$，故可忽略分子力；又由于分子速率一般较大，分子的平均动能远大于其重力势能，故可忽略其重力。重力忽略后，避免了计算的复杂性。

由此可见，理想气体可以视为自由地、无规则地运动着的无大小的弹性分子的集合。

处于平衡状态的理想气体，其性质还将符合如下两条统计假设：

（1）忽略重力的影响，平衡态时每个分子的位置处于容器内空间中任何一点的可能性（或概率）是相等的。简单地说，分子按位置的分布是均匀的。若以 N 表示容器体积 V 内的分子总数，则分子数密度（单位体积内的分子数）n 到处一样，即

$$n = \frac{dN}{dV} = \frac{N}{V} \tag{12.2.4}$$

（2）在平衡态时，每个分子的速度指向任何方向的可能性（或概率）是一样的。或者说，分子速度按方向的分布是均匀的。因此速度的每个分量的平均值

$$\overline{v_x} = \overline{v_y} = \overline{v_z} = 0$$

而速度的每个分量的平方的平均值应该相等，即

$$\overline{v_x^2} = \overline{v_y^2} = \overline{v_z^2} \tag{12.2.5}$$

由于每个分子速率 v_i 和其速度分量有下述关系

$$v_i^2 = v_{ix}^2 + v_{iy}^2 + v_{iz}^2$$

取平均后,有

$$\overline{v^2} = \overline{v_x^2} + \overline{v_y^2} + \overline{v_z^2}$$

将式(12.2.5)代入上式,可得

$$\overline{v_x^2} = \overline{v_y^2} = \overline{v_z^2} = \frac{1}{3}\overline{v^2} \tag{12.2.6}$$

上述统计假设只适用于大量分子的集体。这些假设都具有一定的实验基础,所导出的结果符合理想气体性质。

2. 理想气体的压强公式

容器中气体对器壁压力,从微观看是大量气体分子对器壁不断碰撞的结果,就像密集的雨点打在伞上产生的均匀、持续的压力一样。具体地说,可以将器壁视为一个连续的平面,器壁所受的压力就等于大量分子在每单位时间内施予器壁单位面积上的平均冲量。

设体积为 V 的容器中,内储气体的分子数为 N,分子质量为 m,总质量为 Nm。将分子按速度区间分组,每组具有相同的速度大小和方向。第 i 组分子的速度为 $\boldsymbol{v}_i + \mathrm{d}\boldsymbol{v}_i$(大小在 v_i 附近,方向 $\hat{\boldsymbol{v}}$)。单位体积分子数为 n_i,而且 $n = \sum_i n_i$。第 i 组的一个分子的速度在 x 轴向的分量为 v_{ix},如图 12.2.3 所示,其中 x 轴与容器壁垂直,取一个小面积 $\mathrm{d}A$,因壁光滑,则 y 向速度分量不变,x 方向分子与器壁碰撞,动量增量为

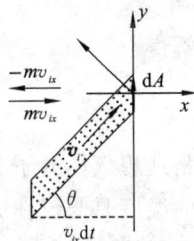

图 12.2.3　气体压力示意图

$$(-m_i v_{ix}) - (m_i v_{ix}) = -2m_i v_{ix}$$

由牛顿第三定律,第 i 组中某个分子碰撞一次施于器壁 $\mathrm{d}A$ 的冲量为 $2m_i v_{ix}$。$\mathrm{d}t$ 时间内,第 i 组分子中能与 $\mathrm{d}A$ 碰撞的分子数是以 $v_i \mathrm{d}t$ 为斜高,$\mathrm{d}A$ 为底面积的体积中的分子,即 $n_i v_i \mathrm{d}t \mathrm{d}A \cos\theta = n_i v_{ix} \mathrm{d}t \mathrm{d}A$ 个分子,所以 $\mathrm{d}t$ 时间内,第 i 组分子施于器壁 $\mathrm{d}A$ 冲量为

$$n_i v_i \mathrm{d}t \mathrm{d}A \cos\theta \times 2m_i v_{ix} = 2m_i n_i v_{ix}^2 \mathrm{d}t \mathrm{d}A$$

又考虑到能与 $\mathrm{d}A$ 碰撞的分子应该是速度 $v_{ix} > 0$ 的分子,根据前面对处于平衡状态的理想气体的两条统计假设可知单位体积内速度为 v_i 的分子数 n_i 中 $v_{ix} > 0$ 和 $v_{ix} < 0$ 的分子数一样多,则 $\mathrm{d}t$ 时间内,所有组的分子施于器壁 $\mathrm{d}A$ 的总冲量为

$$\mathrm{d}I = \sum_{v_{ix} > 0} 2m_i n_i v_{ix}^2 \mathrm{d}t \mathrm{d}A = \frac{1}{2} \sum_i 2m_i n_i v_{ix}^2 \mathrm{d}t \mathrm{d}A = \sum_i m_i n_i v_{ix}^2 \mathrm{d}t \mathrm{d}A$$

按照压强的定义,有

$$p = \frac{\mathrm{d}F}{\mathrm{d}A} = \frac{\mathrm{d}I/\mathrm{d}t}{\mathrm{d}A} = \frac{\mathrm{d}I}{\mathrm{d}t \mathrm{d}A} = \sum_i m_i n_i v_{ix}^2$$

对于同种气体,每个分子的质量一样,即 $m_i = m$,由平均值的定义

$$\overline{v_x^2} = \frac{\sum n_i v_{ix}^2}{\sum n_i} = \frac{\sum n_i v_{ix}^2}{n}$$

得 $p = mn\overline{v_x^2}$,再利用式(12.2.6),可得

$$p = \frac{1}{3}mn\overline{v^2} = \frac{2}{3}n\left(\frac{1}{2}m\overline{v^2}\right) = \frac{2}{3}n\overline{\varepsilon_t} \qquad (12.2.7)$$

式中,$\overline{\varepsilon_t} = \frac{1}{2}m\overline{v^2}$ 称为气体分子的**平均平动动能**(average translational kinetic energy)。

式(12.2.7)称为理想气体的压强公式。它把宏观量 p 和统计平均值 n 和$\overline{\varepsilon_t}$(或$\overline{v^2}$)联系起来,显示了宏观量与微观量的关系。压力只具有统计意义,离开了"大量分子"和"统计平均",气体压力这一概念将失去物理意义。实际上,在压强公式的推导中所取的 $\mathrm{d}A, \mathrm{d}t$ 都是宏观小微观大的量。因此在 $\mathrm{d}t$ 时间内撞击 $\mathrm{d}A$ 面积上的分子数是非常大的,这才使得压力有一个稳定的数值。

12.2.4 温度的微观解释

由理想气体状态方程式(12.1.2)和理想气体的压强公式(12.2.7),可以得到

$$p = nkT = \frac{2}{3}n\left(\frac{1}{2}m\overline{v^2}\right) = \frac{2}{3}n\overline{\varepsilon_t}$$

从而解得

$$\overline{\varepsilon_t} = \frac{1}{2}m\overline{v^2} = \frac{3}{2}kT \qquad (12.2.8)$$

这就是理想气体分子的平均平动动能与温度的关系式,称为**温度公式**。式(12.2.8)说明气体的温度是与气体分子运动的平均平动动能成正比($T = 2\overline{\varepsilon_t}/3k$)。换句话说,温度公式揭示了气体温度的统计意义,即气体的温度是分子平均平动动能的量度。物体内部分子运动越剧烈,分子平均平动动能越大,则物体的温度越高。因此,可以说温度是物体内部分子无规则热运动剧烈程度的量度。如果两种气体的温度相同,则意味着这两种气体的分子平均平动动能相等;如果一种气体的温度高于另一种气体,则意味着这种气体的分子平均平动动能比另一种气体的分子平均平动动能要大。

温度是大量气体分子热运动的集体表现,具有统计意义;对于个别分子,或极少数分子,谈及温度是没有意义的。

绝对零度在这里有了物理内容,$T = 0$ 时,$\overline{\varepsilon_t} = 0$,所以绝对零度标志气体分子的无规则运动完全停止。而热力学第三定律指出这一状态不可能达到,即令分子停止了平动,但分子或原子内部仍保持某种其他形态的运动。物质的内在运动是永不停止的。然而实际上分子运动是永不停息的,绝对零度是不可能达到的,只能无限的趋近绝对零度,目前人们应用激光已将原子的温度冷却到10^{-12} K 的量级。

例 12.2.1 一容器内储有氧气,其压强 $p = 1.00$ atm,温度 $t = 27\,℃$,求:

(1)单位体积内的分子数;

(2)氧气的密度;

(3)氧分子的质量;

(4)分子间的平均距离;

(5)分子的平均平动动能。

解 (1)根据 $p = nkT$ 可得单位体积内的分子数为

$$n = \frac{p}{kT} = \frac{1 \times 1.013 \times 10^5}{1.38 \times 10^{-23} \times (273 + 27)} \approx 2.45 \times 10^{25} \ \mathrm{m}^{-3}$$

（2）由理想气体状态方程可得氧气的密度为

$$\rho = \frac{M}{V} = \frac{pM_{\mathrm{mol}}}{RT} = \frac{1.013 \times 10^5 \times 32 \times 10^{-3}}{8.31 \times 300} \approx 1.30 \ \mathrm{kg \cdot m^{-3}}$$

（3）每个氧分子的质量为

$$m = \frac{M}{N} = \frac{M/V}{N/V} = \frac{\rho}{n} \approx \frac{1.30}{2.45 \times 10^{25}} \approx 5.31 \times 10^{-26} \ \mathrm{kg}$$

（4）将气体看成由分子组成的立方体，一个立方体由 8 个分子组成，一个分子占一个立方体的 $\frac{1}{8}$，所以一个立方体的体积为一个分子所占有的体积，即

$$\bar{l}^3 = \frac{1}{n}$$

分子间的平均距离为（图 12.2.4）

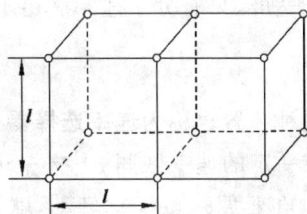

图 12.2.4　例 4.2.1 图

$$\bar{l} = \sqrt[3]{\frac{1}{n}} = 3.44 \times 10^{-9} \ (\mathrm{m})$$

（5）分子的平均平动动能为

$$\overline{\varepsilon_t} = \frac{3}{2} kT = \frac{3}{2} \times 1.38 \times 10^{-23} \times 300 = 6.21 \times 10^{-21} \ \mathrm{J}$$

12.3　麦克斯韦气体分子速率分布律

　　气体处于平衡态时，所有分子以各种大小的速度沿着各个方向运动着，而且又由于非常频繁的碰撞，每一个分子的速度都在不断地改变。因此，若在某一特定时刻去观察某一特定分子，它的速度具有怎样的量值和方向完全是偶然的。然而就大量分子的整体来看，实验表明气体系统在平衡态下，分布在各种不同速率范围内的分子数在总分子数中所占的比率各是确定的，体现出速率分布遵从一定的规律。1859 年麦克斯韦（J. C. Maxwell）首先从理论上导出了在平衡态下气体分子速率的分布规律，1920 年斯特恩（Stern）用实验进行了初步验证，后来许多人对此实验作了改进。我国物理学家葛正权也在这方面有过贡献，但是直到 1955 年才由密勒（Miller）与库士（P. Kusch）对麦克斯韦气体分子速率分布定律作出了高度精确的实验验证。

12.3.1　测定气体分子速率分布的实验

　　图 12.3.1 是一种用来产生分子射线并观测射线中分子速率分布的实验装置示意图。图中 A 是一个恒温箱，箱内为待测的水银蒸气，即分子源。水银分子从 A 上的小孔射出通过狭缝 S 后形成一束定向的分子射线。D 和 D′ 是两个相距为 L 的共轴圆盘，盘上各开一个很窄的狭缝，两狭缝成一个很小的夹角 θ，约 2° 左右。P 是接收分子的屏。

　　当 D，D′ 以 ω 的角速度转动时，圆盘每转一周，分子射线通过 D 圆盘一次，但由于分子

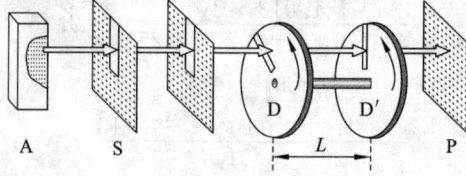

图 12.3.1　气体分子速率测定实验装置示意图

速率的大小不同,自 D 到 D′ 所需时间也不同。所以并非所有通过 D 的分子都能通过 D′ 而到达屏,只有分子速率满足下列关系式的那些分子才能通过 D′ 而射到屏上,即

$$\frac{l}{v} = \frac{\theta}{\omega} \quad 或 \quad v = \frac{\omega}{\theta}l$$

这种装置也称为**速率选择器**。由于两个狭缝都有一定的宽度,到达 P 上的分子实际上分布在一定的速率区间 $v \sim v + \mathrm{d}v$ 内,实验时,如果保持 θ 和 l 不变,而让圆盘先后以各种不同的角速度 $\omega_1, \omega_2, \cdots$ 转动,就有处在不同速率区间内的分子到达屏上。用光学方法测量屏上所堆积的水银层厚度,就可以确定相应的速率区间内的分子数与总分子数之比,也称为分子数比率。

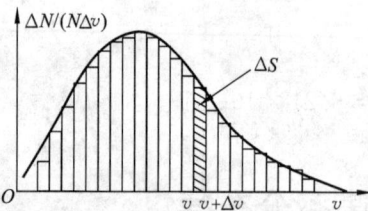

图 12.3.2　分子速率分布图线

图 12.3.2 是直接从实验结果作出的分子速率分布图线,其中一块块矩形面积表示分布在各速率区间内的分子数比率。

实验结果表明,分布在不同速率区间内的分子数比率是不相同的,但在实验条件不变的情况下,分布在给定速率区间内的分子数比率则是完全确定的。尽管个别分子速率大小是偶然的,但就大量分子整体来说,其速率的分布却遵守着一定规律,这个规律称为分子速率分布律。

12.3.2　气体分子麦克斯韦速率分布定律

早在气体分子速率实验测定获得成功之前,麦克斯韦和玻尔兹曼等人在 1859 年就已经从概率论导出了气体分子的数目按速率分布的规律。

设在温度为 T 的平衡态下,一定量的气体分子总数为 N,其中速率在 $v \sim v + \Delta v$ 区间内的分子数为 ΔN。从上面的实验已知,$\dfrac{\Delta N}{N}$ 与速率及所取的速率区间有关,在不同的速率附近,它的数值不同。在同一速率附近,如果取的速率区间 Δv 越大,则 $\dfrac{\Delta N}{N}$ 就越大,当 Δv 趋于 0 时,则 $\dfrac{\Delta N}{N \Delta v}$ 的极限值就成为 v 的一个连续函数了,用 $f(v)$ 表示,我们把这一函数称为**速率分布函数**。即

$$f(v) = \lim_{\Delta v \to 0} \frac{\Delta N}{N \Delta v} = \frac{1}{N} \lim_{\Delta v \to 0} \frac{\Delta N}{\Delta v} = \frac{\mathrm{d}N}{N \mathrm{d}v}$$

或

$$\frac{\mathrm{d}N}{N} = f(v)\mathrm{d}v \tag{12.3.1}$$

式中，$\dfrac{\Delta N}{N}$ 为 N 个气体分子中，在速率 v 附近处于速率区间
Δv 的分子数占总分子数的比率。速率分布函数表示在速率
v 附近单位速率间隔内的分子数在总分子数中所占比率，
也是气体分子的速率处于 v 附近单位速率区间的概率，也
叫**概率密度**。$f(v)$ 与 v 的关系曲线称为**速率分布曲线**，如
图 12.3.3 所示。由图可知，小矩形的面积的数值就表示在

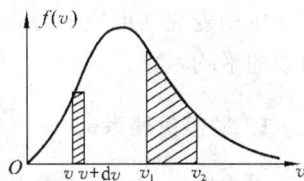

图 12.3.3　$f(v)$ 与 v 关系曲线

这一速率区间内的分子数占总分子数的比率，因为纵坐标 $f(v) = \dfrac{\mathrm{d}N}{N\mathrm{d}v}$ 与 $\mathrm{d}v$ 的乘积（即矩

形的面积）就等于 $\dfrac{\mathrm{d}N}{N}$，而曲线下从 v_1 到 v_2 范围内曲线下的面积的数值就表示速率在 v_1

到 v_2 的较大速率区间内的分子数比率，也就是下面的积分

$$\frac{\Delta N_{v_1 \sim v_2}}{N} = \int_{v_1}^{v_2} f(v)\mathrm{d}v \tag{12.3.2}$$

由上还可知，曲线下的总面积表示速率从零到无限大的整个范围内的全部分子占总分子
数的比率，这个比率显然应当是百分之百，即

$$\int_0^{\infty} f(v)\mathrm{d}v = 1 \tag{12.3.3}$$

这称为分布函数的归一化条件。

　　由曲线可以看出，具有很大速率和很小速率的分子数为数较小，其百分率较低，而具
有中等速率的分子数较多，故曲线有一最大值，与这个最大值对应的速率值称为**最概然速
率**，用 v_p 表示。它的物理意义是，在一定温度下，速率与 v_p 相近的气体分子所占的比率最
大。也就是以相同速率区间来说，气体分子出现在速率 v_p 附近的速度区间中的概率最大。

　　麦克斯韦从理论上导出了 $f(v)$ 的具体函数形式。当气体处于温度为 T 的平衡态时，
速率分布在任一速率区间 $v \sim v + \mathrm{d}v$ 内的分子数占总分子数的比率为

$$\frac{\mathrm{d}N}{N} = 4\pi \left(\frac{m}{2\pi kT}\right)^{3/2} \mathrm{e}^{-mv^2/2kT} v^2 \mathrm{d}v \tag{12.3.4}$$

这个结论称为**麦克斯韦速率分布律**。与式(12.2.1) 比较可得

$$f(v) = 4\pi \left(\frac{m}{2\pi kT}\right)^{3/2} \mathrm{e}^{-mv^2/2kT} v^2 \tag{12.3.5}$$

式(12.3.5) 称为**麦克斯韦速率分布函数**。式中，T 是气体的温度；m 是每个分子的质量；k
是玻尔兹曼常数。

　　从式(12.3.4) 可以看出以下几点：

　　(1) $\dfrac{\mathrm{d}N}{N}$ 与 $\mathrm{d}v$ 成正比，且与 v 有关，这种关系的具体形式为 $f(v)$。

　　(2) 当 $v = 0$ 和 $v \to \infty$ 时，$f(v) = 0$，即有 $\dfrac{\mathrm{d}N}{N} = 0$。

　　这些与实验结果是符合的。

12.3.3 三种速率

应用麦克斯韦速率分布函数,可以导出理想气体处在平衡态时的最概然速率和两种重要的平均速率。

1. 最概然速率 v_p

麦克斯韦速率分布函数最大值对应的速率 v_p,分子速率在此速率附近的分子数占总分子数的比例较大。因为在 $v = v_p$ 时,分布函数具有极大值,所以由极大值条件,得

$$\frac{\mathrm{d}f}{\mathrm{d}v} = 4\pi \left(\frac{m}{2\pi kT}\right)^{3/2} \mathrm{e}^{-mv^2/2kT} \left(2v - v^2 \frac{m}{kT}v\right)_{v=v_p} = 0$$

由此得

$$v_p = \sqrt{\frac{2kT}{m}} = \sqrt{\frac{2(R/N_A)T}{m}} = \sqrt{\frac{2RT}{mN_A}} \approx 1.41 \sqrt{\frac{RT}{M_{mol}}} \qquad (12.3.6)$$

2. 平均速率 $\bar{v}$

平均速率就是气体系统的全部分子在平衡态做无规则运动的速率的算术平均值。若用 $\mathrm{d}N$ 表示气体分子速率在 $v \sim v+\mathrm{d}v$ 区间的分子数,N 为气体的总分子数,按照算术平均值的计算方法,有

$$\bar{v} = \frac{v_1 \mathrm{d}N_1 + v_2 \mathrm{d}N_2 + \cdots + v_i \mathrm{d}N_i + \cdots}{N}$$

$$= v_1 \frac{\mathrm{d}N_1}{N} + v_2 \frac{\mathrm{d}N_2}{N} + \cdots + v_i \frac{\mathrm{d}N_i}{N} + \cdots$$

$$= \sum v_i \frac{\mathrm{d}N_i}{N}$$

由于分子速率是在零到无穷大之间连续分布的,故上式求和可化成积分运算,即

$$\bar{v} = \frac{\int_0^\infty v \mathrm{d}N}{N} = \int_0^\infty v \frac{\mathrm{d}N}{N} = 4\pi \left(\frac{m}{2\pi kT}\right)^{3/2} \int_0^\infty \mathrm{e}^{-mv^2/2kT} v^3 \mathrm{d}v$$

得

$$\bar{v} = \sqrt{\frac{8kT}{\pi m}} = \sqrt{\frac{8RT}{\pi M_{mol}}} \approx 1.60 \sqrt{\frac{RT}{M_{mol}}} \qquad (12.3.7)$$

上述用到积分

$$\int_0^\infty \mathrm{e}^{-\alpha v^2} v^3 \mathrm{d}v = \frac{1}{2\alpha^2}$$

3. 方均根速率 $\sqrt{\overline{v^2}}$

分子速率平方的平均值为

$$\overline{v^2} = \frac{\int_0^\infty v^2 \mathrm{d}N}{N} = 4\pi \left(\frac{m}{2\pi kT}\right)^{3/2} \int_0^\infty \mathrm{e}^{-mv^2/2kT} v^4 \mathrm{d}v = \frac{3kT}{m}$$

则

$$\sqrt{\overline{v^2}} = \sqrt{\frac{3kT}{m}} = \sqrt{\frac{3RT}{M_{\text{mol}}}} \approx 1.73\sqrt{\frac{RT}{M_{\text{mol}}}} \qquad (12.3.8)$$

这与由平均平动动能与温度的关系式得到的结果相同。

可以看出，这三种速率都与 $\sqrt{T}$ 成正比，与 $\sqrt{m}$（或 $\sqrt{M_{\text{mol}}}$）成反比，大小的次序为

$$\sqrt{\overline{v^2}} : \overline{v} : v_p = 1.73 : 1.60 : 1.41$$

如图 12.3.4 所示。例如，室温（27 ℃）下的空气分子，计算可知 $\sqrt{\overline{v^2}} = 508.1\ \text{m} \cdot \text{s}^{-1}$，$\overline{v} = 469.9\ \text{m} \cdot \text{s}^{-1}$，$v_p = 413\ \text{m} \cdot \text{s}^{-1}$。

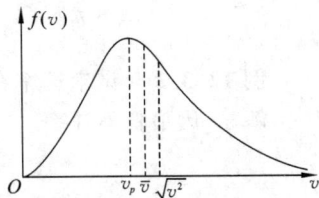

图 12.3.4　三种速率

这三种速率的应用是：在计算分子的平均平动动能时，我们已经用了方均根速率，在讨论速率分布时，要用到最概然速率，在讨论分子的碰撞，计算平均自由程时，要用到平均速率。由图 12.3.4 也可看出，速率分布曲线关于 v_p 不对称，理论上可以证明，$v > v_p$ 的分子数比率为 57%，而 $v < v_p$ 的分子速比率为 43%。

注意：这三种速率都具有统计平均的意义，都是大量分子无规则运动的统计表现，对给定的气体来说，它们只依赖于气体的温度。当温度升高时，气体分子的无规则运动加剧，其中速率较小的分子数减少，而速率较大的分子数则有所增加，分布曲线的最高点向速率大的方向移动。

如果保持相同温度，考虑两种不同的气体，分子质量大的 v_p 较小，对应的是较尖的曲线，而分子质量小的气体对应的则是较平坦的曲线。

例 12.3.1　在容积为 $10^{-2}\ \text{m}^3$ 的容器中，装有质量 100 g 的气体，若气体分子的方均根速率为 200 m · s^{-1}，求气体的压力。

解法一　方均根速率为

$$\sqrt{\overline{v^2}} = \sqrt{\frac{3kT}{m}} = \sqrt{\frac{3RT}{M_{\text{mol}}}}$$

求得

$$\frac{T}{M_{\text{mol}}} = \frac{\overline{v^2}}{3R}$$

由理想气体状态方程

$$pV = \frac{M}{M_{\text{mol}}}RT$$

即

$$p = \frac{M}{V}R\left(\frac{T}{M_{\text{mol}}}\right)$$

所以

$$p = \frac{M}{V}R\left(\frac{\overline{v^2}}{3R}\right) = \frac{0.1}{10^{-2}} \cdot \frac{(200)^2}{3} = 1.33 \times 10^5\ \text{Pa}$$

解法二

$$p = nkT = \frac{nm}{3}\left(\sqrt{\overline{v^2}}\right)^2$$

$$= \frac{\rho}{3}\left(\sqrt{\overline{v^2}}\right)^2 = \frac{M}{3V}\left(\sqrt{\overline{v^2}}\right)^2$$

$$= 1.33 \times 10^5 (\text{Pa})$$

例 12.3.2   试求速率在区间 $v_p \sim 1.01v_p$ 内的气体分子数占总分子数的比率。

解   因最概然速率

$$v_p = \sqrt{\frac{2kT}{m}}$$

而题设 $v = v_p, \Delta v = 0.01v_p$,故按麦克斯韦速率分布律,可得

$$\frac{\Delta N}{N} = f(v)\Delta v = 4\pi\left(\frac{m}{2\pi kT}\right)^{3/2}e^{-mv_p^2/2kT}v_p^2\Delta v$$

$$= 4\pi\left(\frac{m}{2kT}\right)^{3/2}e^{-m\frac{2kT}{m}/2kT}\frac{2kT}{m}\times 0.01\sqrt{\frac{2kT}{m}}$$

$$= 4\pi \times e^{-1} \times 0.01 = 0.83\%$$

*12.4   玻尔兹曼分布

12.4.1   玻尔兹曼分布

麦克斯韦分布律讨论的是处于平衡态的理想气体在没有外力场作用时的分子速率的分布情况。若既区分速度的大小,又区分速度的方向而得到的分布规律是麦克斯韦速度分布律,它的完整表述是:当气体处于平衡态时,气体分子速度的 x 分量在 $v_x \sim v_x + dv_x, y$ 分量在 $v_y \sim v_y + dv_y, z$ 分量在 $v_z \sim v_z + dv_z$ 区间内的分子数比率为

$$\frac{dN}{N} = \left(\frac{m}{2\pi kT}\right)^{3/2}e^{-m(v_x^2+v_y^2+v_z^2)/2kT}dv_x dv_y dv_z$$

不难看出,因子 $e^{-m(v_x^2+v_y^2+v_z^2)/2kT} = e^{-\varepsilon_k/kT}$ 中,只包括了气体分子的动能项,故麦克斯韦速度分布律是讨论理想气体在没有外力场作用下,气体处在平衡态时的分布。这样一来,分子在空间的分布是均匀的,气体分子在空间各处的密度也是相同的。如果考虑外力场(重力场、电场或磁场)的影响,分布情形就会不同,究竟遵从怎样的规律呢?玻尔兹曼把麦克斯韦速度分布律推广到了气体分子在任意力场中运动的情形。在这种情形下,分子的总能量 $\varepsilon = \varepsilon_k + \varepsilon_p$,式中的 ε_p 是分子在力场中的势能。同时,由于一般来说势能由位置而定,这样一来,分子在空间的分布是不均匀的,所以这时考虑的分子不仅要把它们的速度限定在一定的速度区间内,而且也要把它们的位置限定在一定的坐标区间内。最后的结果应是,气体在外力场中处于平衡态时,其中坐标介于 $x \sim x + dx, y \sim y + dy, z \sim z + dz$ 内,同时速度介于 $v_x \sim v_x + dv_x, v_y \sim v_y + dv_y, v_z \sim v_z + dv_z$ 的分子数为

$$dN = n_0\left(\frac{m}{2\pi kT}\right)^{3/2}e^{-(\varepsilon_p+\varepsilon_k)/kT}dv_x dv_y dv_z dx dy dz \qquad (12.4.1)$$

式中, n_0 表示在势能 ε_p 为零处单位体积内具有各种速度的分子总数,这个结论称为**玻尔**

兹曼分布律。

由式(12.4.1)可以看出,在相同的区间内,如果总能量 $\varepsilon_1 < \varepsilon_2$,则有 $dN_1 > dN_2$。这说明,就统计分布看来,分子总是优先占据低能量状态。

12.4.2　重力场中微粒按高度的分布律

在此我们先来推导分子按势能 ε_p 的分布规律。为此,需先求出在坐标区间 $x \sim x+dx, y \sim y+dy, z \sim z+dz$ 内具有各种速度的分子数,设为 dN',则由上式对一切速度分量取积分,可得

$$dN' = n_0 \left(\frac{m}{2kT}\right)^{3/2} e^{-\varepsilon_p/kT} dxdydz \int_{-\infty}^{\infty} e^{-\varepsilon_k/kT} dv_x dv_y dv_z$$

注意到 $\varepsilon_k = \frac{1}{2}m(v_x^2 + v_y^2 + v_z^2)$,则上式中的积分可以写成

$$\int_{-\infty}^{\infty} e^{-mv_x^2/2kT} dv_x \int_{-\infty}^{\infty} e^{-mv_y^2/2kT} dv_y \int_{-\infty}^{\infty} e^{-mv_z^2/2kT} dv_z = \left(\frac{2kT}{m}\right)^{3/2}$$

所以

$$dN' = n_0 e^{-\varepsilon_p/kT} dxdydz$$

即

$$n = dN'/dxdydz = n_0 e^{-\varepsilon_p/kT} \tag{12.4.2}$$

此即分子按势能的分布规律。

在重力场中,ε_p 就是微粒的重力势能。若取 z 轴竖直向上,并取 $z=0$ 处(地面上)$\varepsilon_p=0$,则在高度 z 处,$\varepsilon_p = mgz$。设 n_0 为 $z=0$ 处单位体积中的粒子数,于是,分子在高度 z 处单位体积内的粒子数

$$n = n_0 e^{-mgz/kT} \tag{12.4.3}$$

此式即为重力场中微粒按高度的分布规律。从式(12.4.3)可以看出,在重力场中分子数密度 n 随高度的增大按指数规律减少;分子的质量 m 越大,n 减小得越迅速,气体的温度 T 越高,n 减小得越缓慢,如图 12.4.1 所示。这是因为重力的作用力图使气体分子靠近地面,而分子无规则运动(决定于 T)则力图使分子均匀分布于它所能到达的空间,这两种倾向达到平衡时,就出现了空气分子沿竖直方向作上疏下密的分布。

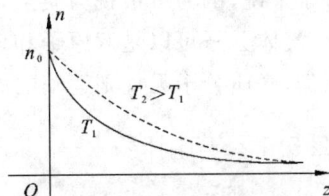

图 12.4.1　$n(z)$ 曲线

12.4.3　等温气压公式

地球表面覆盖着一层大气,大气密度是随高度变化的。现假定大气是理想气体,并忽略大气层上下温度不同以及重力加速度的差异。把式(12.4.2)代入理想气体状态方程 $p = nkT$ 中,得

$$p = n_0 kT e^{-mgz/kT} = p_0 e^{-mgz/kT} \tag{12.4.4}$$

式中,$p_0 = n_0 kT$ 表示 $z=0$ 处的压力。式(12.4.4)称为等温气压公式,它表示大气压力随高度按指数规律减小。将此式取对数,可得

$$z = \frac{kT}{mg}\ln\frac{p_0}{p} = \frac{RT}{M_{mol}g}\ln\frac{p_0}{p} \qquad (12.4.5)$$

在爬山和航空中,可用此式根据所测定的某高度处的大气压力来计算上升的高度,但所得结果只是近似的,因为实际上大气的温度是随高度变化的。

例 12.4.1　求上升到什么高度处大气压力为地面的 75%,设空气的温度为 $0\ ℃$,摩尔质量为 $0.0289\ kg \cdot mol^{-1}$。

解　设在地面时压力为 p_0,温度为 $273\ K$,当上升到高度为 z 时压力为 p.由玻尔兹曼分布律,微粒在重力场中的分布函数为

$$n = n_0 e^{-\frac{mgz}{kT}}$$

将 $p = nkT$ 代入上式,得

$$p = p_0 e^{-\frac{mgz}{kT}} = p_0 e^{-\frac{M_{mol}gz}{RT}}$$

所以

$$\ln\frac{p}{p_0} = -\frac{M_{mol}g}{RT}z$$

由已知可得

$$z = -\frac{RT}{M_{mol}g}\ln\frac{p}{p_0} = -\frac{8.31 \times 273}{0.0289 \times 9.8}\ln 0.75 = 2304\ m$$

12.5　能量均分定理　理想气体的热力学能

在前几节中研究大量气体分子的无规则运动时,我们只考虑了分子的平动,对单原子分子来说,因为可被视为质点,平动是其唯一的运动形式,平动能是它的全部能量。但实际上,气体分子可以是双原子和多原子分子,它们不仅有平动,还有转动和分子内部原子的振动,气体分子无规则运动的能量应包括所有这些运动形式的能量。

12.5.1　自由度

确定一个物体空间位置所需要的独立坐标数,称为该物体的运动自由度或简称自由度。例如,将飞机看成一个质点时确定它的位置所需要的独立坐标数是三个,自由度为 3,分别是飞机的经度、纬度和高度;若将大海中航行的船看成质点,确定它的位置所需要的独立坐标数为两个,自由度为 2,分别是船的经度和纬度,船被约束在大海海面上,自由度比飞机少。由这些事例可以看出物体自由度是与物体受到的约束和限制有关的,物体受到的限制(或约束) 越多,自由度就越小。考虑到物体的形状和大小,它的自由度等于描写物体上每个质点的坐标个数减去所受到的约束方程的个数。

气体分子的情况比较复杂。按气体分子的结构可分为单原子分子、双原子分子和多原子分子。单原子分子可视为自由质点,有三个自由度。在双原子分子中,如果原子间的位置保持不变(称刚性双原子分子),那么,该分子就可视为由保持一定距离的两个质点构成,这时有 5 个自由度,其中 3 个平动自由度,2 个转动自由度。多原子分子中,整个分子视为自由刚体,即这些原子间的相互位置不变,其自由度数为 6,其中 3 个属平动自由度,3 个

属转动自由度。事实上,双原子或多原子的气体分子一般不是完全刚性的,原子间的距离在原子间的相互作用下,要发生变化,分子内部要出现振动,因此,除平动自由度和转动自由度外,还有振动自由度。但在常温下,振动自由度可以不予考虑。

一般地说,如果分子由 n 个原子组成,则这个分子最多有 $3n$ 个自由度,其中 3 个平动,3 个转动,其余 $3n-6$ 个为振动自由度。

12.5.2　能量按自由度均分定理

在 12.2 节中已经证明了理想气体分子的平均平动动能为

$$\overline{\varepsilon_t} = \frac{1}{2}m\overline{v^2} = \frac{3}{2}kT = 3\left(\frac{1}{2}kT\right)$$

因平动有 3 个自由度,所以分子的平动动能可表示为 3 个自由度上的平均平动动能之和,即

$$\frac{1}{2}m\overline{v^2} = \frac{1}{2}m\overline{v_x^2} + \frac{1}{2}m\overline{v_y^2} + \frac{1}{2}m\overline{v_z^2}$$

又按统计假说,在平衡态下,大量气体分子沿各个方向运动的机会均等

$$\overline{v_x^2} = \overline{v_y^2} = \overline{v_z^2} = \frac{1}{3}\overline{v^2}$$

即

$$\frac{1}{2}m\overline{v_x^2} = \frac{1}{2}m\overline{v_y^2} = \frac{1}{2}m\overline{v_z^2} = \frac{1}{3} \cdot \frac{1}{2}m\overline{v^2} = \frac{1}{2}kT$$

也就是说,气体分子每一个自由度平均平动动能相等,其数值为 $\frac{1}{2}kT$。可以认为平均平动动能 $\frac{3}{2}kT$ 是均匀地分配到各个平动自由度上的。双原子分子和多原子分子不仅有平动,而且还有转动和分子内原子的振动。统计力学指出以上结论可以推广到分子的转动和振动,即不论哪一种运动,平均地来说,相应于分子每一种运动形式的每一个自由度都具有 $\frac{1}{2}kT$ 的动能,这个结论就称为**能量按自由度均分定理**。其全面叙述应是:在温度为 T 的平衡态下,分子任何一种运动形式的每一个自由度都具有相同的平均能量 $\frac{1}{2}kT$。

根据这个定理,对自由度为 i 的分子,其平均能量为 $\frac{i}{2}kT$,如以 t,r 和 s 分别表示分子的平动、转动、振动自由度数,则平均动能

$$\overline{\varepsilon_k} = \frac{1}{2}(t+r+s)kT$$

分子的平均能量则为

$$\overline{\varepsilon} = \frac{1}{2}(t+r+2s)kT$$

式中,$i = t+r+2s$,s 前的因子 2 是由于振动除有动能外还有势能,且平均势能也占有 $\frac{1}{2}kT$ 的份额。对单原子分子 $t=3$,$r=s=0$,所以 $\overline{\varepsilon} = \overline{\varepsilon_t} = \frac{3}{2}kT$;对非刚性双原子分子

$t=3, r=2, s=1$，所以 $\bar{\varepsilon}=\dfrac{7}{2}kT$；对刚性双原子分子 $t=3, r=2,\ s=0$，所以 $\bar{\varepsilon}=\dfrac{5}{2}kT$。

对实际气体，分子的运动情况还视温度而定。例如氢分子，在低温时，只有平动，在室温时，可能有平动和转动，只有在高温时，才可能有平动、转动和振动；而对氯分子，在室温时已可能有平动、转动和振动。

应当指出，能量按自由度均分定理是对大量分子的无规则运动动能进行统计平均的结果。对个别分子来说，它在任一时刻的各种形式的动能以及总动能完全可能与根据能量均分定理所确定的能量平均值有很大差别，而且每一种形式的动能也不见得按自由度均分。但对大量分子整体来说，动能之所以会按自由度均分是靠分子的碰撞实现的，通过碰撞，可以进行能量的传递，从而实现能量的均匀分配。

12.5.3　理想气体的热力学能

一般气体的热力学能除了分子的动能和势能外，还应包括分子间的相互作用能。但对理想气体来说，由于不计分子间的相互作用，所以，理想气体的热力学能只是分子各种运动形式的动能和分子内原子的振动势能之和。已知 1 mol 理想气体的分子数为 N_A，所以 1 mol 理想气体热力学能为

$$E = N_A\left(\frac{i}{2}kT\right) = \frac{i}{2}RT \tag{12.5.1}$$

而质量为 M 的理想气体的热力学能则为

$$E = \frac{M}{M_{mol}}\frac{i}{2}RT = \nu\frac{i}{2}RT \tag{12.5.2}$$

从上式可以看出，理想气体的热力学能不仅与温度有关，而且还与分子的自由度有关。对给定的理想气体，其热力学能仅是温度的单值函数，即 $E = E(T)$。这是理想气体的一个重要性质。

例 12.5.1　水蒸气分解成同温度的氢气和氧气，热力学能增加了百分之几？

解　水蒸气成分为 H_2O，即多原子分子，其热力学能为

$$E = \nu\frac{i}{2}RT = \frac{M}{M_{mol}} \cdot \frac{6}{2}RT$$

当此 ν mol 水蒸气分解成氢气和氧气后，即

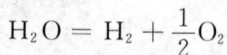

$$H_2O = H_2 + \frac{1}{2}O_2$$

其中氢气同样为 ν mol，氧气为 $\dfrac{\nu}{2}$ mol，而氢气、氧气同为双原子分子气体。

氢气热力学能

$$E_H = \nu\frac{5}{2}RT$$

氧气热力学能

$$E_O = \left(\frac{\nu}{2}\right)\frac{5}{2}RT$$

热力学能从 $\nu\dfrac{6}{2}RT$ 变化为 $\nu\dfrac{15}{4}RT$，即

$$\frac{\Delta E}{E_1} = \frac{1}{4} = 25\%$$

增加了 25%。

12.6　气体分子平均碰撞频率和平均自由程

按照气体分子运动论，在常温下，气体分子的平均速率约为数百米每秒。这样看来，气体内发生的过程，好像都应在一瞬间完成。但实际情况并非如此，气体的扩散过程进行得很慢。例如，打开香水瓶盖，距离几米远的人要几分钟才能闻到香水味。为了解释这个现象，克劳修斯首先提出了分子相互碰撞的概念。分子虽然运动很快，但一秒钟内要发生若干亿次碰撞，每碰一次，运动方向改变一次，所以分子是沿着一条极为曲折的道路运动的，结果它由一处运动到另一处要花较长的时间。

气体分子在杂乱无章的运动中不断地相互碰撞，速度不断改变，每个分子每秒钟与其他分子碰撞的次数是个随机变量。但对大量分子的碰撞统计平均，就具有一定的统计规律性。我们把每个分子每秒钟与其他分子碰撞的平均次数，称为**平均碰撞频率**（mean collision frequency），用符号 $\bar{Z}$ 表示。在任意两次相互碰撞之间，每个分子自由走过的路程，就是所谓的自由程。对个别分子来说，自由程时长时短，并没有一定的量值，因此，需要采用统计方法。我们定义每两次连续碰撞间一个分子自由路程的平均值为分子的**平均自由程**（mean free path），用符号 $\bar{\lambda}$ 表示。

显然，分子的平均碰撞频率 $\bar{Z}$、平均自由程 $\bar{\lambda}$ 以及平均速率 $\bar{v}$ 三者之间存在如下关系

$$\bar{\lambda} = \frac{\bar{v}}{\bar{Z}} \tag{12.6.1}$$

为了使计算简单，假定每个分子都是直径为 d 的刚球。此处 d 就称为分子的有效直径（effective diameter）。分子间的相互作用过程视为刚球的弹性碰撞，且碰撞在同一种分子中进行。跟踪一个分子，假定其他分子静止不动，该分子以平均相对速率 $\bar{u}$ 运动。我们跟踪的是 A 分子，如图 12.6.1 所示。我们计算它在 Δt 时间内，与多少分子相碰。

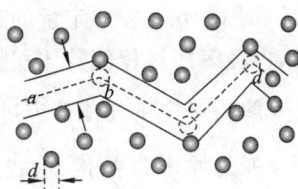

图 12.6.1　分子碰撞示意图

在分子 A 的运动过程中，显然只有其中心与 A 的中心之间相距小于或等于分子有效直径的那些分子才能与 A 相碰。因此，为了确定在一段时间内有多少个分子与 A 碰撞，可设想以 A 为中心的运动轨迹为轴线，以分子有效直径为半径做一个曲折的圆柱体。这样，凡是中心在此圆柱体内的分子都会与 A 相碰。而圆柱体外的分子将不能与 A 相碰。圆柱体的截面积 $\sigma = \pi d^2$ 称为分子的**碰撞截面**（collision cross-section）。

在时间 Δt 内，A 分子所走过的路程为 $\bar{u}\Delta t$，相应的圆柱体的体积为 $\pi d^2 \bar{u}\Delta t$。若以 n 表

示分子数密度，则此圆柱体内的分子数为 $n\pi d^2 \bar{u}\Delta t$。根据前面所述，这就是分子 A 在 Δt 时间内与其他分子的碰撞次数。因此，分子的平均碰撞频率为

$$\bar{Z} = n\pi d^2 \bar{u}\,\frac{\Delta t}{\Delta t} = n\pi d^2 \bar{u} \tag{12.6.2}$$

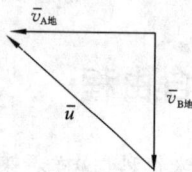

图 12.6.2　$\bar{u}$ 的计算图

式中，相对平均速率 $\bar{u}$ 应用起来不太方便，需要把它和平均速率联系起来。考虑两分子 A 和 B 的碰撞，其平均速率（对地）均为 $\bar{v}$，但平均速度方向不同。由于分子运动的无规则性，两分子速度方向之间的夹角从 $0° \sim 180°$ 各个方向的概率都相等，因此，平均来说，两分子碰撞时速度间的夹角为 $90°$，如图 12.6.2 所示。由速度变换，相对平均速度 $\bar{\boldsymbol u}$ 应是 $\bar{\boldsymbol v}_{A地}$ 与 $\bar{\boldsymbol v}_{B地}$ 的矢量差。由于 $\bar{v}_{A地} = \bar{v}_{B地} = \bar{v}$，故有 $\bar{u} = \sqrt{2}\,\bar{v}$。将此结果代入式（12.6.2），可得

$$\bar{Z} = \sqrt{2}\pi d^2 \bar{v} n \tag{12.6.3}$$

将式（12.6.3）代入式（12.6.1），可得分子的平均自由程为

$$\bar{\lambda} = \frac{1}{\sqrt{2}\pi d^2 n} \tag{12.6.4}$$

式（12.6.4）说明，平均自由程与分子有效直径的平方以及单位体积的分子数成反比，而与平均速率无关。将理想气体状态方程 $p = nkT$ 代入式（12.6.4），还可得

$$\bar{\lambda} = \frac{kT}{\sqrt{2}\pi d^2 p} \tag{12.6.5}$$

可知当温度一定时，$\bar{\lambda}$ 与压强成反比。

对于空气分子，取分子的有效直径 $d = 3.5\times10^{-10}$ m，则在标准状态下，空气分子的平均自由程 $\bar{\lambda} = 6.9\times10^{-8}$ m，约为 d 的 200 倍。已知空气的平均摩尔质量为 29×10^{-3} kg·mol^{-1}，可求出空气分子在标准状态下的平均速率 $\bar{v} = 448$ m·s^{-1}。由此可求得平均碰撞频率 $\bar{Z} = 6.5\times10^9$ s^{-1}，即平均来说，一个分子与其他分子每秒碰撞 65 亿次。

例 12.6.1　一定量的某理想气体，先经等容过程使其热力学温度升高为原来的 2 倍，再经等压过程使其体积膨胀为原来的两倍，则分子的平均自由程变为原来的多少倍？

解　一定量气体等容过程，n 不变，故 $\bar{\lambda}$ 不变。在等压过程中，体积变为原来的两倍，因而 n 变为原来的 $\frac{1}{2}$ 倍，由式（12.6.4），可知平均自由程 $\bar{\lambda}$ 变为原来的两倍。

例 12.6.2　设氮分子的有效直径为 10^{-10} m，求氮气分子在标准状态下的平均自由程和平均碰撞次数。

解　标准状态其温度 $T = 273$ K，压强 $p = 1.013\times10^5$ Pa。氮气分子在此状态下，单位体积内的分子数为

$$n = \frac{p}{kT} = \frac{1.013\times10^5}{1.38\times10^{-23}\times273} = 2.69\times10^{25}\text{个}/\text{m}^3$$

由式（12.6.4），求得平均自由程为

$$\bar{\lambda} = \frac{1}{\sqrt{2}\pi d^2 n} = 8.4\times10^{-7}\text{ m}$$

而标准状态下,氮气分子的平均速率为

$$\bar{v} = \sqrt{\frac{8}{\pi} \cdot \frac{RT}{M_{mol}}} = \sqrt{\frac{8 \times 8.31 \times 273}{3.14 \times 0.028}} = 454 \ \text{m/s}$$

则平均碰撞次数为

$$\bar{Z} = \frac{\bar{v}}{\bar{\lambda}} = \frac{454}{8.4 \times 10^{-7}} = 5.4 \times 10^8 \ \text{1/s}$$

思　考　题

1. 用温度计测量物体的温度的依据是什么?

2. 试从分子动理论的观点解释:为什么当气体的温度升高时,只要适当地增大容器的容积就可以使气体的压力保持不变?

3. 如图 1 所示,一定质量的理想气体从状态 $I(p_1, V, T_1)$ 等容变化到 $II(2p_1, V, 2T_1)$,定性画出速率分布曲线。

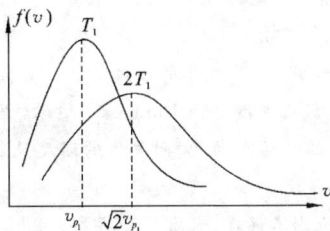

图 1　思考题 3 图　　　　　　　图 2　思考题 4 图

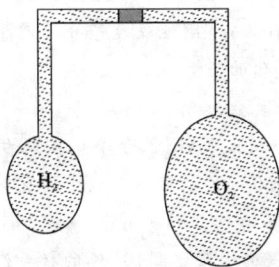

4. 如图 2 所示,两个大小不同的容器用均匀的细管相连,管中有一水银滴作活塞,大容器装有氧气,小容器装有氢气.当温度相同时,水银滴静止于细管中央,则此时这两种气体中哪个的密度大?

5. 一定量的理想气体储于某一容器中,温度为 T,气体分子的质量为 m。根据理想气体分子模型和统计假设,分子速度在 x 方向的平均值 $\overline{v_x}$ 和 $\overline{v_x^2}$ 分别为多少?

6. 已知 $f(v)$ 为麦克斯韦速率分布函数,N 为总分子数,v_p 为分子的最概然速率。下列各式表示什么物理意义?

(1) $\int_0^\infty v f(v) dv$　(2) $\int_{v_p}^\infty f(v) dv$　(3) $\int_{v_p}^\infty N f(v) dv$

7. 图 3 所示曲线为处于同一温度 T 时氦(原子量 4)、氖(原子量 20)和氩(原子量 40)三种气体分子的速率分布曲线。其中曲线(a)、(b)、(c)各表示什么气体分子的速率分布曲线?

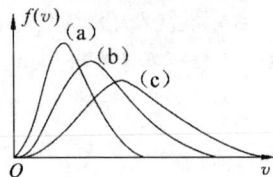

8. 在恒等不变的压力下,求气体分子的平均碰撞频率 $\bar{Z}$ 与气体的热力学温度 T 的关系。

图 3　思考题 7 图

9. 一定量的理想气体,在容积不变的条件下,当温度降低时,分子的平均碰撞次数 $\bar{Z}$ 和平均自由程 $\bar{\lambda}$ 的变化情况?

10. 玻尔兹曼分布律表明:在某一温度的平衡态

(1) 分布在某一区间(坐标区间和速度区间)的分子数,与该区间粒子的能量成正比;

(2) 在同样大小的各区间(坐标区间和速度区间)中,能量较大的分子数较少,能量较小的分子数较多；

（3）在大小相等的各区间（坐标区间和速度区间）中比较，分子总是处于低能态的概率大些；

（4）分布在某一坐标区间内、具有各种速度的分子总数只与坐标区间的间隔成正比，与粒子能量无关。

以上哪些说法是正确的？

习　题　12

1. 若室内加热炉子后温度从 15 ℃ 升高到 27 ℃，而室内气压不变，则此时室内的分子数减少了多少？

2. 目前已获得 1.013×10^{-10} Pa 的高真空，在此压力下，温度为 27 ℃ 的 1 cm³ 体积内有多少个气体分子？

3. 一封闭的圆筒，内部被导热的不漏气的可移动活塞隔为两部分。最初，活塞位于筒中央，圆筒两侧的长度 $l_1 = l_2$。当两侧各充以 T_1, p_1 与 T_2, p_2 的相同气体后，问平衡时活塞将在什么位置上（即 l'_1/l'_2 是多少）？（已知 $p_1 = 1.013 \times 10^5$ Pa，$T_1 = 680$ K；$p_1 = 2.026 \times 10^5$ Pa，$T_2 = 280$ K）。

4. 有 2×10^{-3} m³ 刚性双原子分子理想气体，其热力学能为 6.75×10^2 J。

（1）试求气体的压力；

（2）设分子总数为 5.4×10^{22} 个，求分子的平均平动动能及气体的温度。

5. 储有 1 mol 氧气（刚性分子）、容积为 1 m³ 的容器以速度 $v = 10$ m·s⁻¹ 运动，假设该容器突然停止，其中氧气的 80% 的机械运动动能转化为气体分子的热运动动能。问气体的温度及压力各升高多少？（普适气体常量 $R = 8.31$ J·mol⁻¹·K⁻¹）

6. 某些恒星的温度达到 10^8 K 的数量级，此时原子已不存在，只有质子存在，试求：

（1）质子的方均根速率；

（2）质子的平均平动动能是多少？

7. 设容器的体积为 V，内储有质量为 M_1 和 M_2 的两种不同的单原子理想气体，此混合气体处于平衡状态时热力学能相等，均为 E，求这两种气体分子的平均速率 $\overline{v_1}$ 和 $\overline{v_2}$ 之比。

8. 在标准状态下，若氧气（视为刚性双原子分子的理想气体）和氦气的体积比 $V_1/V_2 = 1/2$，求其热力学能之比 E_1/E_2。

9. 水蒸汽分解为同温度 T 的氢气和氧气时 $\left(H_2O \Longrightarrow H_2 + \frac{1}{2}O_2\right)$，1 mol 的水蒸汽可分解成 1 mol 氢气和 $\frac{1}{2}$ mol 氧气。当不计振动自由度时，求此过程中热力学能的增量。

10. 氦气在标准状态下的分子平均碰撞频率为 5.42×10^8 s⁻¹，分子平均自由程为 6×10^{-6} cm，若温度不变，当气压降为 0.1 atm，分子的平均碰撞频率与平均自由程分别变为多少？

阅读材料

超低温世界

在低温工程中，一般将 1 K 以下的温度称为超低温。这里，我们介绍远比这一温度更低的低温世界。

我们研究的物质是由原子、离子、电子等构成的。这些原子、离子、电子等或大或小相互受力而结合，在力的作用下保持最稳定的状态，即处于能量的最低状态，这是一个排列整齐、极为有序的状态。与此相反，扰乱这一秩序的是温度，或者称为热能，即粒子的热运动或热振荡等。温度使原子振荡，激发电子，使微小的世界活跃起来。物质的各种状态和性质最终都建立在它们的平衡之上。

mK 以下的超低温领域的开发,进入 20 世纪 70 年代以来进展迅速。这是由于 60 年代后半期超导磁体的应用及稀释制冷机的发展已经达到了普及的程度。产生 mK 以下温度的典型方法是采用稀释制冷机和核绝热去磁法。

^{3}He 和 ^{4}He 是氦的两个稳定的同位素。^{3}He 是具有 $\frac{1}{2}$ 核自旋的费米子,而 ^{4}He 是玻色子。由于各自服从的统计规律不同,在低温下它们的性质有很大不同。稀释制冷机就是利用了这个不同的性质来产生低温。

利用磁性体的熵来降低温度的想法,已于 1920 年就有了。从 1933 年起就进入了实际应用。在稀释制冷机开发之前,核绝热去磁法是获得 mK 区温度的唯一手段。利用核绝热去磁获得的最低温度的记录,在原子核自旋系的场合为 10^{-10} K,对于包含电子晶格系的平衡温度,在金属场合为 $10\,\mu$K,氧则可达到 $100\,\mu$K。

处于超低温区的一些物质,具有一些特别的性质。例如,1911 年发现液氦温度降到 2.2 K 时,它不仅不再收缩,反而膨胀。人们称 2.2 K 以上的氦为氦 I,2.2 K 以下的氦为氦 II。1930 年又发现,氦 II 可以通过内径极细、气体也通不过的毛细管。1938 年又发现在 2.2 K 以下液氦的黏滞系数为 0。物质不存在黏滞现象的性质,称为超流性。下面我们对处于 mK 温区的某些物质的量子现象进行介绍。

一、超流 ^{3}He

自从 BCS 理论成功说明超流现象后不久,人们就预测到由费米子构成的液体 ^{3}He 也将成为超流。1972 年用所谓"玻曼契克冷却法",在沿溶解线用加压的方法对液体及固体 ^{3}He 进行的实验中,发现了向超流状态的转移,^{3}He 由于形成库珀对而变为超流。在超流 ^{3}He 中,自旋与轨道运动双方有关,所以超流状态的记忆变得复杂了,但作为超流的内容就更丰富了。

二、固体 ^{3}He

温度接近于 0 K 的 ^{3}He 在 3.44 MPa 以上的压力下便成为固体。由于固体 ^{3}He 具有大的零点能,原子间相互作用弱,所以通过隧道运动,两个或数个原子边相互交换它们的位置又互相围绕运动。这样的系统称为量子固体。对 ^{3}He 而言,在熔解线附近,粗略的估计 1 s 变换位置约 1 万次。^{3}He 具有伴随原子核的 $\frac{1}{2}$ 自旋的磁矩,由于原子核的磁矩比电子的小得多,所以其偶极子相互作用引起核自旋系的磁相变,除特殊情况下,温度变得非常低,在 $1\,\mu$K 以下。然而,^{3}He 原子频繁的相互交换位置,产生很大的相互交换作用,在 mK 区就将产生核磁相变。在 ^{3}He 中,不仅 2 个原子的位置交换,也存在 3 个原子及 4 个原子同时交换它们的位置,特别是 4 个原子的交换作用更为重要。

三、^{3}He-^{4}He 的混合液

在零压力下,即使在绝对零度的 ^{4}He 中,理论上也能溶入 6.4% 的 ^{3}He。可以认为在十分低温的稀释溶液中,玻色冷凝的 ^{4}He 几乎完全处于基态,声子和旋子的热激发可以忽略不计。^{4}He 只不过是为费米粒子 ^{3}He 提供一个运动场所,这也称为"力学的真空"。总之,可以作这样的描述,常流 ^{3}He 就像处于真空中的气体分子那样,在超流状态的 ^{4}He 中自由运动。当然,并不是真正的真空,^{3}He 拨开周围的 ^{4}He 向前运动,所以常与周围作力的交换。把与周围的相互作用考虑为一个粒子时,则这种粒子叫准粒子。这样一来,可以将 ^{3}He-^{4}He 混合液作为费米子,视为 ^{3}He 准粒子团。这就意味着可以像金属中传导电子的体系那样来考虑问题。

除了 ^{3}He 准粒子间直接的相互作用外,由于自身的运动,相互交换周围形成的 ^{4}He 声子的相互作用也存在。如把这些作用都视为 ^{3}He 准粒子间的相互作用,那么由以往各种实验结果看,准粒子的相互作用是引力的作用。1956 年库珀发现,如果费米粒子间有引力相互作用,则正常的费米分布在某一温度下变为不稳定。

第 *13* 章 热力学基础

热力学是从能量的观点出发,在实践的基础上,研究热力学系统状态变化过程中热、功和能量变化规律的学科。本章介绍了热力学能、功和热量等基本概念,热力学第一定律及其应用,循环过程,热力学第二定律及其统计意义。

13.1 热力学第一定律

13.1.1 热力学过程

系统与外界相互作用,系统的状态会发生变化,我们说系统经历一个**热力学过程**(thermodynamic process),简称过程。实际过程进行中的任意时刻,系统的状态不是平衡态。如果要利用系统处在平衡态的性质来研究过程的规律,可以使系统在变化过程中的每一时刻的状态都无限接近于平衡态,例如我们可以十分缓慢地移动气缸中的活塞,汽缸中的气体的变化过程的每一时刻就接近平衡态,这样的过程为**准静态过程**(quasi-static process),即平衡过程。平衡过程是一种系统自发地恢复平衡态的能力大于外界的影响能力的变化过程,如果定义系统从一个平衡态被破坏到系统自发修复而建立起另一个新的平衡态所需的时间,称为**弛豫时间**(relaxation time),系统的这一过程称为**弛豫过程**(relaxation process)。实际的热力学系统在变化过程中,每一状态都处于非平衡态,但只要系统的状态因外界影响而发生改变的时间比弛豫时间长得多,就可近似地将系统的变化过程视为准静态过程。所以,准静态过程是一种理想过程。但许多实际过程可以抽象为准静态过程,例如内燃机中压缩气体状态变化的时间比弛豫时间长得多,这个过程可作为准静态过程处理。

如果热力学系统变化的过程中,只要有一个中间状态是非平衡态,则整个过程称为**非静态过程**(非平衡过程)(non-equilibrium process)。例如,活塞快速压缩缸内气体的过程就是非平衡过程,此时系统的弛豫时间与活塞运动时间同数量级。

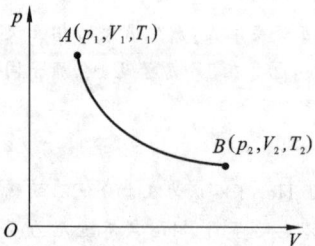

图 13.1.1 准静态过程

在 p-V 图上,准静态过程可用光滑连续曲线表示,如图 13.1.1 所示。

13.1.2 热力学能 功和热量

1. 热力学能

热力学能是系统内分子无规则运动的能量及分子间相互作用势能的总和。在一般的热力学过程中分子的原子内部的能量不发生变化,因此,热力学系统中我们讨论的热力学能为所有分子热运动的动能和分子间势能的总和。

在一定状态下,一定量气体,只要状态参量 p,V,T 确定了,它的热力学能就确定了,热力学能是系统状态的单值函数。热力学能的变化仅决定于系统初末两个状态,而与变化的过程无关。热力学能是一个状态量。

对理想气体,分子间的作用力和分子间的势能可忽略不计,热力学能仅是温度的函数。上章中,我们已知物质的量为 ν 的理想气体的热力学能为 $E = \dfrac{i}{2}\nu RT$。

2. 功

在力学中,功定义为 $\mathrm{d}A = \boldsymbol{F} \cdot \mathrm{d}\boldsymbol{r}$。在热学中我们将讨论气体经历准静态过程做功的情况。考察封闭在气缸内的气体作准静态膨胀过程而做功,如图 13.1.2 所示,气体压强为 p,活塞面积为 S,活塞与气缸之间无摩擦力。若气体经准静态过程而发生微小膨胀,使活塞移动一微小距离 $\mathrm{d}l$,则气体做功为

$$\mathrm{d}A = F\mathrm{d}l = pS\mathrm{d}l = p\mathrm{d}V \tag{13.1.1}$$

式中,$F = pS$ 是气体作用于活塞上的总压力;$\mathrm{d}V = S\mathrm{d}l$ 是气体体积的变化。气体膨胀时,气体系统对外界做功,$\mathrm{d}A > 0$;如果气体被压缩,外界对气体系统做功,$\mathrm{d}A < 0$。

气体系统经过一个有限的准静态过程,体积从 V_1 变为 V_2,则此过程中,气体做功为

$$A = \int_{V_1}^{V_2} p\mathrm{d}V \tag{13.1.2}$$

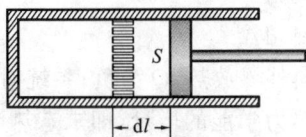

图 13.1.2　气体做功　　　　　　图 13.1.3　示功图

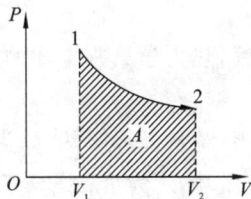

图 13.1.3 所示为 $p\text{-}V$ 图上气体由状态 1 到状态 2 的变化过程。由积分的几何意义可知,用式(13.1.2)求出的功的大小等于过程曲线下的面积。

由图 13.1.3 我们可看到系统做的功不仅与初末两状态有关,还与状态变化过程有关,因而功 A 是一个**过程量**(quantity of process)。

计算气体做功可用如下方法:

(1) 应用公式

$$A = \int_{V_1}^{V_2} p\mathrm{d}V$$

(2) 功的大小等于曲线下的面积。若气体对外界做功(体积增大),$A > 0$,取正值;反之,外界对气体作功,气体体积减小,$A < 0$。

3. 热量

两个温度不相同的系统进行热接触时,一个系统的温度会升高,另一个系统温度会降

低。从微观角度看,分子无规则运动的平均动能与温度相关,系统的温度高,分子的平均动能大,系统的温度低,分子的平均动能小。分子相互接触碰撞时,分子动能大的分子会将能量传递给动能小的分子,对于温度不同的系统,温度高(平均动能大)的系统会把无规则运动能量传给温度低(平均动能小)的系统,在宏观上就是物体热力学能的改变,而被传递的能量就是热量。由于温度差而引起的这种能量传递过程称为传热。所传递的能量是热量,以 Q 表示,国际单位为 J。

做功过程中(如活塞运动),通过分子间的碰撞(例如相互摩擦的物体接触面两侧的分子的碰撞),使这种有规则运动(宏观位移)转变为分子无规则热运动,物体分子无规则运动能量的总和在宏观上表现为物体的热力学能。因此,做机械功的过程是通过分子间的碰撞引起的宏观机械能和热力学能的转化与传递过程。

13.1.3 热力学第一定律

传递热量和做功都能使热力学系统的热力学能发生变化,即改变系统的状态。系统从某一平衡态变化到另一平衡态,既可以通过外界对系统做功的方式实现,也可以通过只向系统传热的方式实现,还可以做功与传递热量两者皆有的方式来实现。系统与外界在相互作用过程中,遵守能量转化与守恒定律,这一定律体现在热现象中,就是热力学第一定律。

热力学第一定律(first law of thermodynamics)指出:系统从外界吸收的热量,一部分使系统的热力学能增加,一部分用于系统对外界做功。

有限过程的热力学第一定律的数学表达式为

$$Q = \Delta E + A \tag{13.1.3}$$

对于一微小过程,热力学第一定律的数学表达式为

$$dQ = dE + dA \tag{13.1.4}$$

这里规定:系统从外界吸热,Q 为正,系统向外界放热,Q 为负;系统对外界做功,A 为正,外界对系统做功,A 为负;$\Delta E = E_2 - E_1$ 是热力学能的增量,即末态热力学能减去初态热力学能。

热力学第一定律适用于任何系统的任何过程,无论这一过程是否为准静态过程,只要系统的初末两态是平衡态即可。

在准静态过程中,热力学第一定律可以写为

$$dQ = dE + pdV \tag{13.1.5}$$

或

$$Q = \Delta E + \int_{V_1}^{V_2} pdV \tag{13.1.6}$$

历史上有人企图制造第一类永动机(perpetual motion machine of the first kind),一种能够使系统状态经过变化后,又回到原状态($E_2 = E_1$),不停地对外做功,而无需外界提供能量的机器。热力学第一定律明确指出,功必须由能量转变而来,不能无中生有地产生出来。很明显,第一类永动机是违反热力学第一定律的,因此是不可能实现的。

例 13.1.1 如图 13.1.4 所示,热力学系统状态由 A 沿 ACB 到 B,吸热 560 J,对外做功 356 J。

（1）若沿 ADB 到 B,对外做功 220 J,它吸热多少?

（2）当它由 B 沿曲线 BA 返回 A 时,外界对系统做功 282 J,它吸热为多少?

解　由 A 沿 ACB 到 B 过程中,

$$\Delta E_{AB} = Q_{ACB} - A_{ACB} = 560 - 356 = 204 \text{ J}$$

（1）$Q_{ADB} = \Delta E_{AB} + A_{ADB} = 204 + 220 = 424 \text{ J}$

（2）$Q_{BA} = \Delta E_{BA} + A_{BA} = -204 + (-282) = -486 \text{ J}$

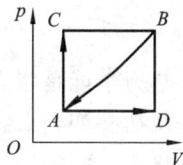

图 13.1.4　例 13.1.1 图

13.2　理想气体的等值过程、绝热过程、*多方过程

理想气体的等值过程是指系统的变化过程中某个状态量保持不变,等容、等压和等温过程都属于等值过程。本节主要讨论准静态等值过程。理想气体的等值、绝热等过程是讨论热力学第一定律的应用及学习其他热力学过程的基础。

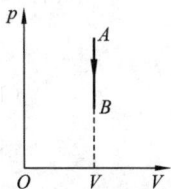

13.2.1　理想气体等容过程

图 13.2.1　等容过程 p-V 图

热力学系统变化过程中,气体的体积保持不变,即 $V =$ 恒量,$dV = 0$,此过程为**等容过程**(isochoric process),准静态等容过程在图上为一条与 p 轴平行的直线,如图 13.2.1 所示。由查理(J. A. C. Charles)定律,等容过程的过程方程为

$$V = 恒量 \quad 或 \quad p/T = 恒量 \quad (一定量气体)$$

在等容过程中,体积不变,气体对外不做功,$A = 0$。由热力学第一定律

$$Q = \Delta E$$

上式表明,在等容过程中,气体吸收的热量全部用于增加气体的热力学能。

对于质量为 M 的理想气体,若其自由度为 i,则由式(12.5.2)可知

$$\Delta E = \frac{M}{M_{mol}} \cdot \frac{i}{2} R \Delta T \tag{13.2.1}$$

所以

$$Q = \frac{M}{M_{mol}} \cdot \frac{i}{2} R \Delta T \tag{13.2.2}$$

可以定义摩尔定容热容量:单位摩尔的物质,在等容过程中,温度升高(或降低)1 K 时吸收(或放出)的热量称为摩尔定容热容量(molar heat capacity at constant volume)。

设有质量为 M,摩尔质量为 M_{mol} 的理想气体,在等容过程中吸收热量 dQ,相应的温度升高 dT,按定义,其摩尔定容热容量 C_V 为

$$C_V = \frac{dQ/dT}{M/M_{mol}} \tag{13.2.3}$$

上式可以改写为

$$dQ = \frac{M}{M_{mol}} C_V dT \tag{13.2.4}$$

因此热力学能的变化

$$\Delta E = \frac{M}{M_{mol}} C_V (T_2 - T_1) \tag{13.2.5}$$

热力学能是状态量,只要理想气体初态温度为 T_1,末态温度为 T_2,无论气体经什么过程从初态变到末态,其热力学能的增量都可由式(13.2.5)计算。

将式(13.2.1)与式(13.2.5)比较,有

$$C_V = \frac{i}{2} R \tag{13.2.6}$$

理想气体摩尔定容热容只与分子自由度有关,而与气体温度无关。从式(13.2.6)可以看出,单原子分子($i=3$)理想气体的摩尔定容热容量 $C_V = \frac{3}{2} R$;刚性双原子分子($i=5$)理想气体的摩尔定容热容量 $C_V = \frac{5}{2} R$。非刚性双原子分子($i=7$)理想气体的定容摩尔热容量

$$C_V = \frac{7}{2} R$$

注意:热量 Q、功 A 均是过程量,不能写作 ΔQ、ΔA,但对于微小过程,可以写作 dQ、dA,如

$$dE = \frac{M}{M_{mol}} C_V dT \tag{13.2.7}$$

等容过程也称定容、等体过程。

13.2.2　理想气体等压过程

系统在变化过程中,若气体的压强保持不变,即 $p =$ 恒量,或 d$p = 0$,这种过程称为**等压过程**(isobaric process)。如图 13.2.2 所示。根据盖吕萨克定律,等压过程过程方程为

$$\frac{V}{T} = 恒量 \quad (一定量气体)$$

对于一个有限的准静态等压过程,气体做的功为

$$A = \int_V p \, dV = p(V_2 - V_1)$$

由于状态 1 和状态 2 可分别用状态方程描述

$$pV_1 = \frac{M}{M_{mol}} RT_1, \quad pV_2 = \frac{M}{M_{mol}} RT_2$$

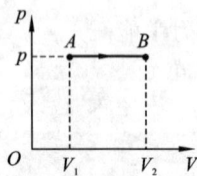

图 13.2.2　等压过程 p-V 图

则

$$A = p(V_2 - V_1) = \frac{M}{M_{mol}} R(T_2 - T_1) \tag{13.2.8}$$

热力学能的变化

$$\Delta E = \frac{M}{M_{mol}} C_V (T_2 - T_1)$$

吸收的热量为

$$Q_p = A + \Delta E = \frac{M}{M_{mol}} (C_V + R)(T_2 - T_1) \tag{13.2.9}$$

式中,下标 p 表示压力不变。

在一微小的等压过程中

$$dA = pdV = \frac{M}{M_{mol}}RdT \tag{13.2.10}$$

$$dE = \frac{M}{M_{mol}}C_V dT$$

则

$$dQ_p = dE + dA = \frac{M}{M_{mol}}C_V dT + pdV$$

或

$$dQ_p = \frac{M}{M_{mol}}(C_V + R)dT \tag{13.2.11}$$

定义摩尔定压热容量(molar heat capacity at constant pressure):单位摩尔的物质,在等压过程中,温度升高(或降低)1 K 时吸收(或放出)的热量。

设有质量为 M,摩尔质量 M_{mol} 的理想气体,在等压过程中吸热 dQ_p,相应的温度升高 dT,其摩尔定压热容量为

$$C_p = \frac{\frac{dQ_p}{dT}}{\frac{M}{M_{mol}}} \tag{13.2.12}$$

上式可以改写为

$$dQ_p = \frac{M}{M_{mol}}C_p dT \tag{13.2.13}$$

上式与式(13.2.11)比较,可得

$$C_p = C_V + R \tag{13.2.14}$$

此式称为**迈耶公式**(Mayer formula)。

对于理想气体,若分子自由度为 i,则有

$$C_p = \frac{i+2}{2}R \tag{13.2.15}$$

摩尔定压热容量 C_p 与摩尔定容热容量 C_V 之比称为**比热容比**(specific heat ratio):

$$\gamma = \frac{C_p}{C_V}$$

13.2.3　等温过程

系统变化过程中,气体的温度保持不变,即 $T =$ 恒量,$dT = 0$,这个过程称为**等温过程**(isothermal process)。理想气体准静态等温过程在 p-V 图是一条双曲线,称为等温线(isotherm),如图 13.2.3 所示。

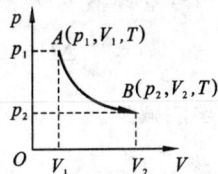

图 13.2.3　等温过程 p-V 图

根据玻意耳定律,等温过程的特征方程为

$$pV = 恒量 \quad (一定量气体)$$

等温过程中,$dT = 0$,热力学能不变。由热力学第一定律,有

$$Q = A = \int_{V_1}^{V_2} p\,dV \tag{13.2.16}$$

或

$$dQ = dA = p\,dV$$

理想气体的物态方程式

$$pV = \frac{M}{M_{mol}}RT$$

代入式(13.2.16),可得

$$Q = A = \int_{V_1}^{V_2} \frac{M}{M_{mol}} \frac{RT}{V}\,dV$$

积分得等温过程中的吸热或放热为

$$Q = A = \frac{M}{M_{mol}}RT\ln\frac{V_2}{V_1} = \frac{M}{M_{mol}}RT\ln\frac{p_1}{p_2} \tag{13.2.17}$$

上式可以作为公式直接应用。

例 13.2.1　已知氧气 $M = 3.20\,kg, M_{mol} = 3.20 \times 10^{-2}\,kg \cdot mol^{-1}, i = 5$,系统由状态 a 经 b 到 c,如图13.2.4所示,$T_b = 420\,K, V_b = V_a, p_b = \frac{8}{5}p_a, p_c = p_b, V_c = \frac{1}{2}V_b$。求:全过程系统吸收的热量、对外做功及热力学能变化。

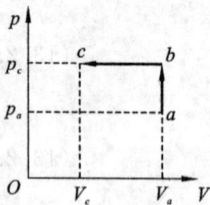

解　a 到 b 是等容变化,由等容过程方程 $p/T =$ 恒量,有

$$\frac{p_a}{p_b} = \frac{T_a}{T_b}, \qquad T_a = T_b\frac{p_a}{p_b} = 262.5\,(K)$$

$$A_{ab} = 0$$

过程 b 到 c 是等压过程,$V/T =$ 恒量,有

$$\frac{V_b}{V_c} = \frac{T_b}{T_c}, \qquad T_c = T_b\frac{V_c}{V_b} = 210\,(K)$$

图 13.2.4　例 13.2.4 图

$$A_{bc} = p_c(V_c - V_b) = \frac{M}{M_{mol}}R(T_c - T_b) = -1.75 \times 10^5\,(J)$$

整个过程中

$$A_{abc} = A_{ab} + A_{bc} = -1.75 \times 10^5\,(J) < 0$$

系统对外界做负功,即外界对系统做功。

$$\Delta E = E_c - E_a = \frac{M}{M_{mol}}C_V(T_c - T_a) = -1.09 \times 10^5\,(J)$$

热力学能减少。

$$Q = \Delta E + A_{abc} = -2.84 \times 10^5\,(J) < 0$$

系统是放热的。

13.2.4　绝热过程

系统和外界不交换热量,$dQ = 0$,该过程为**绝热过程**(adiabatic process)。绝热材料包

围的系统进行的过程可看成是绝热过程,像内燃机中燃料的爆燃,过程进行得快而来不及与外界交换热量,也可近似视为绝热过程。绝热过程中,$\mathrm{d}Q = 0$,由热力学第一定律,系统对外界做功为

$$A = -\Delta E$$

$$A = -\frac{M}{M_{\mathrm{mol}}} C_V (T_2 - T_1)$$

因此绝热过程中当气体膨胀对外做功时,消耗了系统的热力学能,使温度降低。

前面我们已经看到理想气体的几个准静态等值过程的过程方程是与相应的恒量相关的,如等容过程 $p/T = $ 恒量,等温过程 $pV = $ 恒量,等压过程 $V/T = $ 恒量。理想气体准静态绝热过程方程则是

$$pV^\gamma = 恒量, \quad p^{\gamma-1}T^{-\gamma} = 恒量, \quad V^{\gamma-1}T = 恒量$$

系统处在某一状态时,状态方程为 $pV = \dfrac{M}{M_{\mathrm{mol}}} RT$,当系统发生一个微小变化,即发生了一个微小准静态过程,压力变化了 $\mathrm{d}p$,体积变化了 $\mathrm{d}V$,温度变化了 $\mathrm{d}T$,则变化后达到的新平衡态的状态方程为

$$(p + \mathrm{d}p)(V + \mathrm{d}V) = \frac{M}{M_{\mathrm{mol}}} R(T + \mathrm{d}T)$$

即

$$pV + p\mathrm{d}V + V\mathrm{d}p + \mathrm{d}p\mathrm{d}V = \frac{M}{M_{\mathrm{mol}}} RT + \frac{M}{M_{\mathrm{mol}}} R\mathrm{d}T$$

变化前后的两个状态方程之差,且忽略高阶小量,得

$$p\mathrm{d}V + V\mathrm{d}p = \frac{M}{M_{\mathrm{mol}}} R\mathrm{d}T \tag{13.2.18}$$

实际上对 $pV = \dfrac{M}{M_{\mathrm{mol}}} RT$ 求微分,也可得到此结果。

当过程为准静态过程时,元功可以写成 $\mathrm{d}A = p\mathrm{d}V$,准静态绝热过程有 $Q = 0$,由热力学第一定律,$\mathrm{d}A = -\mathrm{d}E$,即

$$p\mathrm{d}V = -\frac{M}{M_{\mathrm{mol}}} C_V \mathrm{d}T$$

解得

$$\frac{M}{M_{\mathrm{mol}}} \mathrm{d}T = \frac{-p\mathrm{d}V}{C_V}$$

代入式(13.2.18),得

$$p\mathrm{d}V + V\mathrm{d}p = \frac{-Rp\mathrm{d}V}{C_V}$$

将迈耶公式 $C_p = C_V + R$ 代入上式,整理得

$$\frac{\mathrm{d}p}{p} = -\frac{C_p}{C_V} \frac{\mathrm{d}V}{V} = -\gamma \frac{\mathrm{d}V}{V}$$

两边积分,得

$$\ln p = -\gamma \ln V + C$$

或

$$\ln pV^\gamma = C$$

式中,常数 C 为积分恒量.上式可化为

$$pV^\gamma = 恒量 \tag{13.2.19}$$

此式为理想气体准静态绝热过程方程,也称为**泊松公式**(Poisson formula)。

应用 $pV = \dfrac{M}{M_{mol}}RT$ 和式(13.2.19),可分别得准静态绝热过程的过程方程另外两个形式

$$p^{\gamma-1}T^{-\gamma} = 恒量 \tag{13.2.20}$$

$$V^{\gamma-1}T = 恒量 \tag{13.2.21}$$

例 13.2.2　比较 p-V 图上绝热线和等温线的斜率。

解　在 p-V 图上设绝热线和等温线有共同交点,交点 A 处的斜率为 $\dfrac{\mathrm{d}p}{\mathrm{d}V}$,对等温线, $pV = 恒量$,两边微分,整理得

$$\left(\frac{\mathrm{d}p}{\mathrm{d}V}\right)_T = \frac{-p_A}{V_A}$$

对绝热线, $pV^\gamma = 恒量$,两边微分,整理得

$$\left(\frac{\mathrm{d}p}{\mathrm{d}V}\right)_Q = \frac{-\gamma p_A}{V_A}$$

由于 $\gamma > 1$,故在两线的交点处 A,有

$$\left|\left(\frac{\mathrm{d}p}{\mathrm{d}V}\right)_Q\right| > \left|\left(\frac{\mathrm{d}p}{\mathrm{d}V}\right)_T\right|$$

所以,有共同交点的绝热线要比等温线陡一些,如图 13.2.5 所示。

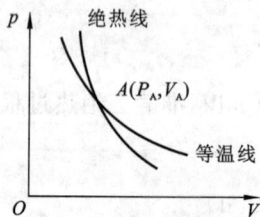

图 13.2.5　绝热线与等温线的比较　　　　图 13.2.6　例 13.2.3 用图

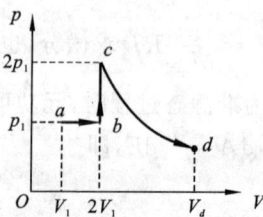

例 13.2.3　如图 13.2.6 所示,1 mol 单原子理想气体,由状态 $a(p_1,V_1)$ 等压膨胀至体积增大一倍,再等容加压至压力增大一倍,再绝热膨胀使其温度降至初始温度,求:

(1) 状态 d 的体积 V_d;

(2) 整个过程对外做的功;

(3) 整个过程吸收的热量。

解　(1)根据题意

$$T_a = T_d, \qquad pV = \frac{M}{M_{mol}}RT$$

$$T_a = T_d = \frac{p_1 V_1}{R}, \quad T_c = \frac{p_c V_c}{R} = \frac{4p_1 V_1}{R} = 4T_a$$

又因绝热方程

$$T_c V_c^{\gamma-1} = T_d V_d^{\gamma-1}$$

所以

$$V_d = \left(\frac{T_c}{T_d}\right)^{\frac{1}{\gamma-1}} V_c = 4^{\frac{1}{1.67-1}} \cdot 2V_1 = 15.8V_1$$

（2）各分过程的功

$$A_{ab} = p_1(2V_1 - V_1) = p_1 V_1, \qquad A_{bc} = 0$$

$$A_{cd} = -\Delta E_{cd} = C_V(T_c - T_d) = \frac{3}{2}R(4T_a - T_a) = \frac{9}{2}p_1 V_1$$

整个过程的总功为

$$A = A_{ab} + A_{bc} + A_{cd} = \frac{11}{2}p_1 V_1$$

（3）总热量计算有两种方法。

方法一　对整个过程应用热力学第一定律

$$Q_{abcd} = A_{abcd} + \Delta E_{ad}$$

因为 $T_a = T_d$，所以

$$\Delta E_{ad} = 0, \qquad Q_{abcd} = A_{abcd} = \frac{11}{2}p_1 V_1$$

方法二　分别求各过程热量，求和得总热量。

$$Q_{ab} = C_p(T_b - T_a) = \frac{5}{2}R(T_b - T_a) = \frac{5}{2}(p_b V_b - p_a V_a) = \frac{5}{2}p_1 V_1$$

$$Q_{bc} = C_V(T_c - T_b) = \frac{3}{2}R(T_c - T_b) = \frac{3}{2}(p_c V_c - p_b V_b) = 3p_1 V_1$$

$$Q_{cd} = 0$$

故

$$Q = Q_{ab} + Q_{bc} + Q_{cd} = \frac{11}{2}p_1 V_1$$

13.2.5　绝热自由膨胀过程

如图 13.2.7 所示，中间有隔板的绝热容器，右边真空，左边充有理想气体。现抽去隔板，气体会无阻碍地冲入右半部，最后整个容器达到新的平衡，这个过程称为绝热自由膨胀。

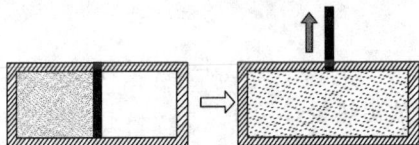

图 13.2.7　自由膨胀过程

此变化过程中气体处于非平衡态，所以绝热自由膨胀是非准静态过程，但仍符合热力学第一定律。因为绝热，$Q = 0$，气体冲向真空时，$A = 0$，所以 $\Delta E = 0$。理想气体最后达到平衡态时,末态温度和初始温度相等,$T_1 = T_2$。但不能认为绝热自由膨胀过程是等温过程,因为在变化过程中每一时刻气体处于非平衡态,又因绝热自由膨胀是非准静态过程,绝热方程也不适用了。

*13.2.6　多方过程

等温过程 $pV = $ 恒量,绝热过程 $pV^\gamma = $ 恒量,但实际中气体进行的常常既非等温,也非绝热,而是介于两者之间的过程。实际中常用**多方过程**(polytropic process)来描述

$$pV^n = 恒量 \tag{13.2.22}$$

式中,常数 n 为**多方指数**(polytropic exponent)。代入理想气体状态方程,上式还可写为

$$p^{n-1}T^{-n} = 恒量, \qquad TV^{n-1} = 恒量 \tag{13.2.23}$$

满足上述公式的过程称为多方过程。$n = 1$ 的多方过程是等温过程,$n = \gamma$ 的过程是绝热过程,$n = 0$ 就是等压过程,$n = \infty$ 就是等容过程。取 $1 < n < \gamma$,可内插等温、绝热两种过程之间的各种过程,多方过程是相当大的一类过程的概括。

13.3　循环过程　卡诺循环

13.3.1　循环过程

系统由一个状态出发,经过任意的一系列过程,最后又回到原来的状态,这样的过程

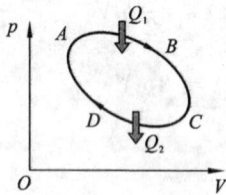

图 13.3.1　循环过程

称为**循环过程**(cyclic process),简称**循环**.

如果组成一个循环过程的每一步都是准静态过程,则此循环过程在 p-V 图上可用一闭合曲线表示,如图 13.3.1 所示。如果在 p-V 图中循环过程是顺时针的(即按 $ABCDA$ 顺序),称为**正循环**,正循环时系统对外做功;反之称为**逆循环**。

13.3.2　热机及热机效率

工作物质作正循环的机器叫热机(如蒸汽机、内燃机)。

图 13.3.1 所示为正循环过程,在 ABC 段,系统吸热为 Q_1,对外做功 A_1;在压缩过程 CDA 段,外界对系统做功 A_2,放出热量 Q_2,整个循环过程中,系统对外界做的净功为

$$A = A_1 - |A_2| = S_{ABCDA}$$

设 E_A 和 E_C 分别表示在 A,C 两状态系统的热力学能,在 ABC 段系统吸热为 Q_1,由热力学第一定律

$$Q_1 = E_C - E_A + A_1 \tag{13.3.1}$$

同理,在 CDA 压缩段系统放出热量 Q_2,有

$$Q_2 = E_A - E_C + A_2 \tag{13.3.2}$$

两式相加

$$Q_1 + Q_2 = A_1 + A_2 = A \tag{13.3.3}$$

Q_2 放出热量为负,可写成 $Q_2 = -|Q_2|$;外界对系统做功 A_2,为负,可写成 $A_2 = -|A_2|$,

由式(13.3.3),可得

$$Q_1 - |Q_2| = A_1 - |A_2| = A \quad \text{或} \quad Q_1 = A + |Q_2|$$

此式说明,热机经过一个正循环后,热力学能不变,它从高温热源吸收热量 Q_1,一部分用来对外做功 A,另一部分向低温热源放出,即 Q_2。转变为功的只有

$$Q_1 - |Q_2| = A$$

热机效能的重要标志之一是它的效率,即吸收来的热量有多少转化为有用的功。**热机效率**(efficiency of heat engine) 或**循环效率**(efficiency of cycle) 定义为

$$\eta = \frac{A}{Q_1} = \frac{Q_1 - |Q_2|}{Q_1} = 1 - \frac{|Q_2|}{Q_1} \tag{13.3.4}$$

不同的热机其循环过程不同,因而效率不同。

13.3.3 制冷机及制冷系数

工作物质作逆循环的机器叫制冷机(refrigerator)。系统做逆循环如图 13.3.2 所示,在 ADC 段,系统对外做功 A_2,由低温热源吸入较少的热量 Q_2;在压缩过程 CBA 段,外界对系统做功 A_1,向高温热源放出较多的热量 Q_1,因为 $|A_1| > A_2$,所以逆循环中外界对系统做净功

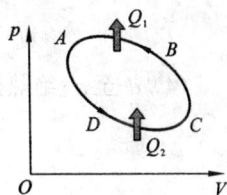

图 13.3.2 循环过程

$$A = A_1 + A_2 = -|A_1| + A_2$$

由热力学第一定律,得

$$Q_1 + Q_2 = A$$

即

$$-|Q_1| + Q_2 = -|A| \quad \text{或} \quad |Q_1| = Q_2 + |A|$$

上式说明,在逆循环中,外界对系统做功 A 的结果是使系统从低温热源吸入 Q_2 的热量连同功 A 转变成为 Q_1 的热量,一并放入高温热源。这就是制冷机或者热泵(heat pump)的工作原理。

制冷机的效能可用**制冷系数**(coefficient of performance) w 表示,其定义为

$$w = \frac{Q_2}{|A|} = \frac{Q_2}{|Q_1 - Q_2|} \tag{13.3.5}$$

即外界对系统做功 A 的结果是将热量 Q_2 由低温热源输送到高温热源。吸热 Q_2 越多,做功 A 越少,制冷性能越好。

13.3.4 卡诺循环

19 世纪,热机的效率不到 5%,提高热机效率是人们普遍关心的问题。1824 年,卡诺提出了一种理想热机,并从理论上证明任何热机的效率不可能大于这种热机的效率。这种理想热机称为**卡诺热机**。卡诺热机的工作物质只与恒定的高温热源和恒定的低温热源交换能量,没有散热、漏气等因素存在。

卡诺热机所进行的循环过程是**卡诺循环**(Carnot cycle),是由两个等温过程和两个绝热过程所构成的,其循环的每一步都是准静态过程,如图 13.3.3 所示。

设工质为理想气体,则:

(1) a 到 b。工作物质从高温热源吸热 Q_{ab},以 T_1 等温膨胀。

$$\Delta E_{ab} = 0$$

$$Q_{ab} = A_1 = \frac{M}{M_{mol}}RT_1\ln\frac{V_b}{V_a}$$

(2) b 至 c。绝热膨胀,温度降为 T_2。

$$Q_{bc} = 0$$

$$A_2 = -\Delta E_{bc} = \frac{M}{M_{mol}}C_V(T_1 - T_2)$$

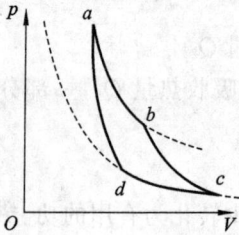

图 13.3.3　卡诺循环

(3) c 至 d。以 T_2 等温压缩过程,气体向低温热源放出热量为 Q_{cd}。

$$\Delta E_{cd} = 0$$

$$Q_{cd} = A_3 = \frac{M}{M_{mol}}RT_2\ln\frac{V_d}{V_c} = -\frac{M}{M_{mol}}RT_2\ln\frac{V_c}{V_d}$$

(4) d 至 a。绝热压缩过程,外界压缩气体做功全部转换为工质的热力学能。

$$Q_{da} = 0$$

$$A_4 + \Delta E_{da} = 0$$

所以

$$A_4 = -\Delta E_{da} = -\frac{M}{M_{mol}}C_V(T_1 - T_2) = \frac{M}{M_{mol}}C_V(T_2 - T_1)$$

整个循环工质对外做的净功为

$$A = A_1 + A_2 + A_3 + A_4 = A_1 + A_3$$

两个绝热过程所做的功 A_2 和 A_4 大小相同,符号相反。

卡诺循环总吸热

$$Q_1 = Q_{ab}$$

总放热

$$Q_2 = Q_{cd}$$

卡诺循环的热效率 η_C,可由定义求出

$$\eta_C = 1 - \frac{|Q_2|}{Q_1} = 1 - \frac{\dfrac{M}{M_{mol}}T_2\ln\dfrac{V_c}{V_d}}{\dfrac{M}{M_{mol}}T_1\ln\dfrac{V_b}{V_a}} = 1 - \frac{T_2\ln\dfrac{V_c}{V_d}}{T_1\ln\dfrac{V_b}{V_a}}$$

由 b 到 c 是绝热过程

$$T_1 V_b^{\gamma-1} = T_2 V_c^{\gamma-1}$$

d 到 a 是绝热过程

$$T_2 V_d^{\gamma-1} = T_1 V_a^{\gamma-1}$$

即

$$\left(\frac{V_b}{V_c}\right)^{\gamma-1} = \frac{T_2}{T_1} = \left(\frac{V_a}{V_d}\right)^{\gamma-1}$$

故有

$$\frac{V_b}{V_a} = \frac{V_c}{V_d}$$

因此,卡诺循环的效率 η_C 为

$$\eta_C = \frac{T_1 - T_2}{T_1} = 1 - \frac{T_2}{T_1} \tag{13.3.6}$$

上式仅对卡诺循环成立,卡诺循环仍符合热效率普遍式

$$\eta = \frac{A}{Q_1} = 1 - \frac{|Q_2|}{Q_1}$$

对比上两式,可得

$$\frac{Q_1}{|Q_2|} = \frac{T_1}{T_2}$$

卡诺循环中能量交换与转化的关系可用示意图 13.3.4 表示。

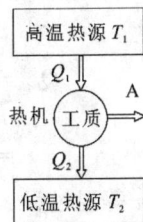

图 13.3.4　卡诺热机热功示意

卡诺循环是一种理想循环,它指出了提高热机效率的途径.提高热机效率的有效方法是降低低温热源的温度,提高高温热源的温度.在工程实际中,由于降低低温热源的温度受到环境的限制,故通常采用适当提高高温热源温度的方法来提高热机效率。

由于低温热源的温度不可能为绝对零度,高温热源温度不可能为无穷大,故热机的效率不可能达到 100%。实际中的热能转换系统存在着漏气、摩擦、散热等不可逆能量耗散,也影响了热机的效率。

例 13.3.1　设高温热源的温度 25 ℃,低温热源是 5 ℃,若热机在此最大理论效率下工作时对外做功 1 MJ,它将排出多少废热?

解　最大理论效率是卡诺循环的效率 η_C

$$\eta_C = 1 - \frac{T_2}{T_1} = 1 - \frac{278}{298} = 6.7\%$$

$$\eta_C = 1 - \frac{|Q_2|}{Q_1} = 1 - \frac{|Q_2|}{A + |Q_2|}$$

$$|Q_2| = \frac{A(1 - \eta)}{\eta} = \frac{10^6 \times (1 - 0.067)}{0.067} = 14 \times 10^6 \text{ J}$$

即排出废热 14 MJ。

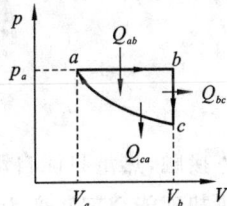

图 13.3.5　例 13.3.2 图

例 13.3.2　刚性双原子分子理想气体作如图 13.3.5 所示循环.其中 $c—a$ 为等温过程,$a—b$ 为等压过程,$b—c$ 为等容过程.已知点 a 压力为 $p_a = 4.15 \times 10^5$ Pa,体积为 $V_a = 2 \times 10^{-2}$ m³,点 b 体积为 $V_b = 3 \times 10^{-2}$ m³,求:

(1) 各过程中的热量、热力学能变化及与外界交换的功;

(2) 循环效率。

解　(1) $a—b$ 等压过程

$$A_{ab} = p_a(V_b - V_a) = 4.15 \times 10^3 \text{ J}$$

$$Q_{ab} = \frac{M}{M_{mol}} C_p(T_b - T_a) = \frac{M}{M_{mol}} \cdot \frac{7}{2}R(T_b - T_a)$$

由理想气体状态方程

$$\frac{M}{M_{mol}}RT_b = p_a V_b, \qquad \frac{M}{M_{mol}}RT_a = p_a V_a$$

所以

$$Q_{ab} = \frac{7}{2}p_a(V_b - V_a) = \frac{7}{2}A_{ab} = 1.45 \times 10^4 (\text{J}) > 0 \qquad (吸热)$$

$$\Delta E_{ab} = Q_{ab} - A_{ab} = 1.04 \times 10^4 (\text{J})$$

b—c 等容过程

$$A_{bc} = 0$$

$$Q_{bc} = \Delta E_{bc} = \frac{M}{M_{mol}} C_V(T_c - T_b) = \frac{M}{M_{mol}} \cdot \frac{5}{2}R(T_a - T_b)$$

$$= \frac{5}{2}p_a(V_a - V_b) = -1.04 \times 10^4 (\text{J}) \qquad (放热)$$

c—a 等温过程

$$\Delta E_{ca} = 0$$

$$Q_{ca} = A_{ca} = \frac{M}{M_{mol}}RT_a \ln\frac{V_a}{V_b} = p_a V_a \ln\frac{V_a}{V_b} = -3.37 \times 10^3 (\text{J}) \qquad (放热)$$

(2) 在整个循环中,系统从外界吸热为

$$Q_1 = Q_{ab} = 1.45 \times 10^4 (\text{J})$$

系统向外界放热为

$$Q_2 = Q_{bc} + Q_{ca} = -1.38 \times 10^4 (\text{J})$$

故循环效率

$$\eta = 1 - \frac{|Q_2|}{Q_1} = 4.8\%$$

13.4　热力学第二定律

热力学第一定律指出,一切热力学过程中,能量一定守恒,但对于过程进行的方向没给出任何限制。热力学第二定律是关于自然界过程的进行方向的规律,是自然界的一条基本规律。

13.4.1　可逆过程与不可逆过程

自然界自发进行的过程是有方向性的。两个有一定温差的物体接触,热量只能自动从高温物体传递给低温物体,反向则不能自动进行;功能转变为热,热却不能全部转变为功;两种气体可以自发地混合成为一体,却不能自发地分离成两种气体。

上述例子说明,一个系统可以从某一初态自发地进行到另一状态,而逆过程却要外界付出代价,不能自发地进行,系统的逆过程对外界产生了不能消除的影响。

系统由某一状态出发经历一个过程达到末状态,如果存在另一过程,它能使系统和外界完全复原,即系统回到原来的状态,同时消除了系统对外界引起的一切影响,则原来的过程称为**可逆过程**(reversible process);反之,如果用任何方法都不能使系统和外界完全复原,则原来的过程称为**不可逆过程**(irreversible process)。

一般来说,只有理想的无耗散准静态过程是可逆的,而无耗散的准静态过程是一个理想的过程,是不存在的。

由可逆过程组成的循环过程,称为**可逆循环**(reversible cycle),其中只要有一段不可逆,就是**不可逆循环**(irreversible cycle)。

人们在实践的基础上总结出**热力学第二定律**:自然界的一切自发过程都是有方向性的,是不可逆的。

历史上有人曾试图设计一种热机,它只从单一热源吸收热量,并将热量全部用来做功,不会向低温热源放热。例如,它能从空气或海洋中吸取热量,并将这些热量全部转变为功,不放任何热量给低温热源,因而 $Q_2 = 0$,$Q_1 = A$,$\eta = 100\%$。由于空气和海洋可被吸取的热量极多,这种热机事实上起到了永动机的作用,称为第二类永动机(perpetual motion machine of the secon kind)。它并不违反热力学第一定律,即不违反能量守恒定律,但实践证明,第二类永动机是不可能实现的,且得到以下结论:不可能从单一热源吸收热量,使之完全变为有用功而不产生其他影响。这就是热力学第二定律的**开尔文表述**(Kelvin statement). 例如,在热机的正循环中,它从高温热源吸收热量 Q_1,一部分用来对外做功 A,另一部分向低温热源放出 Q_2。

开尔文表述也并不是笼统地否定自然界中能发生从单一热源吸热做功的现象。它所否定的只是那些在不产生其他影响(不引起其他变化)的情况下,所发生的从单一热源吸热做功的过程。实际上,理想气体等温膨胀就是一种从单一热源吸热并全部转变为功的过程。不过,这时却产生了其他的影响,即理想气体发生了膨胀。可见,并不是热量不能完全变成功,而是在不产生其他影响的情况下,将热量全部变为有用功是不可能的。

热力学第二定律有许多等价的不同表达形式。其中典型的表述除了开尔文表述,还有**克劳修斯表述**(Clausius statement):不可能把热量从低温物体传到高温物体而不引起其他变化。换句话说,热量不能自动地从低温物体传到高温物体。例如,在制冷机的逆循环中,外界对系统需做功,才能使系统从低温热源吸入热量,放入高温热源。

克劳修斯表述并不是笼统地否定自然界中能发生将热量从低温物体传到高温物体的现象。它所否定的只是在不引起其他变化的情况下,发生将热量从低温物体传到高温物体的过程。事实上,制冷机就是将热量从低温物体传到高温物体。不过,这时却引起了其他的变化,那就是外界的功转变成了热,外界的状态发生了不可逆变化。因此,制冷机的过程不违反热力学第二定律。

上述两种表述都是和过程的不可逆性联系在一起的。前者揭示了功热转换的不可逆性,后者揭示了热传导过程的不可逆性。需要再次指出的是:这两种表述中的"不引起其他变化"，"不产生其他影响"，其实质都是不可逆过程定义中的体系和外界都恢复原状的同义语。

　　热力学第一定律指出了自然界能量转化的数量关系；热力学第二定律指出了自然界能量转化过程进行的方向，说明了满足能量守恒与转换关系的过程并不一定都能实现。这两条定律互不抵触，也不相互包含，是两条独立的定律。

　　上述两种表述是完全等价的，我们可以用反证法予以证明。也就是说，如果克劳修斯表述不成立，则开尔文表述也不成立；反之，如果开尔文表述不成立，则克劳修斯表述也不成立。

　　如果开尔文表述不成立，即在图 13.4.1 中，有一部热机甲，从高温热源吸热 Q_1 全部变成功 $A = Q_1$，我们用这个功来驱动一部制冷机乙，使它从低温热源吸收 Q_2 的热量，连功 A 一起泵入高温热源，即向高温热源放热 $Q_1 + Q_2$。这两部机器联合的总效果是：高温热源净得热量 Q_2，低温热源放出热量 Q_2，即热量 Q_2 自动地从低温热源传到了高温热源。这是违反热力学第二定律的克劳修斯表述的。因此，如果开尔文表述不成立，那么克劳修斯表述也不成立。

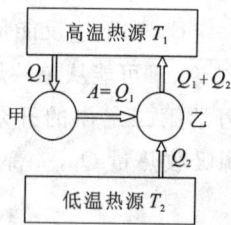

图 13.4.1　开尔文表述不成立　　　　图 13.4.2　克劳修斯表述不成立

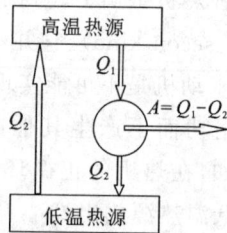

　　如果克劳修斯的表述不成立，如图 13.4.2 所示，热量 Q_2 可以通过某种方式由低温热源传入高温热源而不产生其他影响。那么，我们就可以使一个卡诺热机工作于这高温热源 T_1 和低温热源 T_2 之间，它在一循环中从高温热源吸热 Q_1，向低温热源放热 Q_2，对外做功 $A = Q_1 - Q_2$。这种卡诺热机不违反热力学第一定律和热力学第二定律，是可以实现的。这样，对于整个系统，总的结果是：低温热源没有任何变化，只是从单一的高温热源处吸取热量 $Q_1 - Q_2$，并把它全部用来对外做功。这是违反热力学第二定律的开尔文表述的。这就说明，如果克劳修斯表述不成立，那么开尔文表述也不成立。

　　从上面关于两种表述的等价性的证明中我们可以看到，自然界中各种不可逆过程都是相互关联的，所以可以利用各种各样曲折复杂的办法把两个不同的不可逆过程联系起来，从一个过程的不可逆性对另一个过程的不可逆性作出证明。不论热力学第二定律具体表述方法如何，它的本质在于：一切与热现象有关的实际宏观过程都是不可逆的。

13.4.2　卡诺定理

　　如果循环是准静态无摩擦的，使正循环所产生的影响被逆循环完全复原，则此循环称为可逆循环,做可逆循环的热机和制冷机称为可逆机。在研究提高热机效率的过程中,卡诺提出了具有理论意义和实际意义的卡诺定理。

卡诺定理的内容:

(1) 在相同的高温热源和相同的低温热源之间工作的一切可逆热机,其效率都相等,与工作物质无关;

(2) 在相同的高温热源和相同的低温热源之间工作的一切不可逆热机,其效率都不大于可逆热机的效率。

可逆卡诺循环的效率($\eta = 1 - T_2/T_1$)是一切实际热机效率的上限,它指出了提高热机效率的方法。

因此,为提高热机效率,应尽量使实际过程接近可逆过程,减小摩擦、漏气、热损失等;应提高高温热源温度,降低低温热源温度,在实际工作中,主要是提高高温热源温度。

利用热力学第二定律证明卡诺定理(1)。设在高温热源 T_1 和低温热源 T_2 之间工作有甲、乙两部可逆的卡诺热机,如图 13.4.3 所示。甲机在做正循环时,从高温热源吸热 Q_1,向低温热源放热 Q_2,对外做功 A,驱动乙机作逆循环。设两机工作物质不同,且 $\eta_甲 > \eta_乙$,则

图 13.4.3　卡诺定理证明

$$\frac{Q_1 - Q_2}{Q_1} > \frac{Q'_1 - Q'_2}{Q'_1} \qquad (13.4.1)$$

$$Q_1 - Q_2 = Q'_1 - Q'_2 \qquad (13.4.2)$$

比较式(13.4.1)和式(13.4.2)两式,可得

$$Q_1 < Q'_1, \qquad Q_2 < Q'_2$$

甲、乙两机作为联合机使用,该联合机作一次循环时,工质恢复原状,外界除了热量 $Q_2 - Q'_2$ 自动地从低温热源传至高温热源外,无其他影响。这显然是违反热力学第二定律的,故 $\eta_乙$ 不能大于 $\eta_甲$。同样,$\eta_乙$ 不能小于 $\eta_甲$。所以,可以确认 $\eta_甲 = \eta_乙$。

对于卡诺定理(2),不可逆机在相同的高、低温热源工作的热机效率,不可能高于可逆卡诺机的效率 η_c。

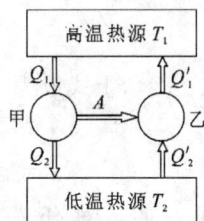

*13.4.3　熵和熵增加原理

热力学第二定律说明,自然界的一切与热现象有关的过程都是有方向的,是不可逆的,而判断不可逆过程进行的方向和限度的标准可用态函数熵。

1. 克劳修斯等式

工作于高温热源 T_1 和低温热源 T_2 间的可逆卡诺循环中,工作物质从高温热源吸热 Q_1 向低温热源放热 Q_2。

$$\frac{|Q_2|}{Q_1} = \frac{T_2}{T_1}$$

上式可改写为

$$\frac{Q_1}{T_1} - \frac{|Q_2|}{T_2} = 0$$

若取吸热为正,放热为负,考虑到 Q_2 自身的符号,可将上式写为

$$\frac{Q_1}{T_1} + \frac{Q_2}{T_2} = 0 \tag{13.4.3}$$

上式表明,在整个可逆卡诺循环中,$\frac{Q}{T}$(热量和温度之比)之和为零。

一个任意可逆循环可看成由许多个可逆卡诺循环之和组成,即克劳修斯分割,如图 13.4.4 所示,其中相邻的两个可逆卡诺循环中的两个相邻的绝热过程的功等值且异号,总效果是系统与外界无功的交换,因此多个可逆卡诺循环可代替任意可逆循环。对于每一微小的可逆卡诺循环,都具有式(13.4.3)的关系,故对于被分割成 n 个微小的可逆卡诺循环的任一可逆循环来说,有

$$\sum_i^n \frac{\Delta Q_i}{T_i} = 0 \tag{13.4.4}$$

令 $n \to \infty$,上式成为

$$\oint \frac{\mathrm{d}Q}{T} = 0 \tag{13.4.5}$$

上式表明,对任一可逆循环,$\frac{\mathrm{d}Q}{T}$ 的积分值为零。此式称为**克劳修斯等式**(Clausius equality)。

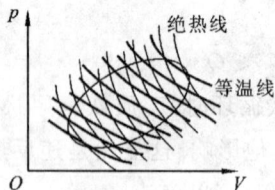

图 13.4.4　任意循环的克劳　　　　图 13.4.5　可逆循环
修斯分割

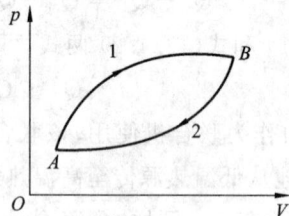

2. 熵

在如图 13.4.5 所示的可逆循环中,有 A,B 两个状态,此可逆循环可分为两可逆过程,可逆过程 $A1B$ 和可逆过程 $B2A$。根据克劳修斯等式

$$\oint \frac{\mathrm{d}Q}{T} = \int_{A1B} \frac{\mathrm{d}Q}{T} + \int_{B2A} \frac{\mathrm{d}Q}{T} = 0$$

以上过程是可逆的,即

$$\int_{B2A} \frac{\mathrm{d}Q}{T} = -\int_{A2B} \frac{\mathrm{d}Q}{T}$$

所以

$$\int_{A1B} \frac{\mathrm{d}Q}{T} = \int_{A2B} \frac{\mathrm{d}Q}{T}$$

由此可知,系统从状态 A 到状态 B , $\dfrac{\mathrm{d}Q}{T}$ 的积分结果与过程无关,只决定于始末状态。

引入热力学的**熵**(entropy) 函数 S。在可逆过程中,有

$$S_B - S_A = \int_A^B \frac{\mathrm{d}Q}{T} \tag{13.4.6}$$

上式称为**克劳修斯熵公式**(Clausius entropy formula)。

熵 S 是一个状态量,从初态到末态变化的可逆过程中,系统熵的增量等于初末两态之间任意可逆过程 $\dfrac{\mathrm{d}Q}{T}$ 的积分。对于无限小的可逆过程,有 $\mathrm{d}S = \dfrac{\mathrm{d}Q}{T}$。若将热量 $\mathrm{d}Q = T\mathrm{d}S$ 代入热力学第一定律中,有

$$T\mathrm{d}S = \mathrm{d}E + p\mathrm{d}V \tag{13.4.7}$$

式(13.4.7)是综合了热力学第一定律和热力学第二定律的微分方程,称为热力学基本关系或热力学定律的基本微分方程。

3. 熵增原理

对不可逆卡诺热机,其效率为

$$\eta = 1 - \frac{|Q_2|}{Q_1} \leqslant 1 - \frac{T_2}{T_1}$$

实际上,只有可逆循环取等号。Q 规定吸热为正,放热为负,则上式可改写为

$$\frac{Q_1}{T_1} + \frac{Q_2}{T_2} \leqslant 0$$

因此可以认为,不可逆卡诺循环中,量 Q/T 之和不大于零。

对于任一不可逆循环,可认为是许多个微小的不可逆卡诺循环构成的。因此

$$\oint \frac{\mathrm{d}Q}{T} \leqslant 0 \tag{13.4.8}$$

可逆循环取等号, 不等号对应于任意不可逆循环。上式称为**克劳修斯不等式**(Clausius inequality)。

如图 13.4.6 所示一个循环,从态 A 到态 B 是可逆过程,由态 B 至态 A 是不可逆过程,显然,该循环过程是一个不可逆循环过程。由式(13.4.8),对此循环过程,有

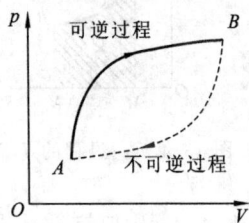

图 13.4.6　可逆和不可逆过程

$$\int_A^B \frac{\mathrm{d}Q}{T} + \int_B^A \frac{\mathrm{d}Q}{T} \leqslant 0$$

根据式(13.4.6),所以

$$\int_B^A \frac{\mathrm{d}Q}{T} \leqslant S_A - S_B \tag{13.4.9}$$

其中,等号对应于可逆过程,不等号对应于不可逆过程。对微小过程,有

$$\mathrm{d}S \geqslant \frac{\mathrm{d}Q}{T} \tag{13.4.10}$$

对于绝热系统,$\mathrm{d}Q = 0$,则有

$$\Delta S = S_2 - S_1 \geqslant 0 \qquad\qquad (13.4.11)$$

此式是**熵增加原理**(principle of entropy increase)的数学表达式。它指出：当孤立的热力学系统从一平衡态到达另一平衡态，它的熵永不减少。如果过程是可逆的，则熵的数值不变；如果过程是不可逆的，则熵的数值增大。

熵增加原理常用的表述为：一个孤立系统的熵永不减少。

孤立系统与外界没有热量的交换，孤立系统内部自发进行的过程必是不可逆过程，将导致熵增大。当孤立系统达到平衡态时，熵具有极大值。

例 13.4.1　1 kg 水 20 ℃，与 100 ℃ 的热源接触，使水温达到 100 ℃，已知水的 $C_p/M_{mol} = 4.18 \times 10^3$ J·kg^{-1}·K^{-1}，求水的熵变。

解　水温升高过程是不可逆过程，为了便于计算，假设水吸热过程是无限缓慢，可近似作为可逆过程。

水的熵变

$$\Delta S = \int_{T_1}^{T_2} \frac{\mathrm{d}Q}{T} = \int_{T_1}^{T_2} \frac{M}{M_{mol}T}C_p\mathrm{d}T = \frac{M}{M_{mol}}C_p\int_{T_1}^{T_2}\frac{\mathrm{d}T}{T} = \frac{M}{M_{mol}}C_p\ln\frac{T_2}{T_1}$$

$$= 1 \times 4.18 \times 10^3 \ln\frac{373}{293}$$

$$= 1.01 \times 10^3 \text{ J·K}^{-1}$$

水的熵是增加的。

4. 温熵图

温熵图(temperature-entropy diagram)是以 T, S 两个状态参量为坐标轴建立的平面图线，图上任一点表示系统的一个平衡态，任一条曲线表示一个可逆过程，如图 13.4.7 和 13.4.8 所示。过程曲线与 S 轴所围面积，代表该过程中系统吸收的热量。对于可逆卡诺循环，在 T-S 图中是两个边分别平行于 T 轴和 S 轴的矩形，如图 13.4.9 所示。

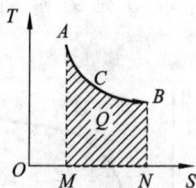

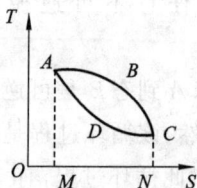

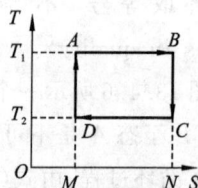

图 13.4.7　过程的 T-S 图　　图 13.4.8　循环的 T-S 图　　图 13.4.9　卡诺循环的 T-S 图

13.4.4　热力学第二定律的统计意义

热力学第二定律指出，一切与热现象有关的实际宏观过程都是不可逆的。热现象是大量分子无规则热运动，服从统计规律。

1. 理想气体自由膨胀不可逆性的统计意义

以理想气体自由膨胀为例，有如图 13.4.10 所示的容器，用隔板将绝热容器分成 A，B

两室,A 室储有气体,B 室为真空。抽开隔板后,分析气体分子的分布情况。设容器中有两个分子 a,b,它们在 A,B 两室的分配方式见表 13.4.1。

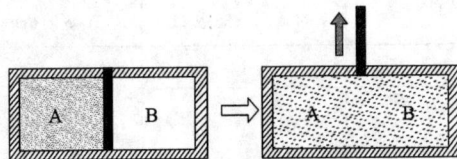

图 13.4.10　气体自由膨胀

表 13.4.1　两个分子的位置分布

微观状态		宏观状态	一种宏观状态对应的微观态数 Ω	所有分子位于 A 室的概率	A,B 室分子数均等时的概率
A室	B室				
a	b	A室 1　B室 1	2	$\dfrac{1}{4}=\dfrac{1}{2^2}$	$\dfrac{2}{4}$
b	a				
a,b	无	A室 2　B室 0	1		
无	a,b	A室 0　B室 2	1		

所有分子位于 A 室的概率为 $\dfrac{1}{4}=\dfrac{1}{2^2}$,即两个分子退回到 A 室的几率为 $\dfrac{1}{2^2}$。

若有 a,b,c 三个分子,在 A,B 两室的分配方式见表 13.4.2。

表 13.4.2　三个分子的位置分布

微观状态		宏观状态	一种宏观状态对应的微观状态数 Ω	所有分子位于 A 室的概率
A室	右			
a	b,c	A室 1　B室 2	3	
b	a,c			
c	a,b			
a,b	c	A室 2　B室 1	3	$\dfrac{1}{8}=\dfrac{1}{2^3}$
b,c	a			
a,c	b			
a,b,c	0	A室 3　B室 0	1	
0	a,b,c	A室 0　B室 3	1	

所有分子位于 A 室的概率为 $\dfrac{1}{8}=\dfrac{1}{2^3}$,即三个分子退回到 A 室的几率为 $\dfrac{1}{2^3}$。

若有 a,b,c、d 四个分子,则在 A,B 两室的分配方式见表 13.4.3。

表 13.4.3　4 个分子的位置分布

微观状态		宏观状态	一种宏观状态对应的微观状态数 Ω	所有分子位于 A 室的概率	A,B 室分子数均等时的概率
A 室(左)	B 室(右)				
a,b,c,d	0	A 室 4　B 室 0	1		
a,b,c	d				
b,c,d	a	A 室 3　B 室 1	4		
c,d,a	b				
d,a,b	c				
a,b	c,d				
a,c	b,d				
a,d	b,c	A 室 2　B 室 2	6	$\dfrac{1}{16}=\dfrac{1}{2^4}$	$\dfrac{6}{16}$
b,c	a,d				
b,d	a,c				
c,d	a,b				
a	b,c,d				
b	a,c,d				
c	a,b,d	A 室 1　B 室 3	4		
d	a,b,c				
0	a,b,c,d	A 室 0　B 室 4	1		

所有分子位于 A 室的概率为 $\dfrac{1}{16}$,即所有分子退回到 A 室的概率为 $\dfrac{1}{2^4}$。

依此类推,如果共有 N 个分子,则全部分子都位于 A 室的概率为 $\dfrac{1}{2^N}$。由于气体中分子数 N 非常大,全部退回到 A 室的概率为 $\dfrac{1}{2^N}\approx 0$,实际上是不会实现的。因此,理想气体绝热自由膨胀的过程是一个不可逆过程,因为相反的过程,即气体自动返回原态,仅占据 A 室的过程是不可能自发发生的。所以自由膨胀的不可逆性实质上是反映了这个系统内部发生的过程总是由概率小的宏观状态向概率大的宏观状态进行,由包含微观态数目少的宏观状态向包含微观状态数目多的宏观状态进行。在孤立系统中进行的一切不可逆过程(如热传导、热功转化等过程)实质上是一个从概率较小的状态到概率较大的状态的变化过程。

不受外界影响的系统,其内部发生的过程,总是由概率小的宏观状态向概率大的宏观状态进行,由包含微观状态数目少的宏观状态向包含微观状态数目多的宏观状态进行。这就是热力学第二定律的统计意义。热力学第二定律是适用于宏观过程的规律,它具有统计上的深刻意义。

2. 热力学概率和玻尔兹曼熵公式

在统计物理中,与任一给定的宏观状态相对应的微观态数,称为该宏观状态的**热力学**

概率,用 Ω 表示。对孤立系统,在一定条件下的平衡态对应于 Ω 为极大值。当孤立系统处于非平衡态时,它将以非常大概率的可能性向平衡态过渡。热力学概率 Ω 是分子运动无序性的一种量度,Ω 值大,对应着分子均匀分布。

由于气体内分子数 N 很大,一般热力学概率是非常大的,为了便于理论上的处理,1887 年玻尔兹曼给出了

$$S \propto \ln\Omega$$

1900 年,普朗克引入比例系数 k,即玻尔兹曼常数,上式写为

$$S = k\ln\Omega \qquad\qquad (13.4.12)$$

式(13.4.12)称为**玻尔兹曼熵公式**(Boltzmann entropy formula)。S 的微观意义是系统内分子热运动的无序性的一种量度。所以,熵增原理实际上指出:孤立系发生的一切自然过程总是沿着无序性增大的方向进行。

3. 热力学第二定律的适用范围

热力学第二定律是适用于宏观过程的规律,它具有统计上的深刻意义。若处理的事件数目(或粒子数)很大,统计结果和观测结果相一致;但若涉及的事件数目(或粒子数)小,就会有显著偏差。所以热力学第二定律只有在大量分子组成的宏观系统才有意义,不能用于少数分子的集合体。

思 考 题

1. 功、热量和热力学能都是系统状态的单值函数,这种说法对吗?

2. 怎样区别热力学能和热量?物体的温度越高热量越多吗?物体的温度越高热力学能越多吗?

3. 讨论等体降压、等压压缩、绝热膨胀过程中的 $\Delta E,A,Q$ 的符号。

4. 如图 1 所示,一定量的理想气体,分别经历 abc,def 过程,试分析两过程是吸热还是放热。

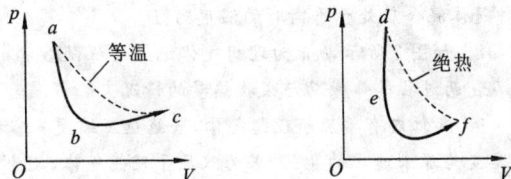

图 1　思考题 4 图

5. 一条等温线和一条绝热线有可能相交两次吗?

6. 一条等温线和两条绝热线是否可能构成一个循环?

7. 第二类永动机,从功能转换角度来讲,是一种什么形式的机器?违背了热学中的哪条定律?

8. 不可逆过程就是不能往反方向进行的过程,对吗?

9. 某人设想一台可逆卡诺热机,循环一次可以从 400 K 的高温热源吸热 1800 J,向 300 K 的低温热源放热 800 J,同时对外做功 1000 J. 试分析这一设想是否合理?为什么?

10. 可逆卡诺循环的热机,其效率为 η,它逆向运转时便成为一台制冷机,该制冷机的制冷系数 $w = \dfrac{T_2}{T_1 - T_2}$,指出 η 与 W 的关系。

习　题　13

1. 一气体分子的质量可以根据该气体的定体比热来计算.氩气的定容热容 $C_V = 0.314 \text{ kJ} \cdot \text{kg}^{-1} \cdot \text{K}^{-1}$,求氩原子的质量 m.(玻尔兹曼常数 $k = 1.38 \times 10^{-23} \text{ J} \cdot \text{K}^{-1}$)

2. 1 mol 单原子理想气体从 300 K 加热到 350 K。

(1) 容积保持不变;

(2) 压力保持不变。

问:在这两过程中各吸收了多少热量?增加了多少热力学能?对外做了多少功?

3. 压力为 1.0×10^5 Pa,体积为 0.0083 m³ 的氮气,从初始温度 300 K 加热到 400 K,加热时(1) 体积不变;(2) 压力不变,问各需热量多少?哪一个过程所需热量大?为什么?

4. 将 500 J 的热量传给标准状态下 2 mol 的氢。

(1) 若体积不变,氢的温度变为多少?

(2) 若温度不变,氢的压力及体积各变为多少?

(3) 若压力不变,氢的温度及体积各变为多少?

5. 一定量的某种理想气体在等压过程中对外做功 200 J.若此种气体为单原子分子气体,求:

(1) 该过程中需要吸热多少?

(2) 若为双原子分子气体,则需要吸热多少?

6. 1 mol 氢,在压力为 1.0×10^5 Pa、温度为 200 ℃ 时,其体积为 V_0,今使它经以下两种过程达同一状态:

(1) 先保持体积不变,加热使其温度升高到 80 ℃,然后令它做等温膨胀,体积变为原体积的两倍;

(2) 先使它做等温膨胀至原体积的两倍,然后保持体积不变,加热到 80 ℃。

试分别计算以上两种过程中吸收的热量,气体对外做的功和热力学能的增量。

7. 用绝热材料制成的一个容器,体积为 $2V_0$,被绝热板隔成 A,B 两部分,A 内储有 1 mol 单原子分子理想气体,B 内储有 2 mol 刚性双原子分子理想气体,A,B 两部分压力相等均为 p_0,两部分体积均为 V_0,求:

(1) 两种气体各自的热力学能 E_A 与 E_B;

(2) 抽去绝热板,两种气体混合后处于平衡时的温度为 T。

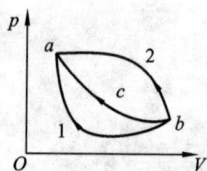

图 2　习题 8 图

8. 如图 2 所示,bca 为理想气体绝热过程,$b1a$ 和 $b2a$ 是任意过程,试分析 $b1a$ 和 $b2a$ 两过程气体做功与吸收热量的情况。

9. 汽缸内有单原子理想气体,若绝热压缩使其容积减半,问气体分子的平均速率变为原来速率的几倍?若为双原子理想气体,又为几倍?

10. 高压容器中含有未知气体,可能是 N_2 或 A_r,在 298 K 时取出试样,从 5×10^{-3} m³ 绝热膨胀到 6×10^{-3} m³,温度降到 277 K.试判断容器中是什么气体?

11. 温度为 25 ℃、压力为 1 atm 的 1 mol 刚性双原子分子理想气体,经等温过程体积膨胀至原来的 3 倍。

(1) 计算这个过程中气体对外所做功;

(2) 假若气体经绝热过程体积膨胀为原来的 3 倍,那么气体对外做的功又是多少?

12. 有一定量的理想气体,其压力按 $p = \dfrac{C}{V^2}$ 的规律变化,C 是常量。求气体从容积 V_1 增加到 V_2 所做的功.该理想气体的温度是升高还是降低?

13. 如图 3 所示,器壁与活塞均绝热的容器中间被一隔板等分为两部分,其中左边储有 1 mol 处于标准状态的氦气(视为理想气体),另一边为真空. 现先把隔板拉开,待气体平衡后再缓慢向左推动活塞,把气体压缩到原来的体积. 问氦气的温度改变了多少?

14. 1 mol 理想气体在 $T_1 = 400\,\mathrm{K}$ 的高温热源与 $T_2 = 300\,\mathrm{K}$ 的低温热源间作卡诺循环(可逆的),在 400 K 的等温线上起始体积为 $V_1 = 0.001\,\mathrm{m^3}$,终止体积为 $V_2 = 0.005\,\mathrm{m^3}$,试求此气体在每一循环中:

(1) 从高温热源吸收的热量 Q_1;

(2) 气体所做的净功 W;

(3) 气体传给低温热源的热量 Q_2。

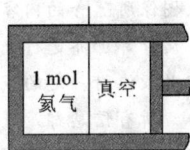
图 3　习题 13 图

15. 一热机在 1000 K 和 300 K 的两热源之间工作。如果(1)高温热源提高到 1100 K;(2)低温热源降到 200 K,求理论上的热机效率各增加多少?为了提高热机效率哪一种方案更好?

16. 一热机每秒从高温热源($T_1 = 600\,\mathrm{K}$)吸取热量 $Q_1 = 3.34 \times 10^4\,\mathrm{J}$,做功后向低温热源($T_2 = 300\,\mathrm{K}$)放出热量 $Q_2 = 2.09 \times 10^4\,\mathrm{J}$。

(1) 问它的效率是多少?它是不是可逆机?

(2) 如果尽可能地提高了热机的效率,问每秒从高温热源吸热 $3.34 \times 10^4\,\mathrm{J}$,则每秒最多能做多少功?

17. 奥托循环(小汽车、摩托车汽油机的循环模型)如图 4 所示,ab 和 cd 为绝热过程,bc 和 da 为等体过程. 用 T_1、T_2、T_3、T_4 分别代表 a 态、b 态、c 态、d 态的温度. 若已知温度 T_1 和 T_2,求此循环的效率,判断此循环是否为卡诺循环。

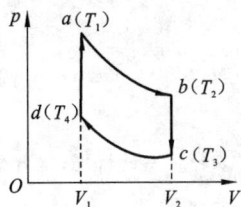
图 4　习题 17 图

阅读材料

信　息　与　熵

一、麦克斯韦妖与信息

麦克斯韦(J. C. Maxwell)设想有一个能观察到所有分子轨迹和速度的小精灵把守着气体容器内隔板上一小孔的闸门,见到左边来了高速运动的分子就开门让它到右边去,见到右边来了低速运动的分子就开门让它到左边去。假设闸门是完全没有摩擦的,于是这小精灵无需做功就可以使隔板两侧的气体左边愈来愈冷,右边愈来愈热。这样一来,系统的熵降低了,热力学第二定律将受到挑战。人们把这个小精灵称为**麦克斯韦妖**(Maxwell demon),如图 5 所示。

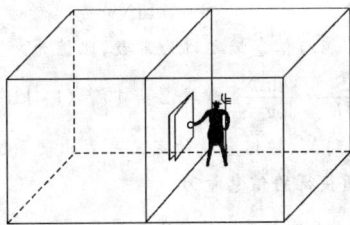
图 5　麦克斯韦妖

麦克斯韦妖与普通人相比,除了具有非凡的微观分辨能力之外,别无他长。也就是说,麦克斯韦妖小巧玲珑,是纯智能型的。仅凭这一点,它就能干出惊人之举。尽管许多人想弄清楚这小妖精的来头,但直到 1929 年它的"底细"才开始被匈牙利物理学家西拉德(L. Szilard)所揭开。

麦克斯韦妖有获得和储存分子运动信息的能力,它靠信息来干预系统,使它逆着自然界的自发方向进行。按现代的观点,信息就是负熵。麦克斯韦将负熵输入系统,降低了系统的熵。因此,即使真有麦克斯韦妖存在,它的工作方式也不违反热力学第二定律。

二、信息和信息量

在日常生活中,"信息"一词被广泛使用。什么是信息?信息是被传递和交流的一组语言、文字、符号或图像所蕴含的内容。维纳认为:"信息是人们在适应外部世界并使这种适应反作用于外部世界的过程中同外部世界进行交换的内容的名称。"这就是说,信息要以相互联系为前提。并且,信息不能单独存在,它必须依附一定的载体,而且要和接收者以及它所要达到的目的相联系,才能成其为信息。

所有信息都是事物的运动状态和方式的表述。信息来源于物质,又不是物质本身,它从物质的运动中产生出来,又可以脱离信息源而相对独立存在。

怎样测度信息量呢?对于一个有 N 个等概率的信号,规定其信息量为

$$I = \log N \tag{①}$$

当信号不是等概率出现时,不能使用上述定义。若信号 a_i 发生的概率为 p_i,在等概率时 $p_i = \dfrac{1}{N}$,即 $N = \dfrac{1}{p_i}$,则与信号 a_i 相联系的信息量为

$$I(a_i) = \log \frac{1}{p_i} \tag{②}$$

最常用的底是 2,这样算得的信息量的单位是 bit(比特),即二进制单位。

上述都是终态唯一的情况。很显然,可以将 I 的定义推广到终态还存在有多种状态的情况,这就需要分别知道始态的状态数目 N_0 和终态的状态数目 N,于是

$$I = \log_2 \frac{N_0}{N} = \log_2 N_0 - \log_2 N \tag{③}$$

三、信息与熵

信号 a_i 是一个随机量,其信息量 $I(a_i)$ 也必然是个随机量,常把 $I(a_i)$ 称为 a_i 的自信息。若要求出具有一定概率分布的信源 u 中每个信号的平均信息是多大,则可对信息按概率求统计平均

$$H(u) = E(I(a_i)) = \sum_i p_i \log \frac{1}{p_i} = - \sum_i p_i \log p_i \tag{④}$$

式中,$H(u)$ 称为信息源的信息熵,简称**信息熵**(information entropy)。当信号等概率出现时,信息熵为

$$H(u) = I = \log N = \log \frac{1}{p} \tag{⑤}$$

信息熵 $H(u)$ 表征信源的平均不确定程度,I 就是解除这不确定性的信息量。或者说获得这样大的信息量后,信源的不确定度就被解除。

将信息熵与热力学熵

$$S = k \ln N$$

相比较,可见同一物理系统热力学熵与信息熵之比为常数,比值为

$$\frac{S}{H} = \frac{k \ln N}{\log_2 N} = k \ln 2 = 10^{-23} (\text{J} \cdot \text{kb}^{-1}) \tag{⑥}$$

假定系统的状态数由 N 减少到 M,按信息量的定义可求出使系统从具有 N 个等概率状态变为具有 M 个($M < N$)等概率状态所必须获得的信息量为

$$I = H - H' = \log_2 \frac{N}{M} \tag{⑦}$$

相应的热力学熵的减少量,即流入系统的负熵 N_v 为

$$N_v = S - S' = k \ln \frac{N}{M} \tag{⑧}$$

由⑦、⑧两式很容易得到信息量与热力学负熵之间的关系为

$$I = \frac{N_v}{k \ln 2} \tag{⑨}$$

由此可见,信息可以转换为负熵,反之亦然。这就是信息的负熵原理。

第五篇

相对论与量子力学基础

　　1890 年 4 月 27 日,著名的英国物理学家开尔文在英国皇家物理学会发表的新年致词中说:"物理学大厦"已基本完工,今后的工作只需修修补补,只是在"以太"理论及"黑体辐射"问题上,理论与实验还不一致,这是物理学晴朗的天空上出现的"两朵乌云"。

　　10 年以后,德国物理学家普朗克于 1900 年 12 月,提出了革命性的"能量子"概念,并完满地解决了黑体辐射问题。之后,经薛定谔、德布罗意、玻恩、海森伯等人的共同努力,建立了研究微观粒子的新理论——量子力学。1905 年,爱因斯坦也提出了狭义相对论,解除了"以太"的困惑。

　　爱因斯坦和英费尔德在《物理学的进化》一书中谈到:"相对论的兴起……是由于旧理论中严重的深刻的矛盾已经无法避免了。"相对论并不是某个人或者某几个天才学者的自由创造。从光的波动理论建立初期开始到 1905 年为止,物理学家对"以太"探寻了两个世纪之久。正是在许多物理学家长期工作的基础之上,爱因斯坦才最终在 1905 年创立了狭义相对论,在 1915 年又提出了广义相对论。本书只介绍狭义相对论。

　　量子理论是研究原子尺度范围内,微观粒子的运动规律及物质的微观结构。微观粒子与宏观粒子的性质有着许多根本性的差别,量子理论基于物质的波粒二象性,在量子力学的基础上建立了原子物理理论、原子核理论和凝聚态物理理论。它统一解释了原子和分子的各种光谱,统一解释了元素周期表,统一解释了各种分子键,统一解释了各种物性、现象。它推动了物理、化学甚至生物学的统一规律。但是它不能处理粒子的产生、湮没等现象。

　　相对论与量子理论是 20 世纪物理学理论基础的两大革命,前者大大改变了我们的时空观,而后者则使我们开始认识到物质的微观结构。从 20 世纪 20 年代末开始,相对论和量子理论相结合又产生了相对论量子力学和量子场论。迄今为止,它们一直是我们探寻微观世界物理规律的强有力工具。

　　众所周知,相对论与量子物理是比较难懂的物理理论,前者的困惑点是时空概念,后者是波粒二象性,因为它们与自己熟知的经典物理理论不一致。在学习量子理论时,还存在的一个困惑是引入概率来描述微观粒子的行为,这完全颠覆了经典物理中的决定论观念。

　　导致困惑的原因是,人们存在这样一种"信念":存在独立于观察,独立于人意识以外的本体论意义下的客观世界,这个客体(物体)运动是有规律的,它严格遵从因果律。而事实是,主体(人与测量仪器)对客体的认识,是通过观察与人的逻辑思维获得的。在狭义相对论中,我们在一个惯性系中观测或了解另一个惯性系,是需要借助"光"去实现的。对于量子世界,物理学家玻尔指出:对于微观世界中的粒子运动,独立于观测者之外的客体运动对于我们来说并没有意义。要获得客体的时空知识,实现对客体的时空描写,必须对客体做观测,而量子力学就是建立这种客体规律与可观测量之间关系的理论。在经典理论中,观察结果与客体的规律是无限接近,因而就形成了前述的"信念"。而在量子力学中,由于观测引起了干扰,一些物理量不能同时被"准确"测定,因此经典的决定论也不复存在,并且在波动量子力学中利用概率来描述微观粒子的运动。

第**14**章 狭义相对论基础

形成于 17 世纪的牛顿力学对解决宏观物体的低速(即远小于光速 c)运动卓有成效，在 18、19 两个多世纪里对科学和技术的发展起了很大的作用，而自身也得到了极大的发展，并且在物理学中占据了统治地位。然而当历史进入 20 世纪时，物理学开始深入扩展到微观高速领域时，牛顿力学中的许多概念和结论不再适用。物理学的发展要求牛顿力学以及某些长期认为不言自明的基本概念做出根本性的改革，这些改革在 20 世纪初终于实现了，那就是相对论和量子力学的建立。

相对论是在研究传播电磁场的介质——"以太"的存在问题产生的，但是相对论的成就却远远超出了电磁场理论的范围。1905 年，爱因斯坦(A. Einstein, 1879-1955)在德国《物理学年鉴》发表《论动体的电动力学》论文，创立了狭义相对论(special relativity)，他摆脱传统观念的束缚，以严密科学的分析揭示了时间和空间的相对性以及时空的统一性，建立了新的时空观，给出了在惯性系中高速运动物体的力学规律，揭露了质量和能量的内在联系，给出的质能关系不仅为原子核物理学的发展和应用提供了根据，而且为量子理论的建立和发展创造了必要的条件，从而开辟了物理学的新纪元。1915 年，爱因斯坦又把它扩大到非惯性系中去，开始了有关万有引力本质的探索，发展成广义相对论(general relativity)。这个理论建立了完善的引力理论，它关于光线在引力作用下发生弯曲的预言，在 1919 年被英国天文学家证实时轰动了全世界。到现在，相对论在天体物理、原子核物理和基本粒子物理等领域的研究中得到广泛的应用，成为现代物理学以及现代工程技术不可缺少的理论基础。

尽管相对论的一些概念与结论和人们的日常经验大相径庭，但它在物理学上却是那样地合理、和谐。狭义相对论在狭义相对性原理的基础上统一了牛顿力学和麦克斯韦电动力学两个体系，指出它们都服从狭义相对性原理，都是对洛伦兹变换协变的，牛顿力学只不过是物体在低速运动下很好的近似规律。广义相对论又在广义协变的基础上，通过等效原理，建立了局域惯性系与普遍参照系之间的关系，得到了所有物理规律的广义协变形式，并建立了广义协变的引力理论，而牛顿引力理论只是它的一级近似。这就从根本上解决了以前物理学只限于惯性系的问题，从逻辑上得到了合理的安排。相对论严格地考察了时间、空间、物质和运动这些物理学的基本概念，给出了科学而系统的时空观和物质观，从而使物理学在逻辑上成为完美的科学体系。在本章中，我们只对相对论作极其简单的介绍。

14.1 伽利略相对性原理

力学是研究物体的机械运动的。为了定量描述物体的位置随时间的变化，必须选定适当的参考系,而力学概念,如速度和加速度、动量和角动量等,以及力学规律都是对一定的参考系才有意义的。在处理实际问题时,可以视问题的方便选取不同的参考系,而相对于任一参考系分析研究物体的运动时,都要应用基本的力学定律。这就出现了力学应该回答的第一个基本问题:对于不同的参考系,基本的力学定律的形式是否一样?即所有的参考系是否等价?又因为,运动既然是物体的位置随时间的变化,所以无论是对运动的描述或是对运动定律的说明,都离不开长度和时间的测量,这就出现了力学应该回答的第二个基本问题:相对于不同的参考系,长度和时间的测量结果是否一样?即时空是否绝对?物理学对这些问题的回答经历了从牛顿力学到相对论的发展,下面先说明牛顿力学是怎样回答这些问题的,然后再看狭义相对论的基本观点。

14.1.1　伽利略相对性原理

对于上面的第一个问题,牛顿力学的回答是:对于一切彼此做匀速直线运动的惯性参考系,牛顿运动定律都是成立的。也就是说,对于不同的惯性参考系,力学的基本定律的数学表达式的形式一样,因而一切惯性系中力学定律都等价。因此,在任何惯性系中观察,同一力学现象将按同样的形式发生和演变,这个结论称为**伽利略相对性原理**（也称**牛顿相对性原理**）或**力学相对性原理**,也称为**伽利略不变性**。这个思想首先是伽利略表述的。早在1632年,在宣扬哥白尼的日心说时,为了解释地球的表观上的静止,他曾以一个封闭的船舱内所发生的现象作比喻,生动地描绘道:"以任何速度前进,只要船的运动是匀速的,同时也不这样那样的摆动,你从一切现象中观察不出丝毫的改变,也无法从其中任何一个现象来确定船是在运动还是静止。当你在地板上跳跃的时候,你所通过的距离和你在一条静止的船上跳跃时所通过的距离完全相同,也就是说,你跳向船尾也不会比跳向船头来得远,虽然你跳在空中时,脚下的船底板向着你跳的相反方向移动。当你把不论什么东西扔给你的同伴时,不论他是在船头还是在船尾,只要你自己站在对面,你也并不需要用更多的力。从挂在天花板下的装着水的酒杯里滴下的水滴,将竖直地落在地板上,没有任何一滴水偏向船尾方面滴落,虽然当水滴尚在空中时,船在向前走"。无独有偶,这种关于相对性原理的思想,在我国古籍中记述,成书于西汉时代（比伽利略要早1700年）的《尚书纬·考灵曜》中有这样的记述:"地恒动不止而人不知,譬如人在大舟中,闭牖万里坐,舟行而不觉也。"

以上描述说明,在匀速直线的大船内观察任何力学现象,都不能判断船本身的运动。只有打开舷窗向外看,当看到岸上灯塔的位置相对于船在不断地变化时,才能判定船相对于地面是在运动的,并由此确定航速。即使这样,也只能做出相对运动的结论,并不能肯定"究竟"是地面在运动,还是船在运动。只能确定两个惯性系的相对运动速度,谈论某一惯性系的绝对运动（或绝对静止）是没有意义的。由此可见,一个相对于惯性系做匀速直线运动的参考系,在其内部所发生的一切力学过程,都不受系统做匀速直线运动的影响。或者说,在任何封闭的惯性系中做任何的力学实验都不能判定该惯性系是静止还是匀速运动,更不可能来确定该系统作匀速直线运动的速度。因此相对于一惯性系作匀速直线运动的一切参考系都是惯性系,不存在特殊的绝对静止的惯性系。这是力学相对性原理的又一结论。

14.1.2　牛顿的绝对时空观

对于关于空间和时间的问题,牛顿提出了绝对空间和绝对时间的概念。所谓绝对空间是指长度的量度与参考系无关,绝对时间是指时间的量度与参考系无关。这也就是说,同样两点间的距离或同样的前后两个事件之间的时间,无论在哪个惯性系中测量都是一样的。因此,牛顿的绝对时空观认为:

(1) 空间是一种容纳运动物质的"容器",且与其容纳的物质完全无关,是独立存在、永恒不变和绝对静止的 —— 即存在一个绝对静止的惯性参考系,因此,空间的量度是与惯性系无关而绝对不变的。

(2) 时间与物质运动无关,是永恒地、均匀地流逝着的,因此对不同的惯性系,应当有相同的时间($t = t'$)—— 即在不同的惯性系中。同时是绝对的,一个事件持续的时间是绝对的。

(3) 时间和空间彼此独立、互不相关,且不受物体运动的影响。

牛顿的这种绝对时空观是一般人对空间和时间概念的理论总结,与力学的相对性原理有直接的关系,由伽利略变换来定量描述。

14.2　伽利略变换与牛顿力学的困难

14.2.1　伽利略变换

如图 14.2.1 所示,考虑两个相对做匀速直线运动的惯性系 S 和 S',两者的坐标轴各对应轴相互平行,而且 x 和 x' 轴方向相同且重合,S' 系相对 S 系沿着 x 轴正方向做速度为 u 的匀速直线运动。在 S 和 S' 系中,分别固定两个时钟,用来确定空间发生的事件在各自惯性系中相应的时刻,且 $t = t' = 0$ 时刻,两坐标系的原点 O' 同 O 重合。

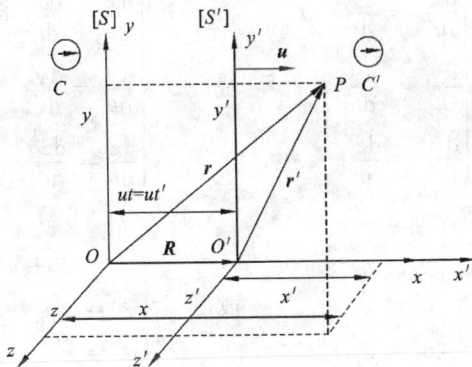

图 14.2.1　伽利略坐标变换

设想某一时刻,在空间 P 点发生了某一事件,在两惯性系 S 和 S' 中的时空坐标分别为 $S(x, y, z, t)$ 和 $S'(x', y', z', t')$,它们是在两个不同惯性系中对同一事件的描述,若把矢量式 $\boldsymbol{r}' = \boldsymbol{r} - \boldsymbol{R}$ 和 $\boldsymbol{R} = \boldsymbol{u}t$ 写成分量式,并将时间关系也明确地表达出来,即得两惯性系

S 和 S' 之间的时空坐标变换关系式为

$$S \rightarrow S' \begin{cases} x' = x - ut \\ y' = y \\ z' = z \\ t' = t \end{cases} \qquad 或 \qquad S' \rightarrow S \begin{cases} x = x' + ut' \\ y = y' \\ z = z' \\ t = t' \end{cases} \qquad (14.2.1)$$

这个关系式称为**伽利略坐标变换式**。这一变换式的得到显然是有条件的,它包含了对时间和空间的两条假设:

(1) 假定时间对于任何参考系(或坐标系)都相同,也就是假定存在着与任何具体的参考系的运动状态无关的同一时刻 —— 有不受运动状态影响的时钟,或者说同一段时间的测量结果与参考系的相对运动无关,即

$$t = t' \qquad \Delta t = t_2 - t_1 = t'_2 - t'_1 = \Delta t'$$

(2) 假定在任一确定的时刻,空间两点的长度对于任何参考系(或坐标系)都相同,也就是假定了空间长度与任何具体的参考系的运动状态无关 —— 有长度不受运动状态影响的尺。或者说同一段长度的测量结果与参考系的相对运动无关,即

$$\Delta L = \sqrt{(x_2 - x_1)^2 + (y_2 - y_1)^2 + (z_2 - z_1)^2}$$
$$= \sqrt{(x'_2 - x'_1)^2 + (y'_2 - y'_1)^2 + (z'_2 - z'_1)^2} = \Delta L'$$

可见,以上两个假设就是对牛顿绝对时空观的定量描述。

在图 14.2.1 中,如果 P 点在空间运动,要得到它在 S' 和 S 两参考系中速度 $\boldsymbol{v} = \dfrac{\mathrm{d}\boldsymbol{r}}{\mathrm{d}t}$ 与 $\boldsymbol{v}' = \dfrac{\mathrm{d}\boldsymbol{r}'}{\mathrm{d}t'}$ 间的关系,由伽利略坐标变换式(14.2.1),在时间绝对性 $t = t'$,$\mathrm{d}t = \mathrm{d}t'$ 的条件下(参见本书上册第 1 章 1.4 节相对运动的相关内容),很容易得经典力学中的速度变换公式

$$\begin{cases} \dfrac{\mathrm{d}x'}{\mathrm{d}t'} = \dfrac{\mathrm{d}x}{\mathrm{d}t} - u \\[2mm] \dfrac{\mathrm{d}y'}{\mathrm{d}t'} = \dfrac{\mathrm{d}y}{\mathrm{d}t} \\[2mm] \dfrac{\mathrm{d}z'}{\mathrm{d}t'} = \dfrac{\mathrm{d}z}{\mathrm{d}t} \end{cases} \qquad 或 \qquad \begin{cases} \dfrac{\mathrm{d}x}{\mathrm{d}t} = \dfrac{\mathrm{d}x'}{\mathrm{d}t'} + u \\[2mm] \dfrac{\mathrm{d}y}{\mathrm{d}t} = \dfrac{\mathrm{d}y'}{\mathrm{d}t'} \\[2mm] \dfrac{\mathrm{d}z}{\mathrm{d}t} = \dfrac{\mathrm{d}z'}{\mathrm{d}t'} \end{cases}$$

亦即

$$\begin{cases} v'_x = v_x - u \\ v'_y = v_y \\ v'_z = v_z \end{cases} \qquad 或 \qquad \begin{cases} v_x = v'_x + u \\ v_y = v'_y \\ v_z = v'_z \end{cases} \qquad (14.2.2)$$

式中,v'_x, v'_y, v'_z 是 P 点对 S' 系的速度分量;v_x, v_y, v_z 是 P 点对 S 系的速度分量。式(14.2.2)称为**伽利略速度变换式**。其矢量形式为

$$\boldsymbol{v}' = \boldsymbol{v} - \boldsymbol{u} \qquad 或 \qquad \boldsymbol{v} = \boldsymbol{v}' + \boldsymbol{u} \qquad (14.2.3)$$

式(14.2.3)中,$\boldsymbol{v}'$ 为 P 对 S' 系的速度;$\boldsymbol{v}$ 为 P 对 S 系的速度;$\boldsymbol{u}$ 为 S' 系对 S 系的速度,这正是经典力学的速度变换式。

进一步考察 P 点的加速度,P 对 S' 系的加速度为 $\boldsymbol{a}' = \dfrac{\mathrm{d}\boldsymbol{v}'}{\mathrm{d}t'}$,分量为 (a'_x, a'_y, a'_z);P 对 S 系的加速度 $\boldsymbol{a} = \dfrac{\mathrm{d}v}{\mathrm{d}t}$,分量为 (a_x, a_y, a_z),再一次利用 $\mathrm{d}t = \mathrm{d}t'$ 的条件,对式(14.2.3)两边时间求导,并注意到 u 为常数,便可得

$$\begin{cases} a'_x = a_x \\ a'_y = a_y \\ a'_z = a_z \end{cases} \tag{14.2.4}$$

其矢量形式为

$$\boldsymbol{a}' = \boldsymbol{a} \tag{14.2.5}$$

式(14.2.5)表明,相对不同的惯性系 S 和 S' 中,质点的加速度是相同的。即对不同的惯性系而言,加速度对伽利略变换有不变性。同时由于在经典力学中,质点的质量与运动状态无关,也就是对不同的惯性系,质点有相同的质量($m = m'$,所谓"绝对质量"),而且在不同的惯性系中,质点受到的合力也是相同的(即 $\boldsymbol{F} = \boldsymbol{F}'$),因此在两个相互做匀速直线运动的惯性系中,牛顿运动定律的形式是相同的,或者说牛顿运动方程对伽利略变换是不变的。

$$\boldsymbol{F} = m\boldsymbol{a} \qquad \boldsymbol{F}' = m'\boldsymbol{a}'$$

由此推断,在一切惯性系中,牛顿力学中的力学定律都具有完全相同的表达形式。这样,我们就由牛顿的绝对时空以及绝对质量概念得到了伽利略相对性原理。

综上所述,牛顿绝对时空观认为:存在一个绝对静止的惯性参考系;而牛顿力学的相对性原理又认为:用任何力学方法都找不到这个绝对静止的惯性参考系,即一切惯性系都是等价的,无需绝对运动的概念。在这里已充分暴露出牛顿力学的理论不自恰。

14.2.2　牛顿力学的困难

爱因斯坦说:"相对论的兴起是由于实际需要,是由于旧理论中的矛盾非常严重和深刻,旧理论对这些矛盾已经没法避免了。"下面我们来看看究竟发生了一些什么样的矛盾?

1. 伽利略速度变换中的问题与电磁现象不服从伽利略相对性原理

前面讲的伽利略相对性原理及其坐标变换,已经在超越个别参考系的描述方面,迈出了重大的一步。它的重要结论之一,是速度变换。但把它运用在光的传播问题上,就会有 $c' = c \pm u$,式中 c' 表示在 S' 参考系中测得光在真空中的速率,c 表示在 S 参考系中测得光在真空中的速率,u 为 S' 系相对于 S 系的速度,它前面的正负号由 c 和 u 的方向相反或相同而定。但是麦克斯韦的电磁理论给出的结果与此不相符。该理论给出的光在真空中的速率 $c = \dfrac{1}{\sqrt{\varepsilon_0 \mu_0}}$,其中 $\varepsilon_0 = 8.85 \times 10^{-12}\ \mathrm{C}^2 \cdot \mathrm{N}^{-1} \cdot \mathrm{m}^{-2}$,$\mu_0 = 1.26 \times 10^{-6}\ \mathrm{N} \cdot \mathrm{s}^2 \cdot \mathrm{C}^{-2}$ 是两个电磁学常量。将这两个值代入上式,可计算得

$$c = 2.99 \times 10^8\ \mathrm{m/s}$$

由于 ε_0，μ_0 与参考系无关，因此 c 也应该与参考系无关。这就是说在任何参考系中测得光在真空中的速率都应该是这一数值。这一结论还被后来的很多精确的实验和观测所证实。它们都明确无误地证明光速的测量结果与光源和测量者的相对运动无关，亦即与参考系无关。这就是说，光或电磁波的运动不服从伽利略变换，亦即导致电磁现象不服从伽利略相对性原理。

我们再来看一个天文上的例子，1731 年，英国一位天文学爱好者用天文望远镜在南方夜空的金牛座上，发现了一团云雾状的东西，外型像只螃蟹，人称"蟹状星云"。后来观测表明，蟹状星云在膨胀，膨胀的速率为每年 $0.21''$。到 1920 年，它的半径达到 $180''$。推算起来，其膨胀开始的时刻应在 $180'' \div 0.21''/$ 年 $= 860$ 年之前，即公元 1060 年左右。人们相信，蟹状星云是 900 多年前一次超新星爆发中抛出来的气体壳层，这一点在我国史籍里也得到了证实。据《宋史》记载："至和元年五月己丑出天关东南可数寸，岁余稍没。"《宋会要辑稿》也记载："嘉佑元年三月，司天监言，客星没，客去之兆也。初，至和元年五月晨出东方，守天关。昼见如太白，芒角四出，色赤白，凡见二十三日"。它的大意是：超新星(客星)最初出现于 1054 年(至和元年)，位置在金牛座(天关)附近，白昼看起来赛过金星(太白)，历时 23 天。往后慢慢暗下来，直到 1056 年(嘉佑元年)，客星才隐没。当一颗恒星发生超新星爆发时，它的外围物质向四面八方飞散。也就是说，有些抛射物向着我们运动(如图 14.2.2 中的 A 点)，有些则沿横向运动(如图 14.2.2 中的 B 点)。如果光线服从上述伽利略速度变换的话，即可知道，A 点和 B 点向我们发出的光线传播速度分别为 $c + u$ 和 c，它们到达地球所需的时间分别为 $t' = L/(c + u)$ 和 $t = L/c$，沿其他方向运动的抛射物所发的光到达地球所需的时间介于这二者之间。蟹状星云到地球的距离 L 大约是 5 千光年，而爆发中抛射物的速度 u 大约是 1500 km/s，用这些数据来计算，t' 比 t 要短 25 年。亦即，我们会在 25 年内持续地看到超新星开始爆发时所发出的强光。而史书明明记载着，客星从出现到隐没还不到两年，这事例为光或电磁波的运动不服从伽利略变换提供了例证。

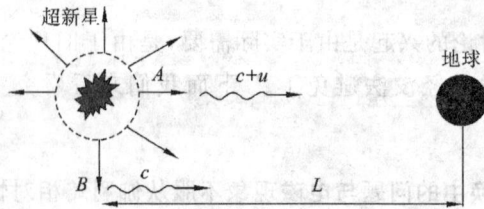

图 14.2.2　超新星抛射物

2. 以太风实验的零结果与迈克耳孙-莫雷实验

牛顿绝对时空观认为：存在一个绝对静止的惯性参考系，相对它的运动称为绝对运动；而牛顿力学的相对性原理又认为：用任何力学方法都找不到这个绝对静止的惯性参考系，即一切惯性系都是等价的，无需绝对运动的概念。直到 19 世纪中叶，麦克斯韦建立了完整的电磁理论，该理论所预言的电磁波得到了实验的证实，同时证实了光也是一类电磁波，于是，人们又重新提出了"以太"(ether)假说，认为光是借这种介质来传播的(这是 17 世纪惠更斯为了说明光波的传播而提出的机械"以太"的复活)。由于认为"以太"这种物质是绝对静止的,也就很自然地支持了牛顿的绝对静止参考系和绝对运运的概念。

在绝对静止参考系和绝对运运概念的思想指导下,人们设想利用在惯性系中测量光速的方法来确定惯性系对"以太"的绝对运动速度。按照上述的观点,可以把"以太"比喻为无处不在的大气(绝对静止的惯性系),那么在其中飞行的地球上应感到迎面吹来的以太风。假设在以太风的参考系中,光沿着各个方向的传播速率皆为 c,如图 14.2.3(a) 所示;地球在以太风中的绝对运动速度为 $\boldsymbol{u}$,则按伽利略的速度变换,对地球参考系来说,光的传播速度应为 $c' = c - u$,光沿着地球在各个方向的光速就有差异,于是沿前后两个方向光的传播速率分别为 $c' = c - u$ 和 $c' = c + u$,沿左右两个方向光的传播速率则为 $c' = \sqrt{c^2 - u^2}$,如图 14.2.3(b) 所示。如果有以太风存在,当时精密的光学实验是可以把这种差别测量出来的。

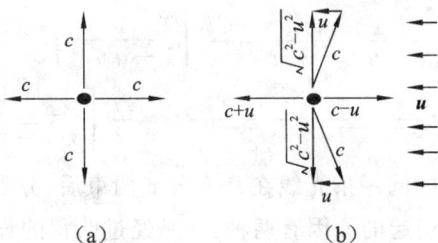

图 14.2.3　想象中的以太风对光速的影响

如果上述光学实验成功了,就能断言:

(1) 绝对静止的"以太"参考系和对"以太"的绝对运动是确实存在的。

(2) 力学实验测不出惯性系的绝对运动速度,可用光学实验测定惯性系的绝对运动速度。

(3) 一切惯性系等价的相对性原理对光学、电磁学不成立。

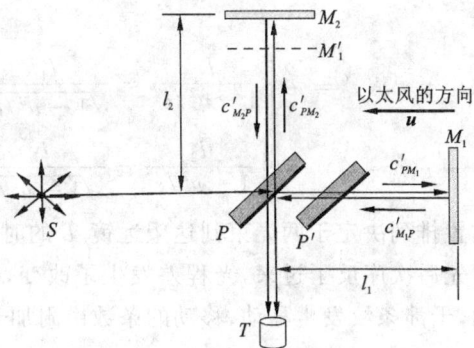

图 14.2.4　迈克耳孙-莫雷干涉实验的光路示意图

真正的实验是由迈克耳孙(A. A. Michelson)和莫雷(E. W. Morley)在 1887 年实现的。他们所发明的干涉仪如图 14.2.4 所示,图中有两个相互垂直的光路,发自光源 S 的光束被半镀银的分束镜 P 分为 1 和 2 两束光强相等的相干光(P' 为补偿片,使光束 1 和 2 透过等厚的玻璃),光束 1 被反射镜 M_1 反射回到 P,光束 2 被反射镜 M_2 反射回到 P,然后都

到达望远镜 T,从而观察到类似于肥皂膜上那种干涉条纹。干涉条纹的位置排列是由两光束从 P 分束再反射回到 P 的时间差导致的光程差来决定的。假设光对"以太"参考系的速度为 c,随着地球运动的仪器(即地球)相对"以太"的速度为 u,并恰好沿着从 P 到 M_1 的方向,利用伽利略速度变换公式,则在地球参考系中,光的传播速度应为

$$c' = c - u$$

从而可求得光从 $P \rightarrow M_1, M_1 \rightarrow P, P \rightarrow M_2, M_2 \rightarrow P$ 的速率为

$$\begin{cases} c'_{PM_1} = c - u \\ c'_{M_1 P} = c + u \\ c'_{PM_2} = c'_{M_2 P} = \sqrt{c^2 - u^2} \end{cases} \tag{14.2.6}$$

分别算得光束 1 和 2 到达 P 的时间为

$$t_1 = \frac{l_1}{c-u} + \frac{l_1}{c+u} = \frac{2l_1}{c}\left[\frac{1}{1-u^2/c^2}\right]$$

$$t_2 = \frac{l_2}{\sqrt{c^2-u^2}} + \frac{l_2}{\sqrt{c^2-u^2}} = \frac{2l_2}{c}\left[\frac{1}{\sqrt{1-u^2/c^2}}\right]$$

由此可见,从 S 发出的同一条光线在 P 上分成两束后,分别经 M_1, M_2 反射,再回到 P 所经历的时间并不相同,引起的原因有两种:一是经过路程的长度 l_1 和 l_2 的差别;二是由"以太风"引起的光相对于仪器的传播速率的差别。第二个原因是起决定作用的,因此造成的两光束到达 P 的时间差和光程差为

$$\Delta t = t_2 - t_1 = \frac{2}{c}\left[\frac{l_2}{\sqrt{1-u^2/c^2}} - \frac{l_1}{1-u^2/c^2}\right]$$

$$\delta = c(t_2 - t_1) = 2\left[\frac{l_2}{\sqrt{1-u^2/c^2}} - \frac{l_1}{1-u^2/c^2}\right]$$

若将整个实验装置在水平面上旋转 $90°$ 使光束 1 和 2 的方向对调,则两光束到达 P 的时间差和光程差为

$$\Delta t' = t'_2 - t'_1 = \frac{2}{c}\left[\frac{l_2}{1-u^2/c^2} - \frac{l_1}{\sqrt{1-u^2/c^2}}\right]$$

$$\delta' = c(t'_2 - t'_1) = 2\left[\frac{l_2}{1-u^2/c^2} - \frac{l_1}{\sqrt{1-u^2/c^2}}\right]$$

由于干涉条纹的位置排列决定于两光束到达望远镜 T 的时间差导致的光程差决定,现在两光束到达的时间先后次序反了过来,光程差发生了改变,有了附加光程差,可知随着整个仪器装置的转动,干涉条纹发生移动,移动的条数由附加光程差

$$\Delta = \delta' - \delta = 2(l_1 + l_2)\left[\frac{1}{1-u^2/c^2} - \frac{1}{\sqrt{1-u^2/c}}\right]$$

决定。考虑到 $\frac{u}{c} \ll 1$,上式可近似地表示为

$$\Delta = \delta' - \delta \approx 2(l_1 + l_2)\left[\left(1+\frac{u^2}{c^2}\right) - \left(1+\frac{1}{2}\frac{u^2}{c^2}\right)\right] \approx (l_1 + l_2)\frac{u^2}{c^2} \tag{14.2.7}$$

这种光程差的变化会引起干涉条纹的移动,如果两束光的光程差变化一个波长,就会

有一条干涉条纹移过观察望远镜中的叉丝。用 Δk 表示图样移动时通过叉丝的条纹数目，如果使用的波长为 λ，那么

$$\Delta k = \frac{\Delta}{\lambda} = \frac{(l_1 + l_2)u^2}{\lambda c^2} \tag{14.2.8}$$

上述结论是在地球参考系中计算出来的，若在"以太"参考系中计算，亦可得到上式的结果，因为这是牛顿绝对时空观的结果（从光程的定义也可知这一结果）。

在迈克耳孙-莫雷实验中，$l_1 = l_2 = 11$ m，取地球相对于太阳的公转速率 $v_{es} = 3 \times 10^4$ m/s 进行估算，即 $u \approx v_{es} = 3 \times 10^4$ m/s，则

$$\Delta = (l_1 + l_2)\frac{u^2}{c^2} = 2.2 \times 10^{-7} \text{ m}$$

以钠黄光（$\lambda = 5.5 \times 10^{-7}$ m）作光源，可观测到移动的条纹数为

$$\Delta k = \frac{\Delta}{\lambda} = \frac{2.2 \times 10^{-7}}{5.5 \times 10^{-7}} = 0.4 \text{ 条}$$

实验中，若有 $\Delta k = 1/100$ 的条纹移动，应该都可以探测到，但是迈克耳孙等人在不同地点和季节，先后在 50 年内（1881 ~ 1930 年）做了十多次实验，始终没有观察到预期的条纹的移动，观测结果可等价地表示为 $\Delta = 0$（"以太"漂移零结果）。因此前面的三个断言中，(1)、(2) 不能成立，由此可得与前面(1)、(2) 两个断言相反的两个结论：

(1) 因为 $\Delta = 0$，由式(14.2.7)可知，必有 $u = 0$，所以没有绝对静止的"以太"参考系和对"以太"的绝对运动，即"以太"不存在。

(2) 由 $u = 0$，由式(14.2.6)可知 $c'_{PM_1} = c'_{M_1P} = c'_{PM_2} = c'_{M_2P} = c$，即测不到想象中的"以太风"对光速产生的任何影响，所以在地球这个惯性系中，各个方向的光速率为常数，与地球的运动状态无关，从而可做出推论：在一切惯性系中，光速率不变 —— 这一事实显然违反伽利略速度变化的规律，亦即与时空的绝对性相悖，从而在根本上动摇了整个经典力学的基础。

应该注意，迈克耳孙-莫雷实验是在地球上进行的，上述预期的结果是假设了 $u \approx v_{es}$，可以设想，如果确实存在"以太"，显然太阳相对"以太"的速率 $v_s \neq 0$。考虑了这种情况后，我们有

$$u = v_{es} + v_s$$

就有可能恰好出现 $u = v_{es} + v_s = 0$，这样在实验中也将观察不到条纹的移动。换句话说，仅由 $u = 0$，就推论"以太"不存在是不能令人信服的。这就需要证明 $u = v_{es} + v_s \equiv 0$ 是不可能的！实际上，因为 v_{es} 的方向是不断变化的，地球绕太阳在近似圆轨道上以 3×10^4 m/s 的速率运动，每隔 6 个月，其速度方向反向，所以，若确实存在"以太"，则 $u = v_{es} + v_s$ 不可能永远为零，因此在实验中应该可以观察到条纹的移动。然而，迈克耳孙等人在白天和夜晚（考虑地球的自转），在一年中的所有季节（考虑地球的公转）都进行了观察，但都没有发现任何干涉条纹的移动，这才充分证明了"以太"确实不存在。

3. 质量随速度的增加而增大

按照牛顿力学物体的质量是常量。但在1901年考夫曼在确定镭 C 发出的 β 射线（高速

运动的电子束)荷质比 e/m 的实验中首先观察到,电子的荷质比 e/m 与速度有关。他假设电子的电荷 e 不随速度而改变,则它的质量 m 就要随速度的增加而增大。这类实验后来为更多人用愈来愈精密的测量不断地重复着。

14.3　狭义相对论的基本假设与洛伦兹变换式

14.3.1　狭义相对论的基本假设

上述伽利略变换和电磁规律的矛盾促使人们思考下述问题:是伽利略变换是正确的,而电磁现象的基本规律不符合相对性原理呢?还是已发现的电磁现象的基本规律是符合相对性原理的,而伽利略变换,实际上是绝对时空观概念应该修正呢?在 1895 年,还在瑞士读中学的 16 岁的爱因斯坦在学习电磁学时,就提出与此相关的一个有趣的"追光"问题:设想我们能以光速 c 运动来追随一束光线,究竟会看到什么现象呢?如果能看到在空间振荡着而停滞不前的电磁场,则麦克斯韦方程组就要失效;如果仍看到光以速度 c 前进,则显然又与伽利略速度变换相抵触。爱因斯坦以超人的智慧和对事物的高度洞察力选择了光速不变而放弃了伽利略速度变换式,认为光速 c 与参考系无关并不是麦克斯韦电磁理论的破绽,而恰恰反映了光传播的速度与参考系无关这一事实,同时,他还相信自然界应具有内在的统一性,描述自然界的物理定律也应该具有统一性。他认为伽利略相对性原理不仅适用于力学定律,也应该适用于包括电磁规律在内的一切物理定律,爱因斯坦经过 10 年的深思熟虑,终于在 1905 年提出以下两个原理作为基本假设:

(1) **狭义相对性原理**:所有的物理定律在一切惯性系中都具有相同的形式,即所有惯性系对一切物理定律等价。

(2) **光速不变原理**:在所有惯性系中,光在真空中速率 c 都相等,即光速与光源或观察者的运动无关。

爱因斯坦就是在看来这样简单而且一般的两个假设的基础上,建立了完整的狭义相对论理论,把物理学推进到一个新的阶段,预示着物理学中的时空观念将发生革命性的变革。因为只要同意狭义相对性原理,就可以料到,在任何一个惯性系内,不但力学实验,而且任何物理实验都不能用来确定本惯性系的运动速度。绝对运动或绝对静止的概念,从整个物理学中就彻底被排除了;只要同意光速不变原理,就直接否定了伽利略速度变换式,继而否定了伽利略坐标变换式,最后否定了经典力学中的绝对空间和绝对时间的传统观点。

从 1676 年由丹麦天文学家罗麦开始,许多科学家对真空中的光速做过无数次的测量,还没有发现光速 c 与参考系有关的任何迹象,也没有发现光速与光源和观察者的运动速度有什么关系。这一原理也为很多天文观察和近代物理实验所证实,1964 ~ 1966 年,欧洲核子中心(CERN)在质子同步加速器中做出有关光速的精密实验测量,直接验证了光速不变原理。在精密的激光测量的技术的基础上,现在把光在真空中速率规定为一个基本的物理量,其值规定为

$$c = 299\,792\,458 \text{ m/s}$$

SI 的长度单位:米(m) 就是在光速的这一规定的基础上规定的。

14.3.2　洛伦兹变换

既然选择了相对性原理,那就必须修改伽利略变换,下面从爱因斯坦的两条基本假设出发,来推导不同惯性系之间的新的变换关系。在推导之前,作为一条公设,认为时间和空间都是均匀的,因此,它们之间的变换关系必须是线性关系。此外,还要求这个变换能在 $u \ll c$ 时转化为伽利略变换(因为在低速情况下,牛顿力学和伽利略变换都是正确的)。

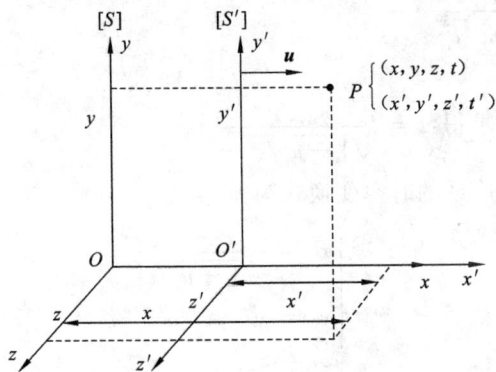

图 14.3.1　洛伦兹坐标变换

为简化运算,如图 14.3.1 所示,选择惯性系 S 和 S' 的两者坐标轴各对应轴相互平行,而且 x 和 x' 轴方向相同且重合,相对运动(匀速直线运动)速度 u 沿着公共的 $x - x'$ 轴。再设 $t = t' = 0$ 时,原点 O' 同 O 重合。事件 P 在两惯性系 S 和 S' 中的时空坐标分别为 $S(x,$ $y, z, t)$ 和 $S'(x', y', z', t')$,据此,参考伽利略变换式

$$x = x' + ut' \qquad x' = x - ut$$

在前面空时均匀性假定的前提下而写出如下变换

$$x = k(x' + ut') \qquad x' = k'(x - ut) \tag{14.3.1}$$

根据狭义相对论的相对性原理,S 和 S' 系是等价的,上面两个等式的形式就应该相同(除正负符号外),所以两式中的比例常数 k 和 k' 应相等,即有 $k = k'$。这样我们便把式(14.3.1)中两个等式相乘,得

$$xx' = k^2(x' + ut')(x - ut) \tag{14.3.2}$$

另外,为了获得确定的变换法则,必须求出常数 k。假设光信号在 O' 同 O 重合的瞬时($t = t' = 0$)由重合点沿 Ox 轴前进,那么在任一瞬时 t(由惯性系 S' 中量度则是 t'),光信号到达点的坐标对两个参考系来说,根据光速不变原理分别是

$$x = ct \qquad x' = ct' \tag{14.3.3}$$

将式(14.3.3) 代入式(14.3.2),得

$$c^2 tt' = k^2 tt'(c + u)(c - u)$$

由此求得

$$k = \frac{c}{\sqrt{c^2 - u^2}} = \frac{1}{\sqrt{1 - u^2/c^2}}$$

k 值求得后,式(14.3.1) 即可写成

$$x = \frac{x' + ut'}{\sqrt{1 - u^2/c^2}} \qquad x' = \frac{x - ut}{\sqrt{1 - u^2/c^2}}$$

从这两个式子中消去 x' 或 x,便得到关于时间的变换式,消去 x',得

$$x\sqrt{1 - u^2/c^2} = \frac{x - ut}{\sqrt{1 - u^2/c^2}} + ut'$$

由此求得: $t' = \dfrac{t - \dfrac{ux}{c^2}}{\sqrt{1 - u^2/c^2}}$。

同样,消去 x 后可求得: $t = \dfrac{t' + \dfrac{ux'}{c^2}}{\sqrt{1 - u^2/c^2}}$。

于是得到从 S 到 S' 系的时空变换式为

$$\begin{cases} x' = \dfrac{x - ut}{\sqrt{1 - u^2/c^2}} \\ y' = y \\ z' = z \\ t' = \dfrac{t - \dfrac{ux}{c^2}}{\sqrt{1 - u^2/c^2}} \end{cases} \qquad (14.3.4)$$

从 S' 到 S 系的时空变换式为

$$\begin{cases} x = \dfrac{x' + ut'}{\sqrt{1 - u^2/c^2}} \\ y = y' \\ z = z' \\ t = \dfrac{t' + \dfrac{ux'}{c^2}}{\sqrt{1 - u^2/c^2}} \end{cases} \qquad (14.3.5)$$

式(14.3.4) 和式(14.3.5) 就是著名的**洛伦兹变换式**(Lorentz transformation) 和**逆变换式**,它们是狭义相对论的核心,表达了同一事件在两个不同惯性系中的时空坐标的变换关系。从式(14.3.4) 和式(14.3.5) 不难看出:

(1) 洛伦兹变换反映了时空的不可分,与伽利略变换相比,洛伦兹变换中的时间坐标明显地和空间坐标有关,揭示了时间,空间和物质运动之间的紧密联系。

(2) 当 $u \ll c$ 时,即物体的运动速度远小于光速时,上述变换式就退化为伽利略变换式。这说明牛顿力学只是狭义相对论的一种极限情况,只有在物体运动速度远小光速时,牛顿力学才是正确的。

(3) 当 $u > c$ 时,因子 $\sqrt{1 - u^2/c^2}$ 为虚数,洛伦兹变换失去了意义,因此狭义相对论认为,物体的运动速度不能超过真空中的光速,光速 c 是自然界里的极限速度。

(4) 洛伦兹变换式和洛伦兹逆变换式之间的关系只要注意把正变换中的 u 换成 $-u$

就可得逆变换式。

例 14.3.1　如图 14.3.2 所示,设光源静止在 O 点,闪光在 O 与 O' 重合时发出,在 S 系上观察,光信号于 1 s 后同时被 P_1,P_2 接收到,设 S' 系相对 S 系的运动速率为 $0.8c$。求在 S' 系中,P_1,P_2 接收到信号时的时刻和位置。

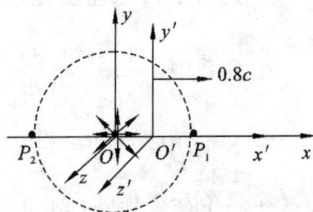

图 14.3.2　例 14.3.1 图

解　依题意设计事件 1：P_1 接收到信号；事件 2：P_2 接收到信号。

O 与 O' 重合时,$t = t' = 0$。在 S 系上观察：1 s 后,闪光传到半径为 c 的球面上的各点。因此两个事件在 S 系中的时空坐标分别为 $P_1(c,0,0,1)$,$P_2(-c,0,0,1)$,设其在 S' 系中的时空坐标分别为 $P_1(x_1',0,0,t_1')$,$P_2(x_2',0,0,t_2')$,依洛伦兹的正变换式(14.3.4)可求出事件 1 和 2 在 S' 惯性系中的位置和时刻为

$$\begin{cases} x_1' = \dfrac{x_1 - ut_1}{\sqrt{1 - u^2/c^2}} = \dfrac{c - 0.8c \times 1}{\sqrt{1 - 0.8^2}} = \dfrac{c}{3}\,(\text{m}) \\[2mm] y_1' = y_1 = 0 \\[2mm] z_1' = z_1 = 0 \\[2mm] t_1' = \dfrac{t_1 - \dfrac{ux_1}{c^2}}{\sqrt{1 - u^2/c^2}} = \dfrac{1 - 0.8}{\sqrt{1 - 0.8^2}} = \dfrac{1}{3}\,\text{s} \end{cases}$$

$$\begin{cases} x_2' = \dfrac{x_2 - ut_2}{\sqrt{1 - u^2/c^2}} = \dfrac{-c - 0.8c \times 1}{\sqrt{1 - 0.8^2}} = -3c\ \text{m} \\[2mm] y_2' = y_2 = 0 \\[2mm] z_2' = z_2 = 0 \\[2mm] t_2' = \dfrac{t_2 - \dfrac{ux_2}{c^2}}{\sqrt{1 - u^2/c^2}} = \dfrac{1 + 0.8}{\sqrt{1 - 0.8^2}} = 3\ \text{s} \end{cases}$$

由此可见,两个事件在 S' 惯性系中的时空坐标分别为 $P_1(c/3,0,0,1/3)$,$P_2(-3c,0,0,3)$,不同于在 S 系中的时空坐标。进一步讨论还可知：

(1) 两个事件的时间是相对的,同时性也是相对的。在 S 系上看,事件 1 和事件 2 同时发生,在 S' 看来不是同时发生的,S' 后方的点 P_1 先收到光信号。

$$\Delta t = t_2 - t_1 = 1 - 1 = 0 \quad \Delta t' = t_2' - t_1' = 3 - 1/3 = 8/3\,(\text{s}) \neq 0 \quad t_1' < t_2'$$

(2) 两个事件的空间间隔是相对的。

$$|\Delta x| = |x_2 - x_1| = 2c\ \text{m} \quad |\Delta x'| = |x_2' - x_1'| = 10c/3\ \text{m}$$

(3) 光速是不变的。光从 O' 到 P_1 光速 $c/3 \div 1/3 = c$,光从 O' 到 P_2(沿 x' 的负方向)光速 $3c \div 3 = c$,在 S 和 S' 系中的各个方向光速都是 c,不会像用伽利略速度变换得出光在 S' 系中沿 P_1 方向的光速是 $c - u$,沿 P_2 方向的是 $c + u$。

14.3.3　相对论速度变换公式

设有某物体相对 S 系和 S' 系运动,在 S 系和 S' 系的观测者测得其中速度 $\boldsymbol{v} = \dfrac{\mathrm{d}\boldsymbol{r}}{\mathrm{d}t}$ 与

$v' = \dfrac{\mathrm{d}r'}{\mathrm{d}t'}$。为了讨论速度变换,我们首先注意各个速度分量在各惯性系的定义。

在 S 系中: $\quad v_x = \dfrac{\mathrm{d}x}{\mathrm{d}t} \quad v_y = \dfrac{\mathrm{d}y}{\mathrm{d}t} \quad v_z = \dfrac{\mathrm{d}z}{\mathrm{d}t}$

在 S' 系中: $\quad v'_x = \dfrac{\mathrm{d}x'}{\mathrm{d}t'} \quad v'_y = \dfrac{\mathrm{d}y'}{\mathrm{d}t'} \quad v'_z = \dfrac{\mathrm{d}z'}{\mathrm{d}t'}$

在洛伦兹变换式(14.3.4)中,对 t' 求导,得

$$\frac{\mathrm{d}x'}{\mathrm{d}t'} = \frac{\frac{\mathrm{d}x'}{\mathrm{d}t}}{\frac{\mathrm{d}t'}{\mathrm{d}t}} = \frac{\frac{\mathrm{d}x}{\mathrm{d}t} - u}{1 - \frac{u}{c^2}\frac{\mathrm{d}x}{\mathrm{d}t}} = \frac{v_x - u}{1 - \frac{u}{c^2}v_x}$$

$$\frac{\mathrm{d}y'}{\mathrm{d}t'} = \frac{\frac{\mathrm{d}y'}{\mathrm{d}t}}{\frac{\mathrm{d}t'}{\mathrm{d}t}} = \frac{\frac{\mathrm{d}y}{\mathrm{d}t}\sqrt{1 - u^2/c^2}}{1 - \frac{u}{c^2}\frac{\mathrm{d}x}{\mathrm{d}t}} = \frac{v_y\sqrt{1 - u^2/c^2}}{1 - \frac{u}{c^2}v_x}$$

$$\frac{\mathrm{d}z'}{\mathrm{d}t'} = \frac{\frac{\mathrm{d}z'}{\mathrm{d}t}}{\frac{\mathrm{d}t'}{\mathrm{d}t}} = \frac{\frac{\mathrm{d}z}{\mathrm{d}t}\sqrt{1 - u^2/c^2}}{1 - \frac{u}{c^2}\frac{\mathrm{d}x}{\mathrm{d}t}} = \frac{v_z\sqrt{1 - u^2/c^2}}{1 - \frac{u}{c^2}v_x}$$

这些式子可写成

$$v'_x = \frac{v_x - u}{1 - \frac{u}{c^2}v_x} \quad v'_y = \frac{v_y\sqrt{1 - u^2/c^2}}{1 - \frac{u}{c^2}v_x} \quad v'_z = \frac{v_z\sqrt{1 - u^2/c^2}}{1 - \frac{u}{c^2}v_x} \tag{14.3.6}$$

这就是**相对论速度变换式**,也称为**洛伦兹速度变换式**。同样,把正变换中的 u 换成 $-u$,并交换带撇和不带撇的速度分量,还可得到上式的逆变换式

$$v_x = \frac{v'_x + u}{1 + \frac{u}{c^2}v'_x} \quad v_y = \frac{v'_y\sqrt{1 - u^2/c^2}}{1 + \frac{u}{c^2}v'_x} \quad v_z = \frac{v'_z\sqrt{1 - u^2/c^2}}{1 + \frac{u}{c^2}v'_x} \tag{14.3.7}$$

从上面相对论速度变换式,可得出如下结论:

(1) 当速度 u,v,v' 远小于光速 c 时,相对论速度变换式约化为伽利略速度变换式。这表明在一般低速情况下,伽利略速度变换仍是适用的。但当 u,v,v' 接近于光速时,必需使用相对论速度变换式,不再有伽利略的速度矢量变换关系 $v = v' + u$。

(2) 相对论速度变换自动遵从光速不变原理。设想在 S 系上,有一束光沿 x 轴传播 $v_x = c$,那么在 S' 系中

$$v'_x = \frac{v_x - u}{1 - \frac{u}{c^2}v_x} = \frac{c - u}{1 - \frac{u}{c}} = \frac{c-u}{c-u}c = c$$

反过来,有

$$v_x = \frac{v'_x + u}{1 + \frac{u}{c^2}v'_x} = \frac{c + u}{1 + \frac{u}{c}} = \frac{c+u}{c+u}c = c$$

可见,光在任何惯性系中速率都是 c,这是理所当然的,因为洛仑兹变换所依据的假

设之一就是光速不变原理,所以在任何惯性系中,一个物体的运动速度通过相对论速度变换不可能得出大于光速 c 的速度。

例 14.3.2　在地面上测得有两个宇宙飞船 A 和 B 分别以 $+0.9c$ 和 $-0.9c$ 的速度向相反方向飞行,求飞船 B 相对 A 的速率。

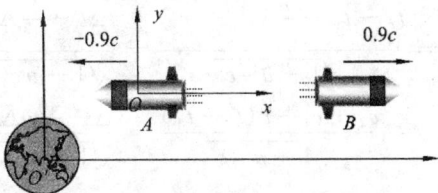

图 14.3.3　　例 14.3.2 图

解　依题意,作图 14.3.3。设相对地球以速度 $-0.9c$ 的飞船 A 为 S 系(在这个参考系中 A 静止),以地面为 S' 系,地面对此参考系以 $u = 0.9c$ 的运动,则已知 B 飞船相对 S' 的速度为 $v_x' = 0.9c$,按式(14.3.7),有

$$v_x = \frac{v_x' + u}{1 + \dfrac{u}{c^2}v_x'} = \frac{0.9c + 0.9c}{1 + 0.9 \times 0.9} = 0.994c$$

即 B 飞船相对于地球的速率 $v_x < c$,这和按伽利略速度变换

$$v_x = v_x' + u = 0.9c + 0.9c = 1.8c > c$$

是不同的,按相对论速度变换,在 u、v' 小于光速 c 的情况下,v 不可能大于 c。

值得指出的是,相对地面来说,上述两飞船的"相对速度"确是等于 $2 \times 0.9c = 1.8c$,这就是说,由地面上的观察者测量,两飞船之间的距离是按 $2 \times 0.9c = 1.8c$ 的速率增加的。但是真正的速度是物体相对某一参考系的,而不是在一个参考系中看两个物体的"相对对方的速度"。就一个物体来讲,它相对任何其他物体或参考系的速度大小是不可能大于 c 的,而这一速度正是速度这一概念的真正含义。

14.4　狭义相对论的时空观

狭义相对论为人们提出一种不同于经典力学的新的时空观,运用洛伦兹变换式也可得到许多与日常经验相违背的,令人惊奇的重要结论。这些结论已被近代高能物理中许多实验所证实是完全正确的。

狭义相对论的时空观,即同时的相对性、长度收缩和时间膨胀等。下面我们首先讨论同时的相对性,它是狭义相对论时空观的基础,然后再讨论长度的收缩和时间的膨胀。

14.4.1　同时性的相对性和因果律的绝对性

1. 时空间隔变换式

设两事件 P_1 和 P_2 在 S 系中的时空坐标分别为 $P_1(x_1, y_1, z_1, t_1)$,$P_2(x_2, y_2, z_2, t_2)$ 在 S' 系中分别为 $P_1(x_1', y_1', z_1', t_1')$,$P_2(x_2', y_2', z_2', t_2')$,依洛伦兹的正变换式(14.3.4)和逆变

换式(14.3.5)很容易得到在两个相互作匀速直线运动的惯性系 S 系和 S' 系中观察两个事件时空间隔的变换关系为

$$\Delta x' = x'_2 - x'_1 = \frac{x_2 - x_1 - u(t_2 - t_1)}{\sqrt{1 - u^2/c^2}} = \frac{\Delta x - u\Delta t}{\sqrt{1 - u^2/c^2}} \tag{14.4.1 a}$$

$$\Delta t' = t'_2 - t'_1 = \frac{t_2 - t_1 - \frac{u}{c^2}(x_2 - x_1)}{\sqrt{1 - u^2/c^2}} = \frac{\Delta t - \frac{u}{c^2}\Delta x}{\sqrt{1 - u^2/c^2}} \tag{14.4.1 b}$$

$$\Delta x = x_2 - x_1 = \frac{x'_2 - x'_1 + u(t'_2 - t'_1)}{\sqrt{1 - u^2/c^2}} = \frac{\Delta x' + u\Delta t'}{\sqrt{1 - u^2/c^2}} \tag{14.4.2 a}$$

$$\Delta t = t_2 - t_1 = \frac{t'_2 - t'_1 + \frac{u}{c^2}(x'_2 - x'_1)}{\sqrt{1 - u^2/c^2}} = \frac{\Delta t' + \frac{u}{c^2}\Delta x'}{\sqrt{1 - u^2/c^2}} \tag{14.4.2 b}$$

2. 同时性的相对性

如果从相对论基本假设出发,我们就会发现,和光速不变紧密联系在一起的是:在某一惯性系中同时发生的两个事件,在另一相对它运动的惯性系中,并不一定同时发生。这一结论称为同时性的相对性。

仍设如图 14.3.1 所示的两个惯性系 S 和 S',设在 S' 系中(图 14.4.1)的 x' 轴上的 A',B' 两点各装置一个接受器,每个接收器旁放一个静止于 S' 的钟,在 $A'B'$ 的中点 M' 上装有一个闪光灯,让灯发出一次闪光,由于 $M'A' = M'B'$,而且向各个方向的光速是一样的,所以 S' 系中的观察者认为闪光必将同时传到两个接收器,即光到达 A' 和到达 B' 这两个事件在 S' 系中观察是同时发生的,换句话说,A' 收到信号和 B' 收到信号是**同时事件**.

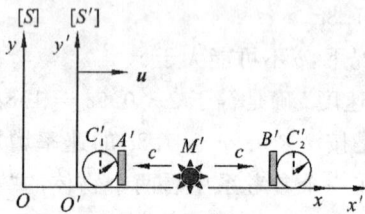

图 14.4.1　在 S' 系中观察,光同时达到 A' 和 B'

可是在 S 系中观察这两个同样的事件,其结果又如何呢?当闪光发生后,因光速与参考系无关(与光源和观察者的相对运动无关),故光沿左右两个方向的传播速度仍同为 c,但因在光到达两个接收器这一段时间中 A' 迎着光走了一段距离,而 B' 则背着光走了一段距离,所以 A' 处的接收器先收到光信号,B' 后收到光信号(图 14.4.2)。即在 S 系中观察 A' 收到信号和 B' 收到信号是**不同时事件**。这就说明,承认光速不变,同时性就是相对的。

由图 14.4.1 也很容易了解,S' 系相对于 S 系的速度越大,在 S 系中测得的沿相对速度方向配置的两事件之间的时间间隔就越长。这就是说,对不同的参考系,沿相对运动方向配置的两事件之间的时间间隔是不同的,这也就是说,**时间的量度是相对的**.

同时性的相对性也可由洛伦兹变换式直接推出。若两事件在 S 系中观察者看来是同时发生的,即 $\Delta t = t_2 - t_1 = 0$,根据式(14.4.1 b),有

$$\Delta t' = t'_2 - t'_1 = \frac{\Delta t - \frac{u}{c^2}\Delta x}{\sqrt{1 - u^2/c^2}} = \frac{-\frac{u}{c^2}\Delta x}{\sqrt{1 - u^2/c^2}} \tag{14.4.3}$$

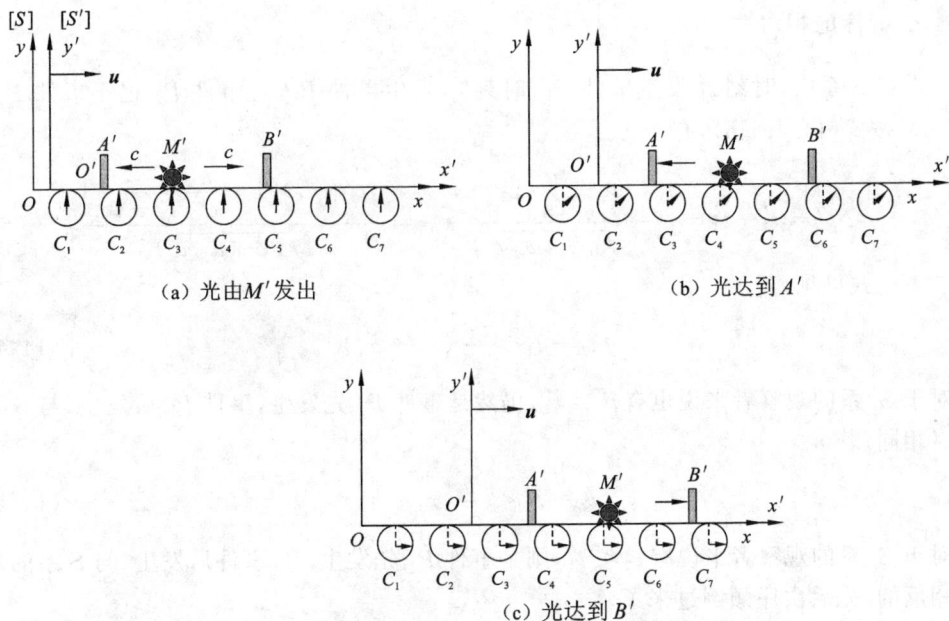

(a) 光由 M' 发出　　　　　　　　　　　　(b) 光达到 A'

(c) 光达到 B'

图 14.4.2　在 S 系中观察

可见,若 $x_1 \neq x_2$,那么 $t_2' \neq t_1'$。这就是说在 S 系中不同地点($\Delta x \neq 0$)发生的两个事件,对 S 系的观测者来说是同时发生的,而在 S' 系的观测者来说并不是同时发生的依式(14.4.1 (a)) 可得 $\Delta x' \neq 0$),即两事件不同地;只有同时同地发生的两个事件才在任何惯性系中看来都是同时同地,这时同时性才有绝对意义。同样,若在 S' 系中观察者看来发生在不同地点的两个同时事件,即 $\Delta t' = t_2' - t_1' = 0, \Delta x' \neq 0$,根据式(14.4.2 b),得

$$\Delta t = t_2 - t_1 = \frac{\Delta t' + \dfrac{u}{c^2}\Delta x'}{\sqrt{1 - u^2/c^2}} = \frac{\dfrac{u}{c^2}\Delta x'}{\sqrt{1 - u^2/c^2}} \tag{14.4.4}$$

则有 $\Delta t = t_2 - t_1 \neq 0$。通过上面的讨论,可知:

(1) 同时性的相对性(relativity of simultaneity)——在一般情况下,对于一个观测者是同时发生的两个事件,对于另一个观测者就不一定是同时发生的。"同时性"与惯性系有关。它否定了各个惯性系具有统一时间的可能性,否定了牛顿的绝对时空观。实际上,不同地点但同时发生的两件事决不可能有因果关系,因此同时的概念必然是相对的,这更符合客观事实。

(2) 同时性的相对性是光速不变且有限的直接结果 —— 由式(14.4.3)和式(14.4.4) 可以看出,如果光信号能以无穷大的速度传播,则同时将是一个绝对的概念,因为代表时间的光信号在等于零的时间间隔内就已经传递到了一切观察者。

(3) 同时的绝对性是相对论的极限情况 —— 日常的速度比起光速来小得多,并且日常研究的两事件的空间间隔至多是太阳系的线度,而不涉及巨大的天文学尺度,因此相比之下光速可以当作无限大,所以在牛顿力学领域内,把同时性作为绝对的是可以的。相对论中,只有同时同地发生的两个事件,同时才有绝对意义。

3. 时序的相对性

设在 S 系中，时刻 t_1 发生事件 P_1，时刻 t_2 发生事件 P_2，且事件 P_2 迟于事件 P_1，即 $t_2 > t_1$。按式（14.4.1 b），有

$$\Delta t' = t_2' - t_1' = \frac{t_2 - t_1 - \dfrac{u}{c^2}(x_2 - x_1)}{\sqrt{1 - (u^2/c^2)}} = \frac{(t_2 - t_1)\left[1 - \dfrac{u}{c^2}\dfrac{x_2 - x_1}{t_2 - t_1}\right]}{\sqrt{1 - (u^2/c^2)}}$$

由上式可见，若

$$t_2 - t_1 > \frac{u}{c^2}(x_2 - x_1) \tag{14.4.5}$$

则对于 S' 系的观察者来说也有 $t_2' > t_1'$，仍然是事件 P_1 先发生，事件 P_2 后发生，与 S 系的观点相同。若

$$t_2 - t_1 < \frac{u}{c^2}(x_2 - x_1) \tag{14.4.6}$$

则对于 S' 系的观察者来说有 $t_2' < t_1'$，则是事件 P_2 先发生，P_1 事件后发生，与 S 系的观点是相反的，先后次序颠倒过来了。

不过要指出的是：对于发生在不同地点的两事件，如果在不同的惯性系中时序可以颠倒，则这两件事一定没有因果关系，从而对这种情况，我们不能认为 $\dfrac{x_2 - x_1}{t_2 - t_1}$ 是速度，只是一个空间间隔和时间间隔的比值，因此 $\dfrac{x_2 - x_1}{t_2 - t_1}$ 是可以大于光速 c 的。

4. 因果律的绝对性

根据上面的讨论，是否任何两事件的先后次序都是相对的呢？显然不是。因为如果是有因果关系的两事件，则它们先后次序应该是绝对的，不容颠倒。下面看相对论中是如何保证因果律的绝对性的。

设在 S 系中，时刻 t_1 发生事件 P_1（因），时刻 t_2 发生事件 P_2（果），就必有 $t_2 > t_1$。则由于是因果关系，就意味着这两个事件的空时坐标要满足式（14.4.5）。可以想象，事件 P_1 先发生，其作用经过一段时间传递到 P_2 所在空间的位置后，才发生事件 P_2，这样就可以用这段时间去除 P_1 和 P_2 间的距离来定义从 P_1 到 P_2 的作用传播速度，称为**信号速度**，用 v 表示，即

$$v = \frac{x_2 - x_1}{t_2 - t_1} \tag{14.4.7}$$

将式（14.4.7）代入式（14.4.1 b），整理得

$$\Delta t' = t_2' - t_1' = \frac{(t_2 - t_1)\left[1 - \dfrac{uv}{c^2}\right]}{\sqrt{1 - (u^2/c^2)}}$$

这样要保证因果律的绝对性，即两个事件在任意一个相对 S 系匀速直线运动的惯性系 S' 中都应有事件 P_1 先发生，事件 P_2 后发生，也就是要 $t_2' > t_1'$，条件是

$$uv < c^2 \tag{14.4.8}$$

式中,u 是两个惯性系之间的相对运动速度,是固定于 S' 系上的质点相对于 S 系的移动速度,它也可以代表在 S 系中传播的一种信号速度。所以式(14.4.8)可以解释为:只要信号速度小于光速,即:$u < c, v < c$,就能保证有因果关系的两个事件的先后次序不会颠倒。根据现有的大量实验事实,真空中的光速 c 是物质运动的极限速度,也是一切相互作用传播的极限速度,因此因果律的绝对性是靠光速 c 是极限速度来保证的。

　　综上所述,可以把所有的事件分成两类,一类是满足式(14.4.6),不可能有因果关系的事件,它们发生的先后次序是相对的;另一类满足式(14.4.8),有因果关系(包括间接因果关系)的事件,它们发生的先后次序是绝对的。因此,狭义相对论不违背因果律,更符合客观事实。

14.4.2　沿运动方向长度收缩和垂直运动方向长度不变

　　根据爱因斯坦的观点,既然同时性是相对的,那么长度的测量也必定是相对的。

　　如图 14.4.3 所示,假定有一根直棒 $A'B'$ 沿 x' 轴静止放置在 S' 系中,杆在其中的长度 $L' = x_2' - x_1'$,这时在 S 系中的观测者去测运动着的直棒的长度,就必须同时测定棒的两个端点的坐标。设测得的运动着的棒 $A'B'$ 两端的时空坐标分别为(x_1, t_1),(x_2, t_2),并要求 $t_2 = t_1$,根据式(14.4.2 a),可得

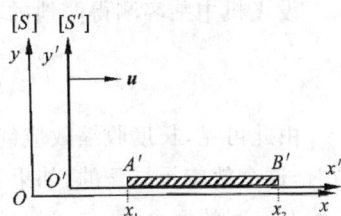
图 14.4.3　沿运动方向长度缩短

$$L' = x_2' - x_1' = \frac{x_2 - x_1 - u(t_2 - t_1)}{\sqrt{1 - u^2/c^2}} = \frac{x_2 - x_1}{\sqrt{1 - u^2/c^2}} = \frac{L}{\sqrt{1 - u^2/c^2}} \qquad (14.4.9)$$

于是有

$$L = L' \sqrt{1 - (u/c)^2} < L' = L_0$$

这里 L 是在惯性系 S 中的观测者即相对直棒运动的观测者所测得的长度,称为**运动长度**,L' 是相对直棒静止的观测者所测得的长度,称为**固有长度**(proper length),以后用 L_0 表示一个物体的固有长度(或**静长**)。

　　由此可见,一个物体静止时所测的固有长度 L_0 最长,其沿运动方向上的长度 L 缩短,是固有长度 L_0 的 $\sqrt{1 - u^2/c^2}$ 倍,这就是所谓**长度收缩**(length contraction)或称为**洛伦兹收缩**,有

$$L = L_0 \sqrt{1 - u^2/c^2} < L_0 \qquad (14.4.10)$$

　　按照爱因斯坦狭义相对论的观点,这种长度收缩的效应是时空的属性,是相对运动的效应,是空间距离的量度具有相对性的客观反映,并不是由于运动引起物质之间的相互作用而产生的实在的收缩。如果直棒静止于 S 系中沿 x 轴放置,在 S' 系中测定运动着的棒长,其长度也要收缩,此时 L 是固有长度 L_0,L' 是运动长度,由式(14.4.2a),可得

$$L' = L \sqrt{1 - u^2/c^2} < L = L_0$$

此式表明,由 S' 系观测者测量静止于 S 系中的直棒的长度仍是缩短,而不是伸长,这正说明了相互作匀速直线运动的惯性系是等价的。

必须指出,长度的缩短只发生在运动的方向上,因为按照洛伦兹变换 $y=y', z=z'$,有

$$\Delta y' = \Delta y \qquad \Delta z' = \Delta z \qquad (14.4.11)$$

即在与运动垂直的方向上,长度的测量是不变的。

例 14.4.1 假设有一飞船和一架飞机同时沿着广州和北京的连线(约长 $L_0 = 1.89 \times 10^3$ km)飞行,若飞船的速度可达 $v_1 = 0.5c$,飞机的速度 $v_2 = 300$ m/s,试问:从飞船和飞机中的乘客测量到的广州与北京之间的距离缩短量各为多少?

解 设飞船中乘客测得两地的直线距离为 L_1,由式(14.4.10),有

$$L_1 = L_0 \sqrt{1 - \left(\frac{v_1}{c}\right)^2} = 1.64 \times 10^3 \text{ (km)}$$

缩短量 $\Delta L = L_0 - L_1 = 250$(km)占固有长度的 13.2%。

设飞机中乘客测得两地的直线距离为 L_2,由式(14.4.10),有

$$L_2 = L_0 \sqrt{1 - \left(\frac{v_2}{c}\right)^2} \approx L_0 = 1.89 \times 10^3 \text{ (km)}$$

由此可见,长度收缩效应纯粹是一种相对论效应,当物体的速度达到可与光速相对比拟时,这个效应是显著的。如果物体的速度远小于光速,则 $L' = L = L_0$,这时又回到牛顿的绝对空间的概念,即空间的量度与参考系无关。这也说明,牛顿的绝对空间概念是相对论空间概念在相对速度很小时的近似。

例 14.4.2 如图 14.4.4 所示,一根米尺静止在 S' 系中,与 $O'x'$ 轴成 30° 角,如果要 S 系中测得该米尺与 Ox 轴成 45° 角,则 S' 系相对于 S 系的速度 u 为多大?S 系测得该米尺的长度是多少?

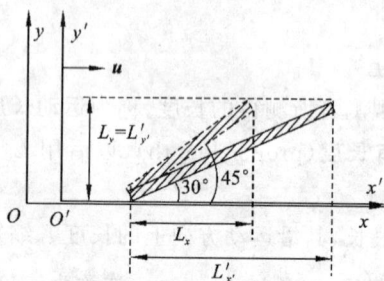

图 14.4.4 例 14.4.2 图

解 依题意,S' 系中测得该米尺的长度是静长,有 $L_0 = L' = 1$ m. 那么,米尺在 x' 方向上的长度为

$$L'_{Ox'} = L_0 \cos 30° = \frac{\sqrt{3}}{2} L_0$$

米尺在 y' 方向上的长度为

$$L'_{Oy'} = L_0 \sin 30° = \frac{1}{2} L_0$$

设在 S 系中测得的长度为 L,在 S 系中,该米尺在运动方向上的长度由相对论长度收缩公式(14.4.10),有

$$L_x = L'_{Ox'} \sqrt{1 - u^2/c^2} = \frac{\sqrt{3}}{2} L_0 \sqrt{1 - u^2/c^2}$$

由式(14.4.11),在垂直于运动方向上长度不变,有

$$L_y = L'_{Oy'} = \frac{1}{2} L_0$$

由于在 S 系中,该米尺与 Ox 轴成 45° 角,故 $L_x = L_y$,即

$$\frac{\sqrt{3}}{2}L_0 \ \sqrt{1-u^2/c^2}=\frac{1}{2}L_0$$

解得 S' 系相对于 S 系的速度 u 为

$$u=\sqrt{\frac{2}{3}}c=0.816c$$

在 S 系中测得该米尺的长度为

$$L=\sqrt{L_x^2+L_y^2}=\sqrt{2}L_y=\frac{\sqrt{2}}{2}L_0=0.707\ (\text{m})$$

14.4.3　时间延缓和运动时钟变慢

我们已经知道,在不同的惯性系中,两个事件的同时与时间间隔是相对的。下面我们直接从不同惯性系中的时间测量结果来看描述一个延续事件(即一个物理过程)所经历的时间间隔的相对性。

如图 14.4.5(a) 所示,设在 S' 系中 x' 处 A' 点有一闪光光源,在平行于 y' 轴方向离 A' 距离为 d 处放置一反射镜,镜面向 A'。令光源发出一闪光射向镜面又反射回 A',光从 A' 发出到再返回 A' 这两个事件相隔的时间在 S' 系中测量和在 S 系中的测量是不同的。

在 S' 系中看,这两个事件发生在同一地点 x' 处,时间由一只相对 S' 静止在 x' 处的标准时钟 C' 给出,C' 钟所记录的时间间隔(也是这一过程持续的时间)应该是

$$\Delta t'=t_2'-t_1'=\frac{2d}{c} \qquad (14.4.12)$$

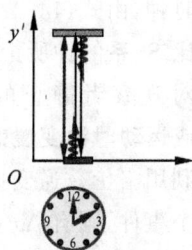

(a) 在 S' 系中测量

在 S 系中看,由于 S' 系相对 S 系在运动,这两个事件并不发生在 S 系中的同一地点,如图 14.4.5(b) 所示,光从 A' 发出时在 x_1 处,光再返回 A' 时在 x_2 处,为了测量这一时间间隔,必须利用沿 x 轴配置的许多静止于 S 系的经过校准而同步的钟,如在 x_1 处的标准时钟 C_1 和在 x_2 处的标准时钟 C_2。注意到在 S 系中测量时,光线由 A' 发出到再返回 A' 并不沿同一直线进行,而是沿一条折线,走 $2l$ 的斜线长度,由于在相对论中,沿垂直运动方向的长度测量与参考系无关,从而沿 y 方向从 A' 到镜面的距离也是 d,以 $\Delta t=t_2-t_1$ 表示在 S 系中测得的闪光从 A' 发出到再返回 A' 所经过的时间,考虑到在这一时间内,A' 移动了距离 $u\Delta t$,所以有

$l=\sqrt{d^2+\left(\frac{u\Delta t}{2}\right)^2}$. 由光速不变原理,又有

$$\Delta t=t_2-t_1=\frac{2l}{c}=\frac{2}{c}\sqrt{d^2+\left(\frac{u\Delta t}{2}\right)^2}$$

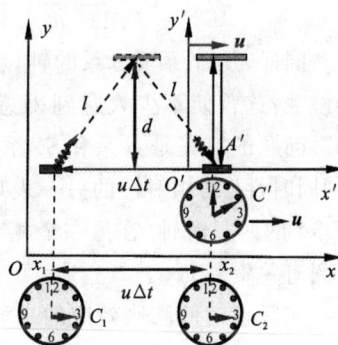

(b) 在 S 系中测量

图 14.4.5　时间测量与参考系相对速度的关系

由此式可得，S 系中的标准时钟 C_1 和 C_2 都给出这两个事件的时间间隔（也是这一过程持续的时间）应该是

$$\Delta t = t_2 - t_1 = \frac{2l}{c} = \frac{2d}{c}\frac{1}{\sqrt{1-(u^2/c^2)}} \tag{14.4.13}$$

比较式（14.4.12）和式（14.4.13），可得

$$\Delta t = \frac{\Delta t'}{\sqrt{1-(u^2/c^2)}} \tag{14.4.14}$$

从上述的实验中，可得以下的结论：

（1）通常把在某一参考系中同一地点先后发生的两个事件之间的时间间隔称为**固有时**，也称为**原时**，用 τ_0 表示，它是静止于此参考系中的一只钟测出的。在相对此参考系运动的任何其他参考系 S 中测得同样两个事件就发生于不同地点，由相对于 S 静止的两个同步时钟测出的时间间隔 τ 与固有时的关系就由式（14.4.14）给出

$$\tau = \frac{\tau_0}{\sqrt{1-(u^2/c^2)}} \tag{14.4.15}$$

可见，固有时最短。

（2）对参考系 S，标准时钟 C' 是以速度 $\boldsymbol{u}$ 沿 xx' 轴方向运动的时钟，标准时钟 C_1 和 C_2 是静止的时钟，由式（14.4.14）可知，S 系中的钟记录 S' 系内某一地点发生的两个事件的时间间隔比 S' 系的钟所记录该两事件的时间间隔要长些，因此可以说，相对观察者运动的钟比相对观察者静止的钟走得慢，这就是相对论中的**时间膨胀**，**时间延缓**（time dilation）或**运动时钟变慢效应**。

其实利用洛伦兹逆变换，很容易证明式（14.4.14）。因为若在 S' 系中在同一地点 x' 处发生了两个事件，则有 $\Delta x' = x'_2 - x'_1 = 0$，由洛伦兹的逆变换式（14.3.5），可得

$$t_2 - t_1 = \frac{(t'_2-t'_1)+\frac{u}{c^2}(x'_2-x'_1)}{\sqrt{1-u^2/c^2}} = \frac{t'_2-t'_1}{\sqrt{1-u^2/c^2}} \quad\text{或}\quad \Delta t = \frac{\Delta t'}{\sqrt{1-u^2/c^2}} > \Delta t'$$

同样，从 S' 系看 S 系的钟，也认为运动着的 S 系中的钟走慢了。那么，到底是哪个钟走得慢呢？这曾使不少人感到困惑和费解，在历史上，这是个很著名的问题，称为"时钟佯谬"。问题的答案是 S 系和 S' 系中的两位观察者的结论都是对的。其实这一问题的根源在于"同时性"的相对性的另一表现——在某一惯性系中放置在两地点的相互对准了的（称同步）的两只时钟，在另一个相对它运动的惯性系中观测时却没有对准（有兴趣的读者可参阅有关资料）。

实际上时间膨胀效应的来源是光速不变原理，是时间量度具有相对性的客观反映。它是相对运动的效应，是时空的一种基本属性，并不涉及时钟的任何机械原因和原子内部的任何过程，而是运动参考系中的时间节奏变缓慢了。即对于某系统的一个变化过程，无论观察者是静止还是处在运动状态，只要这个系统相对于观察者运动，其变化过程持续的时间比静止时要长，也就是说用相对于观察者静止的钟所测量出的运动系统变化过程的时间间隔较长（与随系统一起运动的钟比较）。

由式（14.4.14）可以看出，当 $u \ll c$ 时，$\Delta t = \Delta t'$，这种情况下，同样的两个事件之间的

时间间隔就与参考系无关,就又回到了牛顿的绝对时间概念上,与日常经验相符合的情况。

综上所述,狭义相对论指出了时间和空间的量度与参考系的选择有关,时间与空间是相互联系的,并与物质有着不可分割的联系,不存在孤立的时间,也不存在孤立的空间,时间、空间与运动三者之间的紧密联系,深刻地反映了时空的性质,这是正确认识自然界乃至人类社会所应持有的基本观点。

例 14.4.3 μ 子是 1936 年由安德森等人在宇宙射线中发现的,其质量为电子质量的 207 倍,μ 子是不稳定的粒子,它自发地衰变为一个电子和两个中微子,即

$$\mu^{\pm} \rightarrow e^{\pm} + \nu + \tilde{\nu}$$

其中,e^- 为电子,e^+ 为正电子,ν 为中微子,$\tilde{\nu}$ 为反中微子。μ 子衰变是放射性衰变的典型例子。如果在 $t = 0$ 时有 $N(0)$ 个 μ 子,则在时间为 t 时的 μ 子数为

$$N(t) = N(0)e^{-t/\tau_0}$$

式中,τ_0 为平均寿命。对 μ 子静止的惯性系而言,μ 子自发衰变的平均寿命为 2.15×10^{-6} s。当高能宇宙射线质子进入地球上层大气中时,会形成丰富的 μ 子。假设来自太空的宇宙线,在离地面 6000 m 的高空所产生的 μ 子,以相对于地球 $0.995c$ 的速率垂直向地面飞来,试问它能否在衰变前到达地面?

解法一 设地面参考系为惯性系 S,μ 子参考系为 S' 系。按题意,S' 系相对于 S 系的运动速率为 $u = 0.995c$,μ 子在 S' 系中的固有寿命为 $\tau_0 = 2.15 \times 10^{-6}$ s。根据相对论时间膨胀效应的公式,对于 S 系来说,由式(14.4.15)知 μ 子的寿命为

$$\tau = \frac{\tau_0}{\sqrt{1 - u^2/c^2}} = 2.15 \times 10^{-5} \ (\text{s})$$

μ 子在时间 τ 内运动的距离为

$$S = u\tau = 0.995c \times 2.15 \times 10^{-6} = 6418 \ (\text{m})$$

而 μ 子产生时离地面只有 6000 m,所以它在衰变前可以到达地面。

解法二 对 S' 系来说,μ 子静止,地球朝 μ 子运动,速率为 $u = 0.995c$。在 μ 子寿命 $\tau_0 = 2.15 \times 10^{-6}$ s 时间内,地球运动的距离为

$$S' = u\tau_0 = 0.995c \times 2.15 \times 10^{-6} = 641.8 \ (\text{m})$$

似乎不能与 μ 子相遇。然而,对 S' 系来说,地面与 μ 子之间的距离存在相对论长度收缩效应。也就是说,S' 系中的观测者所测得的地面与 μ 子的距离,由式(14.4.10),得

$$L = L_0 \sqrt{1 - u^2/c^2} = 599 \ (\text{m})$$

由此可见,在 μ 子衰变之前,地面已碰上了 μ 子,与解法一的结论一致。因此 μ 子能穿越大气层这一客观事实在哪个参考系中描述的结果都一样的,只是在不同参考系中描述时其观点不一样。地球参考系的观测者认为 μ 子能飞越大气层是运动时间膨胀,μ 子的寿命延长,故 μ 子能走更远的距离;在 μ 子固有参考系中的观测者认为大气层的厚度变薄,故在,μ 子的寿命内也能走完全部路程。从两种解法还可知,长度缩短和时钟延缓效应等效,都是光速不变的结果.

14.5　狭义相对论动力学基础

相对性原理要求物理定律在不同的惯性系中有相同的形式,而描述物理定律的方程式应是满足洛伦兹变换的不变式。这样,描述物体(粒子)的动力学的一系列物理量(如动量、质量和能量等守恒量)以及与守恒量传递相联系的物理量(力、功等)都面临着重新定义的问题。如何定义呢?首先注意一切物理定律必须符合狭义相对性原理,而且在经过洛伦兹变换时保持定律形式不变;其次注意伽利略变换是洛伦兹变换在速度 $u \ll c$ 时的近似,从而相对论力学在低速时要回到牛顿力学。因此新定义的物理量,一是要当速度 $u \ll c$ 时,必须趋于经典物理学中相对应的量;二是使重要的基本守恒定律得以保持。

14.5.1　相对论动量和相对论质量

在经典力学中,一个速度为 $\boldsymbol{v}$,质量为 m 的质点的动量定义为 $\boldsymbol{P} = m\boldsymbol{v}$,其中质点的质量 m 是不变量——与参考系无关、与质点的运动速度 $\boldsymbol{v}$ 无关,其静止质量和运动质量无区别,即 $m(v = 0) = m\,(v \neq 0)$ 。动量守恒定律则是关于动量的基本定律,并在伽利略变换下有不变性,在一切惯性系中都成立。在相对论中,为了不改变动量的基本定义(质量×速度),在低速时回到牛顿力学,仍将质量和速度的乘积作为相对论力学的动量定义,即质点的动量表达式为

$$\boldsymbol{P} = m(v)\,\boldsymbol{v} \tag{14.5.1}$$

并且认为动量守恒定律仍然适用,在一切惯性系中成立且物体的速度 $\boldsymbol{v}$ 服从洛伦兹变换,这时,物体的质量一定是速度的函数,即 $m = m(v)$ 。

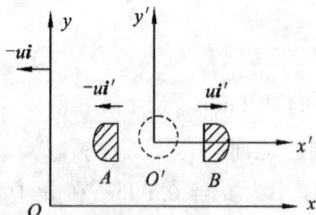

图 14.5.1　在 S' 系中观察粒子的分裂和 S' 系的运动

为了揭示物体质量和速度的关系,分析一个理想的实验。如图 14.5.1 所示,设在惯性系 S' 中有一粒子,原来静止原点 O' ,在某一时刻此粒子分裂为完全相同的两半 A 和 B ,分别以相同速率 u 沿 x' 轴的正向和负向运动。

在 S' 中观察:粒子分裂前的质量为 M'_0 (这是静止质量),由于粒子分裂为完全相同的两半 A 和 B ,这两半的速率相等,它们的质量也相等 $m'_A = m'_B$,动量守恒定律在 S' 中成立。

设另一惯性系 S 相对 S' 以 u 的速率沿 x' 轴负向 $(-\boldsymbol{i}')$ 运动。在此惯性系中,由于 A 是静止的,而 B 是运动的,我们以 m_A (这是静止质量)和 m_B 分别表示二者的质量,M 为粒子分裂前的总质量。由于惯性系 S' 相对惯性系 S 的速度为 $u\boldsymbol{i}$,B 在 S' 中的速度为 $v'_B\boldsymbol{i}'$ 所以根据相对论速度变换式(14.3.7),B 在 S 中的速度就是

$$v_B = \frac{v'_B + u}{1 + \dfrac{u}{c^2}v'_B} = \frac{2u}{1 + u^2/c^2} \tag{14.5.2}$$

方向沿 x 轴的正向。这样在 S 中观察:动量也要守恒,就应有

$$Mu\mathbf{i} = m_B v_B \mathbf{i} \tag{14.5.3}$$

在此我们合理假定在 S 中粒子在分裂前后质量是守恒的,即 $M = m_A + m_B$,上式可改写为

$$(m_A + m_B)u = \frac{2m_B u}{1 + u^2/c^2} \tag{14.5.4}$$

如果用牛顿力学中质量的概念,质量和速率无关,则应有 $m_A = m_B$,这样式(14.5.3)就不成立了,也就是动量在 S 系中不再守恒了。为了使动量守恒定律在一切惯性系中都成立,而且动量定义仍为式(14.4.5)的形式,就不能再认为 m_A 和 m_B 都和速率无关,而必须认为它们都是各自速率的函数。这样,由上式可解得

$$m_B = m_A \frac{1 + u^2/c^2}{1 - u^2/c^2}$$

再利用式(14.5.2),可得:$u = \frac{c^2}{v_B}[1 - \sqrt{1 - v_B^2/c^2}]$. 代入上一式消除 u,可得

$$m_B = \frac{m_A}{\sqrt{1 - v_B^2/c^2}} \tag{14.5.5}$$

式(14.5.5)说明,要动量守恒定律在 S 系中成立,完全相同的粒子由于速率不同,质量是有差别的,由于 A 是静止的,它的质量叫**静止质量**(rest mass),以 m_0 表示,粒子 B 如果静止,其静止质量也一定是 m_0,现在 B 是以速率 v_B 运动的,它的质量不等于 m_0,以 v 代替 v_B,并以 m 代替 m_B 表示粒子以速率 v 运动时的质量,则式(14.5.5)可写为

$$m(v) = \frac{m_0}{\sqrt{1 - v^2/c^2}} \tag{14.5.6}$$

其中,$m(v)$ 称为**相对论质量**(relativistic mass),这就是相对论的质速关系。它给出一个物体的相对论质量和它运动速率 $\boldsymbol{v}$ 的关系。注意这一速率 v 是粒子相对于某一惯性系的速率,而不是某两个惯性系之间的相对速率,m_0 则是质点相对某惯性系静止时($v = 0$)的质量。同一粒子相对于不同的惯性系速率不同,在这些惯性系中测得的这一粒子的质量也是不同的。

由式(14.5.1)和式(14.5.6),可知在相对论中,质点的动量表达式可写为

$$\boldsymbol{P} = \frac{m_0 \boldsymbol{v}}{\sqrt{1 - v^2/c^2}} \tag{14.5.7}$$

1901 年,考夫曼从放射性镭放射出来的高速电子发现了电子的质量随速度而改变的现象;1908 年,比希雷发现由于质量随速率增加而增大,使快速电子的荷质比 e/m 随速率的增大而减小。1910 年,考夫曼做实验证实了质量的相对性,并根据电荷守恒定律,他假定电子电荷不会随电子运动速率而变化(否则不能保证原子是电中性的)验证了质量 m 与速率的关系式(14.5.3)。实验结果表明,对高能粒子而言,其 m/m_0 随粒子的运动速率接近光速($v/c \to 1$)而迅速增大(图 14.5.2)。

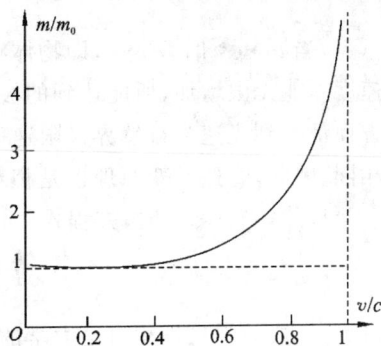

图 14.5.2 质量随速率的变化

　　当然,如果质点的速率远小于光速,即 $v \ll c$ 时,式(14.5.6)和式(14.5.7)就给出 $m \approx m_0$ 和 $\boldsymbol{P} = m\boldsymbol{v} \approx m_0\boldsymbol{v}$,质量是不变量。这就是牛顿力学中讨论的情况,可见牛顿力学中的质量就是物体的静止质量。在一般技术中宏观物体的运动速度比光速要小得多,其质量 m 和静质量很接近,因而可以忽略其质量的改变。但对于微观粒子,速率经常可接近光速,其质量 m 和静质量有显著的不同。近年来,电子能量加速到20 GeV,

$$c - v \approx 3 \times 10^{-10} \text{ m/s}$$

此时,$m/m_0 = 4 \times 10^4$,使得相对论结论的正确性再也不容置疑了。

　　此外由式(14.5.6)还可看到,当 $v > c$ 时,m 将变为虚数而无实际意义,这就说明,真空中的光速 c 是极限速率。

14.5.2　相对论动能

　　在相对论力学中仍然用动量 $\boldsymbol{P}$ 的变化率定义质点受的力,即

$$F = \frac{\mathrm{d}\boldsymbol{p}}{\mathrm{d}t} = \frac{\mathrm{d}}{\mathrm{d}t}(m\boldsymbol{v}) \tag{14.5.8}$$

仍是正确的。但由于 m 是随 v 变化的,因而也是随时间变化的,式(14.5.8)也可改写为

$$F = \frac{\mathrm{d}\boldsymbol{p}}{\mathrm{d}t} = \frac{\mathrm{d}}{\mathrm{d}t}\left[\frac{m_0\boldsymbol{v}}{\sqrt{1 - v^2/c^2}}\right] = \frac{\mathrm{d}}{\mathrm{d}t}(m\boldsymbol{v}) = m\frac{\mathrm{d}\boldsymbol{v}}{\mathrm{d}t} + \boldsymbol{v}\frac{\mathrm{d}m}{\mathrm{d}t} \tag{14.5.9}$$

式(14.5.9)是相对论力学的基本方程,它的数学表达式在洛伦兹变换下具有不变性。显然它不再和表达式 $\boldsymbol{F} = m\boldsymbol{a} = m\dfrac{\mathrm{d}\boldsymbol{v}}{\mathrm{d}t}$ 等效。这就是说,用加速度表示的牛顿第二定律公式,在相对论力学中不再成立。

　　若物体在恒力 F_0 的作用下作初速为零的直线运动,由式(14.5.8),则

$$F_0 = \frac{\mathrm{d}}{\mathrm{d}t}\left[\frac{m_0 v}{(1 - v^2/c^2)^{1/2}}\right]$$

对上式从 $t = 0$ 到任意时刻 t 求积分

$$\int_0^t F_0 \mathrm{d}t = \int_0^v \mathrm{d}\left[\frac{m_0 v}{(1 - v^2/c^2)^{1/2}}\right], \quad \text{得到} \quad F_0 t = \frac{m_0 v}{(1 - v^2/c^2)^{1/2}}$$

再解得

$$v^2 = F_0^2 t^2 / (m_0^2 + F_0^2 t^2/c^2) = c^2\left(1 + \frac{m_0^2 c^2}{F_0^2 t^2}\right)^{-1} = c^2\left(1 - \frac{m_0^2 c^2}{F_0^2 t^2} + \cdots\right)$$

可见,当 $t \to \infty$ 时,$v \to c$,即物体在恒力作用下,由于质量随速度的增大而增加,使物体的速度不能无限增加,所能达到的极限速率就是光速 c。在相对论中,从运动学和动力学两方面都得到光速为自然界极限速率的结论。自然界存在的极限速度应对一切惯性参考系相同。因此,光速不变原理也是相对性原理的反映。

　　显然,当 $v \ll c$ 时,方程式(14.5.9)就回到牛顿力学的运动方程,有

$$F = \frac{\mathrm{d}\boldsymbol{P}}{\mathrm{d}t} = m_0\frac{\mathrm{d}\boldsymbol{v}}{\mathrm{d}t} = m_0\boldsymbol{a}$$

可见,经典力学只是相对论力学的在物体低速运动条件下的很好的近似。

　　在相对论动力学中,关于动能与经典力学有同样的观点:动能 E_k 是物体因运动而具

有的能量,物体动能的增量与外力对其所做的功 A 等值,粒子的动能 E_k 仍等于质点的速率由零($v_0 = 0, E_{k0} = 0$)增大到 v 的过程中作用在质点上的外力 F 所做的功

$$A = E_k - E_{k0} = E_k = \int_o^v \boldsymbol{F} \cdot \mathrm{d}\boldsymbol{r} = \int_0^v \frac{\mathrm{d}(m\boldsymbol{v})}{\mathrm{d}t} \cdot \mathrm{d}\boldsymbol{r} = \int_0^v \mathrm{d}(m\boldsymbol{v}) \cdot \boldsymbol{v}$$

将 $\boldsymbol{F} = \dfrac{\mathrm{d}(m\boldsymbol{v})}{\mathrm{d}t}$ 代入上式,由于 m 不再是常量,所以 $E_k \neq \dfrac{1}{2}mv^2$,但由于

$$\mathrm{d}(m\boldsymbol{v}) \cdot \boldsymbol{v} = (\mathrm{d}m\boldsymbol{v} + m\mathrm{d}\boldsymbol{v}) \cdot \boldsymbol{v} = \mathrm{d}mv^2 + mv\mathrm{d}v$$

又由式(14.5.6),可得

$$m^2c^2 - m^2v^2 = m_0^2 c^2$$

两边求微分,有

$$2mc^2\mathrm{d}m - 2mv^2\mathrm{d}m - 2m^2 v\mathrm{d}v = 0$$

即 $c^2\mathrm{d}m = v^2\mathrm{d}m + mv\mathrm{d}v$. 所以有

$$\mathrm{d}(m\boldsymbol{v}) \cdot \boldsymbol{v} = c^2\mathrm{d}m$$

再代入上面求 E_k 的积分式内,可得

$$E_k = \int_{m_0}^m c^2\mathrm{d}m = mc^2 - m_0 c^2 \tag{14.5.10}$$

这就是**相对论动能公式**,其中 m 为相对论质量。

当 $v \ll c$ 时,$\dfrac{1}{\sqrt{1 - v^2/c^2}} = 1 + \dfrac{1}{2}\dfrac{v^2}{c^2} + \cdots \approx 1 + \dfrac{v^2}{2c^2}$,则由式(14.5.10),得

$$E_k = \frac{m_0 c^2}{\sqrt{1 - v^2/c^2}} - m_0 c^2 \approx m_0 c^2 \frac{v^2}{2c^2} = \frac{1}{2}m_0 v^2$$

这时又回到了我们大家非常熟悉的牛顿力学的动能表达式。

应该强调,相对论动量公式和相对论动量变化率公式,在形式上都与牛顿力学公式一样,只是其中 m_0 要换成相对论质量 m。但相对论动能公式和牛顿力学动能公式形式上就不一样,只把后者中的 m_0 换成相对论质量 m 并不能得到前者。相对论中质点的动能等于质点因运动而引起的质量的增加 $\Delta m = m - m_0$ 乘以光速的平方。而牛顿力学中质点的动能等于 $\dfrac{1}{2}m_0 v^2$,从 $\dfrac{1}{\sqrt{1 - v^2/c^2}}$ 的展开式中可看出许多高次项在高速情况下是不能忽略的。因此在相对论力学中必须用式(14.5.10)来计算质点的动能。

14.5.3　相对论能量

在相对论动能公式 $E_k = mc^2 - m_0 c^2$ 中,等号右端两项都具有能量的量纲,爱因斯坦将 $m_0 c^2$ 这一恒量解释为粒子因有静质量 m_0 而具有的能量,称为**静能**(rest energy),用 E_0 表示,有

$$E_0 = m_0 c^2 \tag{14.5.11}$$

静能是每个有静质量的质点都有的,哪怕它处于静止状态。而对于一个以速率 v 运动的质点,其动能和静能之和,爱因斯坦称之为质点的总能量,用 E 表示,即

$$E = mc^2 = E_k + m_0 c^2 = \frac{m_0 c^2}{\sqrt{1 - v^2/c^2}} \tag{14.5.12}$$

这样式(14.5.10)也可写成

$$E_k = E - E_0 \qquad (14.5.13)$$

式(14.5.12)就是著名的**质能关系**(mass-energy relation)。爱因斯坦相对论最有意义的结论之一,就是把粒子能量与它的质量 m(甚至是静质量 m_0)直接联系起来。这就是说,一定的质量相应于一定的能量,两者的数值只差一个恒定的因子 c^2。按式(14.5.12)计算,和一个电子的静质量 9.11×10^{-31} kg 相应的静能为 8.19×10^{-14} J 或 0.511 MeV,和一个质子的静质量 1.673×10^{-27} kg 相应的静能为 1.503×10^{-10} J 或 938 MeV。

我们知道,质量和能量都是物质的重要属性。质量可以通过物体的惯性和万有引力现象而显示出来,能量则通过物质系统状态变化时对外做功、传递热量等形式而显示出来。能量与质量虽然在表现方式上有所不同,但两者是不可分割的,质能关系就揭示了质量和能量的不可分割,但并不是说,质量和能量可以相互转化。对此,切莫误解。

按相对论的概念,几个粒子在相互作用(如碰撞)过程中,最一般的能量守恒就表示为

$$\sum_i E_i = \sum_i (m_i c^2) = 常量 \qquad (14.5.14)$$

由此公式立即可以得出,在相互作用过程中

$$\sum_i m_i = 常量 \qquad (14.5.15)$$

可见,在相对论中,能量守恒就意味着质量守恒,这两条自然规律完全统一。但应该指出,历史上的能量守恒和质量守恒是分别发现的两条相互独立的自然规律,其质量守恒只涉及粒子的静质量,它只是相对论质量守恒在粒子能量变化很小时的近似。一般情况下,当涉及的能量变化较大时,粒子的静止质量是可以改变的。爱因斯坦在 1905 年首先指出,"就一个粒子来说,如果由于自身内部的过程使它的能量减小了,它的静质量也将相应地减小。"他又接着指出:"用那些所含能量是高度可变的物体(比如镭盐)来验证这个理论,不是不可能成功的。"后来的事实正如他所预料的那样,在放射性蜕变、原子核反应以及高能粒子实验中,无数事实都证明了质能关系式(14.5.10)所表示的质量能量关系的正确性,原子时代可以说是随同这一关系的发现而到来的。

在核反应中,以 m_{01} 和 m_{02} 分别表示反应粒子和生成粒子的总的静质量,以 E_{k1} 和 E_{k2} 分别表示反应前后的它们的总动能。利用能量守恒定律式(14.5.14),有

$$m_{01} c^2 + E_{k1} = m_{02} c^2 + E_{k2}$$

由此得

$$E_{k2} - E_{k1} = (m_{01} - m_{02}) c^2 \qquad (14.5.16)$$

$E_{k2} - E_{k1}$ 表示核反应后粒子总动能的增量,就是核反应所释放的能量,通常以 ΔE 表示;$m_{01} - m_{02}$ 表示经过反应后粒子总的静质量的减少,叫**质量亏损**(mass defect),以 Δm_0 表示,这样式(14.5.16)就可以表示成

$$\Delta E = \Delta m_0 c^2 \qquad (14.5.17)$$

这说明核反应中释放一定的能量相应于一定的质量亏损,这个公式是关于原子能的一个基本公式。

14.5.4　能量和动量的关系

为了找到能量和动量之间的关系,我们对式(14.5.6)两边平方: $m^2 = \dfrac{m_0{}^2}{1 - v^2/c^2}$,

两边再乘以 $c^2(c^2 - v^2)$,得

$$m^2 c^4 - m^2 c^2 v^2 = m_0^2 c^4$$

上式左端第一项为 E^2,第二项为 $P^2 c^2$,故得

$$E^2 = P^2 c^2 + m_0^2 c^4 \qquad\qquad (14.5.18)$$

这便是**相对论的能量动量的关系式**。给出了总能与静能、动量之间的关系,在实际应用中,人们知道的往往是粒子的能量或动量,而不是粒子的速度,所以式(14.5.18)是很有用的。

如果以 $E, Pc, m_0 c^2$ 分别表示一个三角形三边的长度,则它们正好构成一个直角三角形,可用图 14.5.3 来表示。因此式(14.5.18)也称为**能量和动量的三角关系**。值得指出的是,这一三角关系仅对自由粒子成立(又称处于质壳上的粒子)才成立,故又称为**质壳关系**。

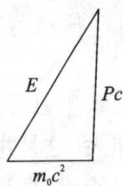
图 14.5.3　能量和动量的三角关系

注意在图 14.5.3 中,底边是与参考系无关的静能 $m_0 c^2$,斜边为总能量 E,它随正比于动量的高 Pc 的增大而增大,在 $v \to c$ 的极端情形下,$E \approx pc$(极端相对论情形)。这样相对论的能量动量关系式给出一个令人惊奇的结果,指出存在"无质量"粒子的可能性。这些微观粒子具有动量和能量,但是它们没有静质量($m_0 = 0$),因而也没有静能。它们没有静止状态,一出现,速率总是 c,于是我们可以得出结论:一个静质量为零的粒子,在任一惯性系中都只能以光速运动,永远不会停止。

迄今为止,光子是物理学中主要的静质量为零的粒子。与放射性 β 衰变的弱相互作用相联系的中微子,通常也被认为是静质量为零的粒子,因为它的静质量只不过是电子的静质量的 1/2000。这类粒子的速率 c 是不变的,质量丧失了惯性方面的含义,几乎成了能量的同义语。一个电子和一个正电子遇到一起,可以湮没,变成两个 γ 光子。这是静能全部转化为动能的例子。

对静质量不为零,动能是 E_k 的粒子,用 $E = E_k + m_0 c^2$ 代入式(14.5.18),得

$$E_k^2 + 2E_k m_0 c^2 = P^2 c^2$$

当 $v \ll c$ 时,粒子的动能 E_k 要比其静能 $m_0 c^2$ 小很多,因而上式中第一项与第二项相比,可以略去,于是得

$$E_k = \frac{P^2}{2m_0}$$

我们又回到了牛顿力学的动能表达式。

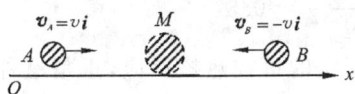
图 14.5.4　例 14.5.1 图

例 14.5.1　如图 14.5.4 所示,在惯性系 S 中,有两个静质量都是 m_0 的粒子 A 和 B 分别以大小相等、方向相反的速度互相接近并发生完全非弹性碰撞,求碰撞后复合粒子的质量。

解   以 M_0, M 分别表示复合粒子的静质量和质量,设其速度为 V,则根据动量守恒

$$m_A \boldsymbol{v}_A + m_B \boldsymbol{v}_B = M\boldsymbol{V}$$

依题意,由于 A, B 静质量一样,上式为

$$\frac{m_0 \boldsymbol{v}_A}{\sqrt{1 - v_A^2/c^2}} + \frac{m_0 \boldsymbol{v}_B}{\sqrt{1 - v_B^2/c^2}} = \frac{M_0 \boldsymbol{V}}{\sqrt{1 - V^2/c^2}}$$

因为 A, B 速率一样 $v_A = v_B = v$,且 $\boldsymbol{v}_A = -\boldsymbol{v}_B$,所以 $m_A = m_B$,上两式都能给出 $\boldsymbol{V} = 0$,即复合粒子是静止的,所以 $M = M_0$. 再根据能量守恒

$$M_0 c^2 = m_A c^2 + m_B c^2$$

即得碰撞后复合粒子的质量

$$M = M_0 = m_A + m_B = \frac{2m_0}{\sqrt{1 - v^2/c^2}}$$

因为上式中分母小于 1,故 $M_0 > 2m_0$,此结果表明,复合粒子的静质量比组成粒子的静质量之和大。这是由于碰撞前两粒子的动能通过非弹性碰撞过程,转化为碰后形成的复合粒子的静能,根据质能关系可知,与碰前两粒子的动能对应的动质量转化为碰后形成的复合粒子的静质量,因此系统的静质量在碰后有了增加。

例 14.5.2   有一种热核反应:$_1^2 \mathrm{H} + _1^3 \mathrm{H} \rightarrow {}_2^4 \mathrm{He} + _0^1 \mathrm{n}$ 中,各种粒子的静质量如下:

$$氘核(_1^2\mathrm{H}) — m_D = 3.3437 \times 10^{-27} \ \mathrm{kg}$$

$$氚核(_1^3\mathrm{H}) — m_T = 5.0049 \times 10^{-27} \ \mathrm{kg}$$

$$氦核(_2^4\mathrm{He}) — m_{He} = 6.6425 \times 10^{-27} \ \mathrm{kg}$$

$$中子(_0^1\mathrm{n}) — m_n = 1.6750 \times 10^{-27} \ \mathrm{kg}$$

求这一热核反应释放的能量是多少?

解   这一反应的质量亏损为

$$\begin{aligned} \Delta m &= (m_D + m_T) - (m_{He} + m_n) \\ &= [(3.3437 + 5.0049) - (6.6425 + 1.6750)] \times 10^{-27} \\ &= 0.0311 \times 10^{-27} \ \mathrm{kg} \end{aligned}$$

相应释放的能量为

$$\Delta E = \Delta m c^2 = 0.0311 \times 10^{-27} \times 9 \times 10^{16} = 2.799 \times 10^{-12} \ \mathrm{J}$$

1 kg 这种核燃料所释放的能量为

$$\frac{\Delta E}{m_D + m_T} = \frac{2.799 \times 10^{-12}}{8.8436 \times 10^{-27}} = 3.35 \times 10^{14} \ \mathrm{J/kg}$$

这一数值是 1 kg 优质煤所释放热量(约 $7 \times 10^6 \ \mathrm{cal/kg} = 2.93 \times 10^7 \ \mathrm{J/kg}$)的 1.15×10^7 倍,即 1 千多万倍。即使这样,这一反应的"释能效率",即所释放的能量上燃料的相对论静能之比,也不过是

$$\frac{\Delta E}{(m_D + m_T)c^2} = \frac{2.799 \times 10^{-12}}{8.8436 \times 10^{-27} \times (3 \times 10^8)^2} = 0.37\%$$

可见,这是一种产生巨大能量的过程。氢弹以及目前正在探索的可控热核反应,正是这种核聚变的应用。

思 考 题

1. 什么是力学相对性原理?它与狭义相对论的相对性原理有何相同之处?有何不同之处?在一个参考系内做力学实验能否测出这个参考系相对于惯性系的加速度?

2. 两个惯性参考系作相对运动,当它们的原点重合时在原点发出一光波,此后在两参考系观察光波波阵面形状如何?如何解释?

3. 同时性的相对性是什么意思?为什么会有这种相对性?如果光速较小或无限大,同时性的相对性效应会怎样?

4. 同时性的相对性是针对任意两个事件而言的吗?根据狭义相对论论原理,在一个惯性系中同一时刻不同地点发生的两个事件,在相对此惯性系运动的其他惯性系中测得这两个事件一定同时发生?一定不同时发生?

5. 如图 1 所示,当列车以高速 u 穿过一山底隧道,列车和隧道静止时有相同的长度 L_0,山顶上有人看到当列车完全进入隧道中时,在隧道的进口和出口同时发生了雷击,但并未击中列车,试按相对论理论定性分析列车上的旅客应观察到什么现象?这现象是如何发生的?

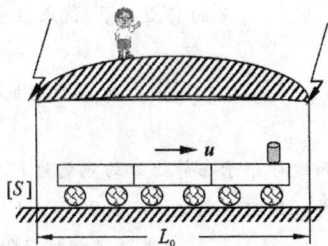

図 1　思考题 5 图　　　　　図 2　思考题 6 图

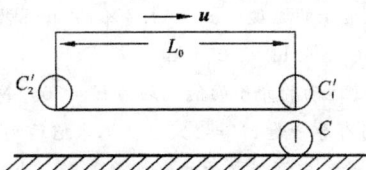

6. 如图 2 所示。一列长度为 L_0 的列车以 $u = 0.8c$ 的速度通过站台。若列车首尾各置已校准的钟 C_1',C_2',当 C_1' 钟与站台上的 C 钟对齐时,二者同指零点。问:当 C_2' 钟与 C 钟对齐时,二者各指示几点?

7. 在两参考系的相对速度垂直方向上,坐标的洛伦兹变换与经典结果 $y = y'$,$z = z'$ 相同,但相对论速度变换却不能给出经典结果 $v_y = v_y'$,$v_z = v_z'$,为什么?

8. 根据相对论的理论,实物粒子在介质中的运动速率是否有可能大于光在该介质中的传播速率?

9. 经典力学中的动能定理和相对论力学中的动能定理有什么相同和不同之处?

10. 作用于物体上的外力会随惯性系的不同而不同吗?分别从经典力学与相对论力学的角度讨论。

习 题 14

1. 在 S 惯性系中,相距 $\Delta x = 5 \times 10^6$ m 的两个地方发生两事件,时间间隔 $\Delta t = 10^{-2}$ s;而在相对于 S 系沿正 x 方向匀速运动的 S' 系中观测到这两事件却是同时发生的。试计算在 S' 系中发生这两事件的地点间的距离 $\Delta x'$ 是多少?

2. 观测者甲和乙分别静止在两个惯性参照系 S 和 S' 中,甲测得在同一地点发生的两个事件的时间间隔为 4 s,而乙测得这两个事件的时间间隔为 5 s,求:

(1) S' 相对于 S 的运动速度;

(2) 乙测得这两个事件发生的地点的距离。

3. 在相对于 μ 子静止的坐标系中测得其寿命为 $\tau_0 = 2 \times 10^{-6}$ s。如果 μ 子相对于地球的速度为 $u = 0.998c$(c 为真空中光速),则在地球坐标系中测出的 μ 子的寿命是多长?

4. 设有宇宙飞船 A 和 B,固有长度均为 $L_0 = 100$ m,沿同一方向匀速飞行,在飞船 B 上观测到飞船 A 的船头、船尾经过飞船 B 船头的时间间隔为 $\Delta t = \dfrac{5}{3} \times 10^{-7}$ s,求飞船 B 相对于飞船 A 的速度的大小。

5. 一隧道长为 L,宽为 d,高为 h,拱顶为半圆,如图 3 所示,设想一列车以极高的速度 v 沿隧道长度方向通过隧道,若从列车上观测:

(1) 隧道的尺寸如何?

(2) 设列车的长度为 L_0,它全部通过隧道的时间是多少?

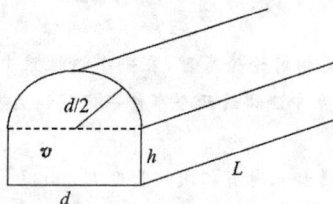

图 3　习题 5 图

6. 一体积为 V_0,质量为 m_0 的立方体沿其一棱的方向相对于观察者 A 以速度 v 运动。观察者 A 测得其密度是多少?

7. 两只火箭相向运动,它们相对于静止观察者的速率都是 $\dfrac{3}{4}c$(c 为真空中的光速)。试求火箭甲相对火箭乙的速率。

8. 设 S' 系相对惯性系 S 以速率 u 沿 x 轴正向运动,S' 系和 S 系的相应坐标轴平行。如果从 S' 系中沿 y' 轴正向发出一光信号,求在 S 系中观察到该光讯号的传播速率和传播方向。

9. 某一宇宙射线中的介子的动能 $E_k = 7M_0c^2$,其中 M_0 是介子的静止质量。试求在实验室中观察到它的寿命是它的固有寿命的多少倍。

10. 要使电子的速度从 $v_1 = 1.2 \times 10^8$ m/s 增加到 $v_2 = 2.4 \times 10^8$ m/s 必须对它做多少功?已知电子静止质量 $m_e = 9.11 \times 10^{-31}$ kg。

11. 设快速运动的介子的能量约为 $E = 3000$ MeV,而这种介子在静止时的能量为 $E_0 = 100$ MeV。若这种介子的固有寿命是 $\tau_0 = 2 \times 10^{-6}$ s,求它运动的距离。(真空中光速 $c = 2.9979 \times 10^8$ m/s)

12. 在实验室中测得电子的速度是 $0.8c$(c 为真空中的光速)。假设一观察者相对实验室以 $0.6c$ 的速率运动,其方向与电子运动方向相同,试求该观察者测出的电子的动能和动量是多少?(电子的静止质量 $m_e = 9.11 \times 10^{-31}$ kg)

13. 北京正负电子对撞机中,电子可以被加速到动能为 $E_k = 2.8 \times 10^9$ eV。求:

(1) 这种电子的速率和光速相差多少?

(2) 这样一个电子的动量多大?

(3) 这种电子在周长为 240 m 的储存环内绕行时,它受的向心力多大?需要多大的偏转磁场?

14. 太阳发出的能量是由质子参与的一系列反应产生的,其总结果相当于下述的热核反应

$$_1^1\mathrm{H} + _1^1\mathrm{H} + _1^1\mathrm{H} + _1^1\mathrm{H} \rightarrow _2^4\mathrm{He} + 2_1^0\mathrm{e}$$

已知一个质子($_1^1\mathrm{H}$)的静质量 $m_p = 1.6726 \times 10^{-27}$ kg,一个氦核($_2^4\mathrm{He}$)的静质量是 $m_{He} = 6.6425 \times 10^{-27}$ kg,一个正电子($_1^0\mathrm{e}$)的静质量 $m_e = 0.0009 \times 10^{-27}$ kg。求:

(1) 这一反应释放多少能量?

(2) 消耗 1 kg 质子可以释放多少能量?

(3) 目前太阳辐射的总功率为 $P = 3.9 \times 10^{26}$ W,它每秒钟消耗多少公斤质子?

阅读材料

爱 因 斯 坦

爱因斯坦,犹太血统的物理学家。1879 年 3 月 14 日生于德国南部的小城乌尔姆,和牛顿一样,年幼时也未表现出智力超群。上中学后,其学业也不突出,除了数学很好外,其他功课都不怎么样。但他在读书时就思考这样的问题:如果行驶在海面上的轮船的速度与海浪的波动是同步的,那么在船上的观察者看来,海面会是静止的;可是,考虑到光也是一种波动,如果设想一个观察者骑在"光子"上与光一样运

动,那么在他的眼里,光的传播就会停止。然而事实上,这样的事情是不会发生的,这就是著名的"阿劳悖论",它蕴含了光速问题的特殊性。在阿劳期间是爱因斯坦人生中比较快乐的一段时光,他感受了瑞士自由的空气和阳光,决心放弃德国国籍。1896 年 1 月 28 日,爱因斯坦正式成为一个无国籍者,当年,他终于进入瑞士苏黎世工业大学学习并于 1900 年毕业。大学期间在学习上就表现出"离经叛道"的性格,颇受教授们的责难。毕业后即失业。1902年在瑞士专利局工作,直到 1909 年开始当教授。他早期一系列最有创造性的具有历史意义的研究工作,如相对论的创立等,都是在专利局工作时利用业余时间进行的。从 1914 年起,任德国威廉皇家学会物理研究所所长兼柏林大学教授。由于希特勒法西斯的迫害,他于 1933 年到美国定居,任普林斯顿高级研究院研究员。1955 年 4 月 18 日,爱因斯坦在普林斯顿家中病逝(77 岁),遵照遗嘱,没有举行公开葬礼,火化时只有几位最亲近的朋友在场。其骨灰被秘密保存,因为爱因斯坦生前反复强调:不设立坟墓,不立纪念碑。

爱因斯坦的主要科学成就有以下几方面:

(1) 创立了狭义相对论。他在 1905 年发表了题为《论动体的电动力学》的论文(载德国《物理学杂志》第 4 篇,17 卷,1905 年),完整地提出了狭义相对论,揭示了空间和时间的联系,引起了物理系的革命。同年又提出了质能相当关系,在理论上为原子能时代开辟了道路。

(2) 发展了量子理论。他于 1905 年在同一本杂志上发表了题为《关于光的产生和转化的一个启发性观点》的论文,提出了光的量子论。正是由于这篇论文的观点使他获得了 1921 年的诺贝尔物理学奖。以后他又陆续发表文章提出受激辐射理论(1916 年)并发展了量子统计理论(1924 年)。成为 20 世纪 60 年代崛起的激光技术的理论基础。

(3) 建立了广义相对论。他在 1915 年建立了广义相对论,揭示了空间、时间、物质、运动的统一性,几何学和物理学的统一性,解释了引力的本质,从而为现代天体物理学和宇宙学的发展打下了重要的基础.

此外,他对布朗运动的研究(1905 年)曾为气体动理论的最后胜利做出了贡献。他还开创了现代宇宙学,他努力探索的统一场论的思想,指出了现代物理学发展的一个重要方向。20 世纪 60 至 70 年代在这方面已取得了可喜的成果。

爱因斯坦所以能取得这样伟大的科学成就,归因于他的勤奋、刻苦的工作态度与求实、严谨的科学作风,更重要地应归因于他那对一切传统和现成的知识所采取的独立的批判精神。他不因循守旧,别人都认为一目了然的结论,他会觉得大有问题,于是深入研究,非彻底搞清楚不可。他不迷信权威,敢于离经叛道,敢于创新。他提出科学假设的胆略之大,令人惊奇,但这些假设又都是他的科学作风和创新精神的结晶。除了他的非凡的科学理论贡献之外,这种伟大革新家的革命精神也是他对人类提供的一份宝贵的遗产。

爱因斯坦于 1922 年年底赴日本讲学的来回旅途中,曾两次在上海停留。第一次,北京大学曾邀请他讲学,但正式邀请信为邮程所阻,他以为邀请已被取消而未能成功。第二次适逢元旦,他曾作了一次有关相对论的演讲。巧合的是,正是在上海他得到了瑞士领事的关于他获得了 1921 年诺贝尔物理奖的正式通知。这奖来得十分不易。当时有不少德国的诺贝尔奖获得者威胁说,如果给相对论授奖,他们就要退回已获得的奖章,结果评选委员会找到了一个办法,让爱因斯坦作为光电效应理论的建立者而获奖,相对论始终没有获诺贝尔奖。

法国物理学家朗之万曾对爱因斯坦有一个评价:"在我们这一时代的物理学家中,爱因斯坦将位于最前列,他现在是,将来也还是人类宇宙中有头等光辉的一颗巨星,很难说,他究竟是同牛顿一样伟大,还是比牛顿更伟大,不过,可以肯定地说,他的伟大是可以同牛顿相比拟的。按照我的见解,他也许比牛顿更伟大,因为他对于科学的贡献,更加深刻地进入了人类思想基本概念的结构中。"

第 15 章 量子力学基础

1900 年前后,人们发现了许多经典物理理论无法解释的实验事实,例如黑体辐射、光电效应及原子光谱等实验规律。为了解释这些规律,必须建立新理论,量子力学就是在这样的背景下发展与建立起来的。本章主要介绍上述实验规律以及当时为解释这些规律而提出的相关理论,以使读者对量子力学的建立有一个基本的了解。在本章的后半部分,介绍一些量子力学的初步知识,并对其基本内容与应用作些简单介绍。

15.1 黑体辐射 普朗克量子假设

15.1.1 热辐射与黑体辐射

把铁条插入炉火中,它会被烧得通红。起初在温度不太高时,我们看不到它发光,却可感受到它辐射出来的热量。当温度达到 500 ℃ 左右时,铁条开始发出可见的光辉。随着温度的不断升高,不但光的强度逐渐增大,颜色也由暗红转为橙红,温度很高时可以变为黄白色。其他物体加热时发光的颜色也有类似的随温度而改变的现象。

我们已经知道光就是电磁波,以上事例说明,在不同温度下物体能发出频率不同的电磁波。实验证明,在任何温度下,物体都向外发射电磁波,只是在不同温度下所发出的各种电磁波能量按频率有不同的分布,所以才表现为不同的颜色。

我们把这种与温度有关的辐射称为**热辐射**。物体在进行热辐射的同时,也吸收照射到它表面的电磁波,当某物体从外界吸收的能量恰好等于它因辐射而减少的能量时,称为**平衡热辐射**,此时的温度不变。

实验表明,一个物体的辐射能力和吸收能力都和它表面的材料有关,吸收本领越大的物体,它辐射的本领也越强。例如,白色表面吸收电磁波的能力小,在同温度下它辐射的电磁波的强度也小;表面越黑,吸收电磁波的能力越大,在同温度下它辐射的电磁波的强度也越大。能完全吸收射到它上面的电磁波的物体,称为**绝对黑体**,简称为**黑体**。

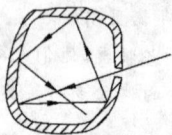

图 15.1.1 黑体模型

19 世纪末,在德国钢铁工业大发展的背景下,许多德国的实验和理论物理学家都很关注黑体辐射的研究,因为它可以作为炼钢炉的理论模型。理想的黑体是不存在的,即使是很黑的煤也只能吸收 99% 的入射电磁波能量。于是,科学家们想出了这样一种装置:用不透明的材料制成一个空腔,在腔壁上开一个极小的洞,这样射入小洞的光会被腔内壁多次反射而最后被腔壁吸收,很难有机会再从小洞出来,这样一个小洞实际上就能吸收各种波长的电磁波而成为一个比较理想的黑体(图 15.1.1)。

　　当我们维持这样的黑体在一定的温度下,由此容器内壁发出的辐射也是经过多次反射才从小孔射出的。这样,在小孔处就可以测量出黑体辐射出的电磁波强度与波长或频率的关系。为了便于比较和研究同一物体在不同温度下或不同物体在同一温度下辐射能量随频率的变化情况,物理上定义:物体在温度为 T 的平衡态下,从单位表面积上发射$\lambda \sim \lambda + d\lambda$ 波段范围内的电磁波功率,称为**单色辐出度**(也称为单色辐射出射度),记为 M_λ 或 $M(\lambda, T)$,它反映了在不同温度下辐射能按波长的分布。相应地,对于不同温度下辐射能按频率的分布,则记为 M_ν 或 $M(\nu, T)$。

　　黑体在单位时间内从单位表面积发出的各种频率的电磁波的总能称为**辐出度**(或称总辐出度),它用 M 表示。

15.1.2　黑体辐射的实验定律

　　1864 年,丁铎尔(J. Tyndall)用加热的空腔作实验,精确测定了辐射能量与温度的关系。1879 年,斯特藩(J. Stefan)根据这一结果以及他人的实验,总结出了辐射总能与绝对温度的四次方成正比。1981 年以后,热辐射实验技术有了突破性的进步,这使得人们可以更好地研究黑体辐射问题。

　　测量黑体单色辐出度随波长变化的实验装置如图 15.1.2 所示。将"黑体"加热,从小孔中发出的辐射线经过透镜和一个平行光管成为平行射线,再入射到棱镜上。由于不同波长的射线在棱镜内产生的偏向角不同,因而射线束通过棱镜后取不同的方向。利用一个可以转动的热电偶测量装置,可以接收到不同波长辐射线的功率。图 15.1.3 所示是黑体在不同温度下辐射出的电磁波的相对强度与波长关系的实验曲线。

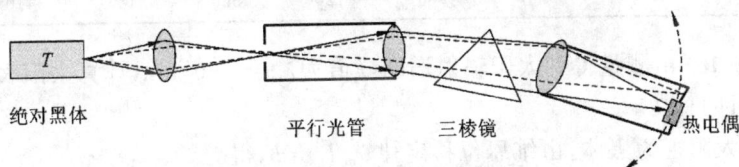

图 15.1.2　测定黑体单色辐射本领按波长分布的实验原理图

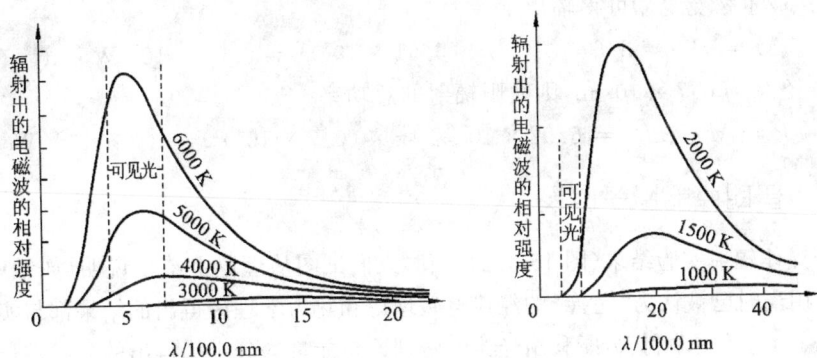

图 15.1.3　黑体辐射实验曲线

1884 年，玻尔兹曼根据电磁学与热力学的理论，证明了斯特藩的结论适用于绝对黑体。维恩（W. Wien）在他人实验结果的基础上，根据热力学与电磁学理论，研究了空腔内热平衡辐射的绝热膨胀，在 1893 年提出了维恩位移定律。

（1）**斯特藩-玻尔兹曼定律**。黑体在单位时间内从单位表面积发出的各种频率的电磁波的总能为

$$M = \sigma T^4 \tag{15.1.1}$$

式中，M 是辐出度，σ 称为斯特藩常量，$\sigma = 5.67 \times 10^{-8}$（W・m^{-2}・K^{-4}）。

辐出度与单色辐出度的关系为

$$M = \int_0^\infty M(\nu, T)\mathrm{d}\nu \quad \text{或} \quad M = \int_0^\infty M(\lambda, T)\mathrm{d}\lambda$$

注意到辐出度与单色辐出度的关系，我们可以知道，M 就是 M_ν-ν（或 M_λ-λ）曲线下方的面积，它代表黑体的总辐射本领。

（2）**维恩位移定律**。与单色辐出度最大值对应的波长与温度的关系为

$$\lambda_m T = b \tag{15.1.2}$$

其中 $b = 2.897 \times 10^{-3}$ m・K。上式也可以写为 $\nu_m = C_\nu T$，其中 $C_\nu = 5.88 \times 10^{10}$ Hz・K^{-1}。

维恩位移定律表明，黑体辐射的最大能量所对应的电磁波波长随温度的升高而变短，当温度在 $5000 \sim 6000$ K 范围内时，λ_m 处于可见光波段的中部，这时热辐射中全部可见光都较强，它引起人眼的感觉就是白色。

表 15.1.1 λ_m 与温度 T 的对应关系

T/K	500	1000	2000	3000	4000	5000	6000	7000	8000
λ_m/nm	5760	2880	1440	960	720	580	480	410	360

例 15.1.1   由测量得到太阳辐射谱的峰值为 $\lambda_m = 490$ nm，计算太阳表面温度、辐出度、太阳辐射的总功率。

解   将太阳视为黑体，由维恩位移定律 $\lambda_m T = b$，得

$$T = \frac{b}{\lambda_m} = \frac{2.897 \times 10^{-3}}{490 \times 10^{-9}} = 5.91 \times 10^3 \text{ K}$$

由斯特潘-玻尔兹曼定律可得辐出度

$$M = \sigma T^4 = 5.67 \times 10^{-8} \times (5.91 \times 10^3)^4 = 6.92 \times 10^7 \text{ W・m}^{-2}$$

取太阳半径 $R = 0.7 \times 10^9$ m，则太阳辐射的总功率

$$P = M \cdot 4\pi R^2 = 6.92 \times 10^7 \times 4\pi \times (0.7 \times 10^9)^2 = 4.3 \times 10^{26} \text{ W}$$

15.1.3   普朗克能量子假设

对于黑体辐射实验结果（图 15.1.3），当时人们试图从理论上给予说明（如维恩、瑞利与金斯），但用当时已被认为"完善"的经典电磁理论和热力学理论得出的结果都与实验结果不符（图 15.1.4）。其中瑞利、金斯利用经典电磁理论与能量均分定律得出的公式在长波部分与实验符合得较好，但在短波部分给出与实验相反的结果，即频率越高，则单色辐出度越高，以至单色辐出度趋向"无限大"。人们将这一与事实不符的结果戏称为"**紫外灾难**"。

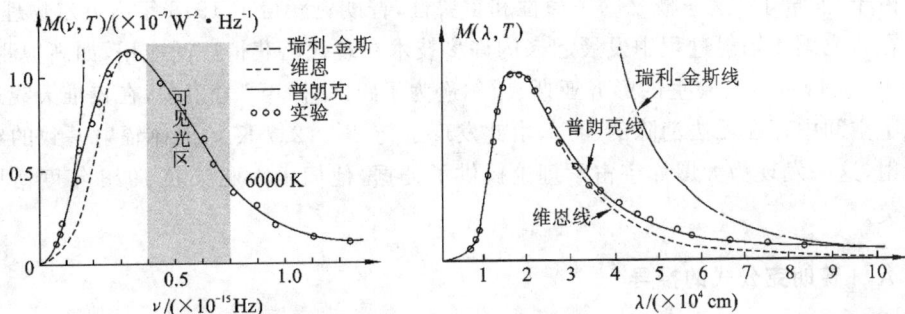

图 15.1.4　理论与实验曲线的比较

　　德国物理学家普朗克(M. Planck)为摆脱上述困难,经过深入研究和分析,发现只要抛弃经典物理学中关于能量连续分布的概念,将能量视为一份一份的,就可以得到与实验完全一致的黑体辐射公式,于 1990 年 12 月首次提出了能量量子化的概念。

　　下面是普朗克关于黑体辐射的假说:

　　(1) 黑体腔壁上原子可以视为带电谐振子(即振荡电偶极子),空腔黑体的热辐射是腔壁中的谐振子向外辐射各种频率电磁波的结果。

　　(2) 原子的振动能量不是连续地取值,只能取最小能量的整数倍,每一份能量同谐振子的频率 ν 成正比,即谐振子的能量只能是

$$E = nh\nu \tag{15.1.3}$$

式中,n 是正整数。普朗克把式(15.1.3)给出的每一份能量单元 $h\nu$ 称为**能量子**,简称为**量子**。h 称为普朗克常量,它的现代最优值为

$$h = 6.626\,068\,76(52) \times 10^{-34}\ \text{J} \cdot \text{s}$$

　　普朗克在上述量子假说的基础上,结合统计理论、电磁理论,导出黑体的单色辐出度公式,即**普朗克公式**

$$M_\nu = \frac{2\pi h}{c^2}\frac{\nu^3}{e^{h\nu/kT}-1}$$

$$\tag{15.1.4}$$

或

$$M_\lambda = \frac{2\pi hc^2}{\lambda^5}\frac{1}{e^{hc/\lambda kT}-1}$$

式(15.1.4)中,c 是光在真空中的速率,k 是玻尔兹曼常量。这一公式在全部频率范围内都和实验的数据曲线完全吻合。

　　接受普朗克的能量子假说是比较困难的,因为经典物理学中原子振动的能量是可以连续取值的,原则上不受什么限制。即使是普朗克本人,在"绝望地"、"不惜任何代价地"提出量子概念后,还长期尝试用经典物理理论来解释它的由来,但都失败了。直到 1911 年,他才真正认识到量子化的全新、基础性的意义,它是不可能由经典物理导出的。其实,物理学中某些量的量子化现象不止能量一例,例如美国物理学家密立根在 1911 年前后所作的油滴实验,证实了电荷的量子化。如果我们考虑到物质都是由原子构成的,还可以知道所有物体的质量都是原子质量的整数倍。这样,我们就容易接受能量量子化的观点了。

由于"能量子"这一概念的革命性和重要性,普朗克获得了 1918 年诺贝尔物理学奖。

在研究黑体辐射过程中发展起来的许多技术在现代已获得广泛应用,如高炉测温等。1964 年,美国贝尔实验室的彭齐亚斯、威尔逊为了跟踪"回声"号卫星,在校准天线过程中发现了空间中存在无法消除的噪声,由此发现了与 $T = 2.7\,\text{K}$ 的黑体辐射一致的**宇宙背景辐射**,这一发现为大爆炸宇宙学理论提供了证据,他们也因此荣获 1978 年度诺贝尔物理学奖。

附录 A　普朗克公式的推导

把黑体空腔上的振动原子视为谐振子,每个振子对应一种单色电磁波,通过发射和吸收,谐振子与辐射场交换能量。在热平衡时,整个黑体的辐射场就相当于一系列驻波,由它们发射或吸收腔内的电磁波。

仔细计算辐射场与谐振子之间的能量交换,可得

$$M_\nu = \frac{2\pi\nu^2}{c^2}\bar{E} \tag{a1}$$

式中,$\bar{E}$ 为振动原子的平均能量。式(a1)的推导比较复杂,这里不作介绍。

在热平衡下(温度为 T),一个振子处于能量为

$$E = nh\nu \quad (n = 0,1,2,\cdots) \tag{a2}$$

的状态的概率正比于 $E^{-E/kT}$,每个振子的平均能量为

$$\bar{E} = \frac{\sum\limits_{n=0}^{\infty} E\,\mathrm{e}^{-E/kT}}{\sum\limits_{n=0}^{\infty} \mathrm{e}^{-E/kT}} \tag{a3}$$

令 $\beta = \dfrac{1}{kT}$,上式可以变为

$$\bar{E} = \frac{\sum\limits_{n=0}^{\infty} E\,\mathrm{e}^{-E\beta}}{\sum\limits_{n=0}^{\infty} \mathrm{e}^{-E\beta}} = -\frac{\mathrm{d}}{\mathrm{d}\beta}\left[\ln\left(\sum\limits_{n=0}^{\infty}\mathrm{e}^{-E\beta}\right)\right] = -\frac{\mathrm{d}}{\mathrm{d}\beta}\left[\ln\left(\sum\limits_{n=0}^{\infty}\mathrm{e}^{-nh\nu\beta}\right)\right]$$

利用级数求和公式:$\sum\limits_{n=0}^{\infty}\mathrm{e}^{-nx} = (1-\mathrm{e}^{-x})^{-1}$,则有

$$\bar{E} = -\frac{\mathrm{d}}{\mathrm{d}\beta}\left[\ln\left(1-\mathrm{e}^{-h\nu\beta}\right)^{-1}\right] = \frac{h\nu}{\mathrm{e}^{h\nu/kT}-1} \tag{a4}$$

将式(a4)代入式(a1),即得普朗克公式(15.1.4)。

在普朗克公式中,令 $\nu \to 0$ 则与瑞利-金斯公式一致,令 $\nu \to \infty$ 则得到维恩公式。三个公式的结果与实验曲线的关系如图 15.1.4 所示。

如果按照经典物理的观点,将腔内振子的能量连续取值,则式(a3)中的求和要改为积分形式

$$\bar{E} = \frac{\int_0^{\infty} E\,\mathrm{e}^{-E/kT}\,\mathrm{d}E}{\int_0^{\infty} \mathrm{e}^{-E/kT}\,\mathrm{d}E}$$

其结果为 $\bar{E} = kT$,与能量均分定理一致。将它代入式(a1)也可以得到瑞利-金斯公式,而实验表明它在高频区是不正确的。

最后要指出的是,有的教材中将普朗克公式写成黑体辐射的标准能谱形式 $u_T(\nu)$,它与单色辐出度的关系为

$$M(\nu,T) = \frac{c}{4}u_T(\nu)$$

也有的教材中将上面的符号 M 加下标零(M_0),这是专指黑体辐射。

15.2　光电效应　爱因斯坦光子理论

15.2.1　光电效应

正当普朗克寻找他的能量子的经典根源时,爱因斯坦在能量子概念的发展上前进了一大步,他应用光量子概念成功地解释了光电效应实验,并因此获得 1921 年度诺贝尔物理学奖(实际在第二年颁奖)。

19 世纪末,人们已发现,当光照射到金属表面上时,电子会从金属表面逸出。这种现象称为**光电效应**。图 15.2.1 所示为光电效应的实验装置简图,图中上方为一抽成真空的玻璃管。当光通过石英窗口照射由金属或其氧化物做成的阴极 K 时,就有电子从阴极表面逸出,该电子叫**光电子**。光电子在电场加速下向阳极 A 运动,就形成**光电流**。

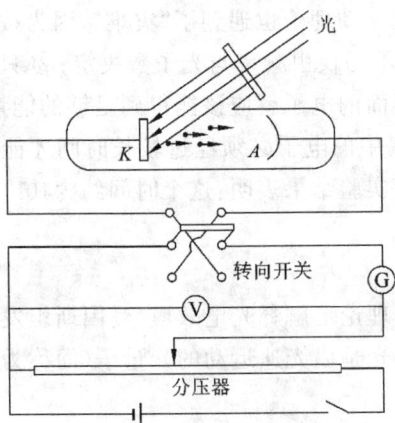

图 15.2.1　光电效应实验装置　　　　　图 15.2.2　光电效应 U-i 曲线

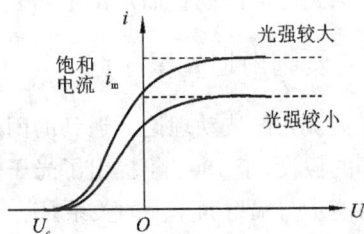

图 15.2.2 所示是光电效应的实验曲线,它表明入射光频率一定,饱和光电流 i_m 与入射光强成正比。从图中还可以看到,当阳极电势低于阴极电势时,仍有光电流产生。只是当此反向电压值大于某一值 U_c(不同金属不同) 时,光电流才等于零。这一电压值 U_c 称为**遏止电压**(也称截止电压)。遏止电压的存在,说明此时从阴极逸出的最快的光电子,由于受到电场的阻碍,也不能到达阳极了。根据能量分析可得,光电子逸出时的最大初动能和遏止电压 U_c 的关系为

$$\frac{1}{2} m_0 v_m^2 = e U_c \tag{15.2.1}$$

其中,m_0 和 e 分别是电子的质量和电量,v_m 是光电子逸出金属表面时的最大速率。利用式(15.2.1)可以测量光电子的最大初动能。

光电效应的实验结果表明:① 只有当入射光的频率大于某一值 ν_0 时,才能从金属表面释放电子。对某一金属材料来说,发生光电效应所需的入射光的最小频率称为光电效应的**红限频率**,相应的波长称为**红限波长**。不同材料的红限频率不同;② 光电子的最大初动能和入射光的频率成线性关系,但与光强无关;③ 光电子的逸出,几乎是在光照射到金属

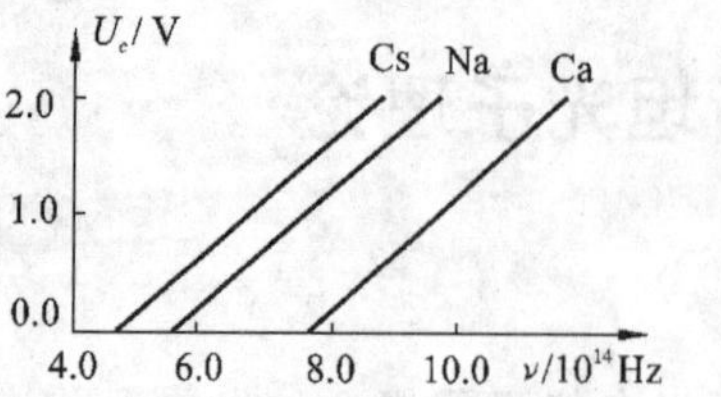

图 15.2.3　光电效应的 U-ν 曲线

表面上的同时发生的,实际延迟时间在 10^{-9} s 以下,即使极弱的入射光也是这样.

图 15.2.3 显示的是几种金属的遏止电压与入射光频率的线性关系,其中直线和横轴的交点就是要发生光电效应所需的入射光的红限频率。只有铯、锶等少数材料作阴极时,才能在可见光范围内产生光电效应(表 15.2.1)。

表 15.2.1　不同金属材料的红限频率和逸出功

金属	钨	锌	钙	钠	钾	铷	铯
红限频率 $\nu_0 / 10^{14}$ Hz	10.95	8.07	7.73	5.53	5.44	5.15	4.69
逸出功 A/eV	4.54	3.34	3.20	2.29	2.25	2.13	1.94

对于光电效应的上述实验结果,经典的光波动理论也遇到了"灾难",因为按照经典的波动理论:① 光的强度由光波的振幅决定,而不是仅由频率与光子数决定;② 只要光照射的时间足够长或入射光的光强足够大,金属表面的电子就应该能得到足够的能量而逸出,而实验结果却存在频率或波长的红限;③ 金属中的电子必须经过较长时间才能从光波中收集和积累到足够的能量而逸出金属表面,而实验结果表明:这个时间约为 10^{-9} s。

15.2.2　爱因斯坦光量子论

为了克服光的波动理论所遇到的困难,从理论上解释光电效应,爱因斯坦发展了普朗克能量子的假设,于 1905 年提出了**光子假设**:光是以光速运动的光量子(简称为光子),每个光子的能量与辐射频率 ν 的关系是

$$\varepsilon = h\nu \tag{15.2.2}$$

由此可见,频率不同,光子的能量也不相同,光强等于单位时间内穿过垂直传播方向上单位面积的所有光子的能量之和。

按照光子理论,当频率为 ν 的光照射金属表面时,金属中的电子将吸收光子,获得 $h\nu$ 的能量,此能量的一部分用于电子逸出金属表面所需要做的功(称为**逸出功** A),另一部分则转变为逸出电子的初动能 $\frac{1}{2}m_0 v^2$。根据能量守恒定律,有

$$h\nu = \frac{1}{2}m_0 v^2 + A \tag{15.2.3}$$

这就是爱因斯坦**光电效应方程**。式中,逸出功与红限频率的关系为

$$A = h\nu_0 \tag{15.2.4}$$

按照光子理论,照射光强越大,单位时间打在金属表面上的光子数就越多,由金属内击出的光电子数也越多,所以饱和光电流与光强成正比;由于每一个电子从光波中得到的能量只与单个光子的能量 $h\nu$ 有关,即只与光的频率成正比,所以光电子的初动能与入射光的频率成线性关系,与光强无关;又因为一个电子同时吸收两个或两个以上光子的概率近似为 0,所以金属中的电子吸收光子的能量 $h\nu < A = h\nu_0$,即入射光的频率 $\nu < \nu_0$ 时,电

子就不能从金属中逸出,不能发生光电效应;另外,光子与电子作用时,光子一次性将能量 $h\nu$ 全部传给电子,因而不需要时间积累,即光电效应是瞬时的。这样,光子理论便成功地解释了光电效应的实验规律。

在发明激光器以后,人们还发现在光电效应实验中,以激光作入射光,电子可以一次吸收多个光子的能量。

在以上发生的光电效应中,光电子飞出金属,故称为**外光电效应**。而某些晶体和半导体在光照射下,使原子释放出电子,但电子仍留在材料体内,使材料的导电性大大增加,这种现象称为**内光电效应**。半导体光敏元件、光电池等就是内光电效应器件。光电效应在现代技术上有许多应用,如:将光信号转换为电信号的光电管,光控继电器,可将微弱光线放大很多倍的光电倍增器。

例 15.2.1　用波长为 $0.35\ \mu m$ 的紫外光照射金属钾的光电效应实验中,求:

(1) 光子的能量;

(2) 逸出光电子的最大速度;

(3) 相应的遏止电压。已知钾金属的逸出功为 $2.25\ eV$,$1\ eV = 1.6 \times 10^{-19}\ J$。

解　(1) $\varepsilon = h\nu = \dfrac{hc}{\lambda} = \dfrac{6.63 \times 10^{-34} \times 3 \times 10^8}{0.35 \times 10^{-6}} = 5.68 \times 10^{-19}\ J$

(2) 对应于光电子最大速度,有

$$h\nu = \frac{1}{2} m_0 v_m^2 + A$$

$$v_m = \sqrt{\frac{2(h\nu - A)}{m_0}} = \sqrt{\frac{2(5.68 \times 10^{-19} - 2.25 \times 1.6 \times 10^{-19})}{9.11 \times 10^{-31}}}$$
$$= 6.76 \times 10^5\ m \cdot s^{-1}$$

(3) 由 $\dfrac{1}{2} m_0 v_m^2 = eU_c$,$h\nu = \dfrac{1}{2} m_0 v_m^2 + A$,可得

$$U_c = \frac{h\nu - A}{e} = \frac{5.68 \times 10^{-19} - 2.25 \times 1.6 \times 10^{-19}}{1.6 \times 10^{-19}} = 1.3\ V$$

15.2.3　光的波粒二象性

普朗克与爱因斯坦应用光的量子论分别成功地解释了黑体辐射与光电效应,这说明光具有粒子性。而光的干涉、衍射、偏振等一系列实验又明白无误地显示了其波动性。在 20 世纪初,物理学陷入了一种困境:有一些已知的现象只能用光的波动理论才能解释,而不可能用光的微粒论解释;另一些现象却只能用粒子论来解释。

那么,光到底是粒子还是波呢?回顾人类对天地的认识过程,从"巨大生灵驮起大地"到"地心说"、"日心说",直到现代的"宇宙大爆炸理论",人类在各个时期的认识存在如此之大的差别,但宇宙还是这个宇宙。粒子概念和波的概念是人们在经典物理学研究过程中建立起来的,它描述的是实在的自然现象。但自然就是自然,它不因为人们的认识而改变,人们只能在更新概念的过程中更加深入地了解自然界。现在我们发现了光既具有粒子性又具有波动性,这是比经典物理更深入的认识。那么,我们如何来描述光的属性呢?

我们只有接受这样一个结果:借用经典"波"和"粒子"术语来描述光,但同时要明白,

它既不是经典波又不是经典粒子。

现代物理学对光的认识是:光具有**波粒二象性**(wave-particle duality),波动性突出表现在传播过程中(如干涉、衍射),而粒子性突出表现在与物质相互作用的过程中(如黑体辐射、光电效应、康普顿散射)。光的波动性描述的参量为波长和频率,光的粒子性则用质量、动量、能量描述。

按照量子论与相对论,有如下关系:

光子的能量 　　　　　　　　　　$\varepsilon = h\nu = mc^2$

光子的质量

$$m = \frac{\varepsilon}{c^2} = \frac{h\nu}{c^2} = \frac{h}{\lambda c} \tag{15.2.5}$$

光子的动量

$$p = mc = \frac{h}{\lambda c}c = \frac{h}{\lambda} \tag{15.2.6}$$

光子的动量方向即光传播方向。

在以上公式中,代表光子粒子性的能量、质量、动量均由光波的频率表示,这就是光的粒子性与波动性的统一。

需要在此提醒的两点是:① 光子没有静止质量,或者说没有静止的光子,光在真空中的速度为 c;② 对于高速粒子,动能的定义不是 $\frac{1}{2}mv^2$,而是由 $E_k = mc^2 - m_0c^2$ 给出。

例 15.2.2　求波长为 $0.35~\mu m$ 的紫外线光子的质量和动量。

解　光子的能量　$\varepsilon = h\nu = \dfrac{hc}{\lambda} = \dfrac{6.63 \times 10^{-34} \times 3 \times 10^8}{0.35 \times 10^{-6}} = 5.68 \times 10^{-19}$ J

光子的质量　$m = \dfrac{\varepsilon}{c^2} = \dfrac{5.68 \times 10^{-19}}{(3 \times 10^8)^2} = 6.31 \times 10^{-36}$ kg

光子的动量　$p = \dfrac{h}{\lambda} = \dfrac{6.63 \times 10^{-34}}{0.35 \times 10^{-6}} = 1.89 \times 10^{-27}$ kg·m·s^{-1}

15.3　康普顿效应

为了进一步检验爱因斯坦的光子理论,美国物理学家康普顿在 1922 ～ 1923 年间研究了 X 射线通过石墨等物质后向各个方向的散射,并对实验结果给出了理论上的解释,康普顿也因此获得 1927 年度诺贝尔物理学奖。

康普顿设计的实验装置如图 15.3.1(a) 所示,X 射线(钼 Ka 线)经光栏后成为一细束,投射到散射体(石墨)上,从石墨再出射的 X 射线是沿各种方向的,故称为散射。散射光的波长和强度可利用 X 射线谱仪来测量,我们将出射的 X 射线与入射方向之间的夹角 φ 称为**散射角**。在不同散射角上测量 X 射线的强度对波长的分布如图 15.3.1(b) 所示。

散射线的波长用布拉格晶体的反射来计算(方法见 10.5 节)。设入射线的波长为 λ_0,实验分析发现:入射方向($\varphi = 0$)的波长保持为 λ_0,其他方向除了存在波长为 λ_0 的散射线以外,还存在大于 λ_0 的波长。这种存在散射波长增大的现象称为**康普顿散射**(或称康普顿

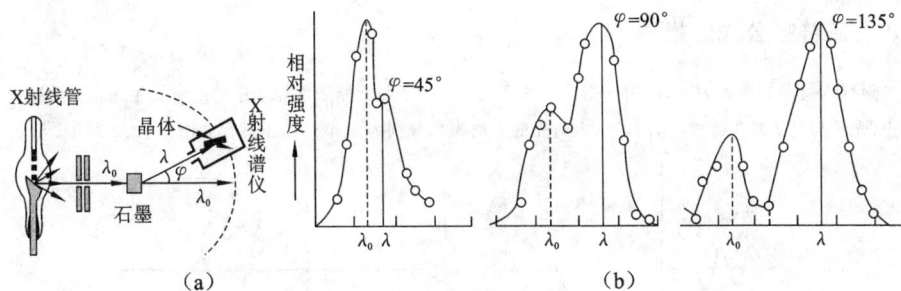

图 15.3.1 康普顿实验

效应)。

实验发现,波长的改变量与入射光波长无关,也与散射物质无关。中国赴美物理学家吴有训当时在实验上为康普顿效应提供了大力支持。

显然,上述实验结果与光的波动说是矛盾的:按波动观点,入射电磁波引起了电子的受迫振动,但振动电子发出的光波频率应该与入射光的频率相同,而实际散射射线的波长比入射射线的波长大。另外,如果把 X 射线视为经典的电磁波,因为它是横波,在 $\varphi = 90°$ 方向应该不存在散射线,而事实与此不符。

康普顿用爱因斯坦的光子理论解释了这一实验事实:将入射的 X 射线与散射物质的作用看成是,X 射线的光子与散射物质中束缚较弱的原子外层电子的碰撞。康普顿实验所用的 X 射线的波长 $\lambda_0 = 0.0713$ nm,光子的能量约为 1.74×10^4 eV,比散射物质(石墨)中碳原子外层电子的结合能大得多,所以外层电子可视为自由电子,且碰撞前可近似认为处于静止状态。在理论计算中,康普顿更进一步地假设二者的碰撞是完全弹性的,所以碰撞前后动量和能量均守恒。

由此可推算出散射光的波长增加量

$$\Delta\lambda = \lambda - \lambda_0 = \lambda_c(1 - \cos\varphi) = 2\lambda_c \sin^2 \frac{\varphi}{2} \qquad (15.3.1)$$

式中,λ_c 称为电子的 **康普顿波长**;φ 为散射角。将电子的静止质量记为 m_0,则

$$\lambda_c = \frac{h}{m_0 c} = 2.43 \times 10^{-12} \ (\text{m}) = 0.0243 \ (\text{Å})$$

康普顿效应不仅直接支持了光子理论,证实了相对论效应在宏观、微观均存在,而且还证明了在光子和微观粒子的作用过程中,动量和能量守恒定律都是成立的。

光电效应与康普顿效应都涉及光子与物质的相互作用。光电效应是物质在可见光到紫外线这一大致范围内的光子作用下逸出电子的效应,其光子的能量与原子中束缚电子的束缚能相差不远,光子的能量全部交给了束缚电子使之逸出并具有初动能,它证实了光电效应中光子与电子的作用过程满足能量守恒。康普顿效应是入射光子与物质中的自由电子相互作用的效应,入射的是 X 射线,光子的能量远大于电子的束缚能,光子的能量只被自由电子吸收了一部分然后散射。实验结果证实了此过程可视为弹性碰撞,并且能量、动量均守恒,从而进一步证实了光的粒子性。

附录 B　康普顿公式的推导

设 X 射线入射前的频率为 ν_0，散射 X 射线的频率为 ν，X 光子与石墨表面原子中的电子发生完全弹性碰撞，碰撞前电子静止，光子与电子发生碰撞后，两者与入射光的方向夹角分别为 φ 和 θ。作用过程如图 15.3.2 所示。

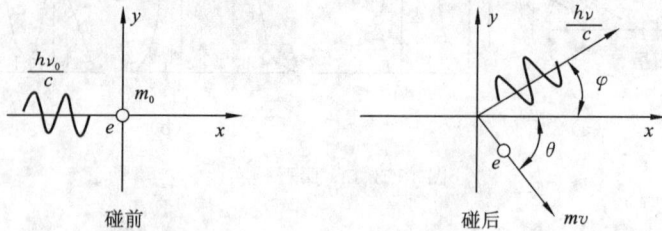

碰前　　　　　　　　　　　　　　碰后

图 15.3.2　光量子散射的物理过程

考虑到反冲电子的速度较大，采用相对论质量关系

$$m = \frac{m_0}{\sqrt{1 - v^2/c^2}} \tag{b1}$$

根据能量守恒定律，有

$$h\nu_0 + m_0 c^2 = h\nu + mc^2 \tag{b2}$$

光子的动量 $p = h/\lambda = h\nu/c$，将光子与电子的动量按水平与竖直方向分解，根据动量守恒定律，可得

$$\frac{h\nu_0}{c} = \frac{h\nu}{c}\cos\varphi + mv\cos\theta \tag{b3}$$

$$0 = \frac{h\nu}{c}\sin\varphi + mv\sin\theta \tag{b4}$$

将式(b2) 变形为

$$mc^2 = h\nu_0 - h\nu + m_0 c^2 \tag{b5}$$

将式(b3) 与(b4) 变形为

$$mv\cos\theta = \frac{h\nu_0}{c} - \frac{h\nu}{c}\cos\varphi \qquad mv\sin\theta = -\frac{h\nu}{c}\sin\varphi$$

以上两式两边平方后相加，可消去 θ

$$(mv)^2 c^2 = (h\nu_0)^2 + (h\nu)^2 - 2h^2\nu_0\nu\cos\varphi$$

将式(b5) 平方再减去上式，得

$$(mc^2)^2 \left(1 - \frac{v^2}{c^2}\right) = (m_0 c^2)^2 - 2h^2\nu_0\nu(1-\cos\varphi) + 2mc_0^2 h(\nu_0 - \nu) \tag{b6}$$

再将式(b1) 平方，可得

$$m^2 \left(1 - \frac{v^2}{c^2}\right) = m_0^2$$

代入式(b6) 并消去 v，经整理可得

$$m_0 c^2 (\nu_0 - \nu) = h\nu_0\nu(1 - \cos\varphi)$$

两边再除以 $m_0 c\nu_0\nu$，则有

$$\frac{c}{\nu} - \frac{c}{\nu_0} = \frac{h}{m_0 c}(1 - \cos\varphi)$$

这就是式(15.3.1) 的结果。

例 15.3.1　在康普顿效应中，

（1）分别用 $\lambda_1 = 0.5$ Å（X 射线）和 $\lambda_2 = 4000$ Å（紫光）入射，两种情况下的散射角均为 $\varphi = 180°$，试比较散射射线波长的变化；

（2）对于 $\lambda_0 = 0.1$ Å 的入射光子，在 $\varphi = 90°$ 的方向上观测到的波长是多大？

解　（1）两种入射光发生康普顿散射的波长改变量相同

$$\Delta\lambda = \lambda_c(1-\cos\varphi) = \lambda_c(1-\cos 180°) = 2\lambda_c = 0.048\ \text{Å}$$

波长改变量与其入射波长之比

$$\frac{\Delta\lambda}{\lambda_1} = \frac{0.048}{0.5} = 9.6\% \qquad \frac{\Delta\lambda}{\lambda_2} = \frac{0.048}{4000} = 0.0012\%$$

由此可知，当入射光波长较长时（能量较低），康普顿效应不显著。

（2）观测到的波长

$$\lambda = \lambda_0 + \Delta\lambda = \lambda_0 + \lambda_c(1-\cos 90°) = 0.1 + 0.024(1-\cos 90°) = 0.124\ (\text{Å})$$

在垂直方向上观察散射光，由于 $\cos 90° = 0$，波长的增量刚好等于康普顿波长，即 $\Delta\lambda = \lambda_c$。

15.4　氢原子光谱　玻尔理论

1911 年，新西兰物理学家卢瑟福(E. Rutherford)提出了原子的行星模型。卢瑟福的行星模型假定，原子的质量基本上集中于原子核上，绕核旋转的电子所带负电正好与核所带的正电等量，原子表现出电中性。但是，原子的核式模型建立时，只肯定了核的存在，并不知道原子核外电子的具体情况。在探索原子核外结构方面，原子光谱发挥了重要的作用。因为实验发现不同元素的原子都有自己的特征谱线，每一条原子谱线均对应一个确定的波长或频率，原子光谱呈现出的规律反映了原子结构的重要信息。而氢原子是最简单的原子，所以研究氢原子的光谱尤其重要。

15.4.1　氢原子光谱

光谱是电磁辐射的波长成分和强度分布的记录（不仅是可见光区域）。记录光谱一般采用光谱仪或摄谱仪，它采用棱镜或光栅作为分光器，把光按波长展开，再把不同成分的波长记录下来。

早在 19 世纪中叶，人们就已发现氢原子在可见光和近紫外波段有一组谱线（图 15.4.1），到 1885 年从某星体的光谱中观察到的氢光谱线已达 14 条（表 15.4.1）。

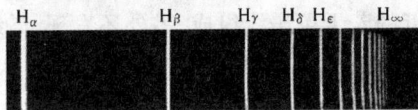

图 15.4.1　氢原子的光谱

表 15.4.1　巴耳末线系

n	谱线	λ/nm 计算值	λ/nm 观测值	n	谱线	λ/nm 计算值	λ/nm 观测值
3	H_α	656.280	656.281	6	H_δ	410.178	410.174
4	H_β	486.138	486.133	7	H_ε	397.011	397.007
5	H_γ	434.051	434.047	8	H_ξ	388.909	388.906

瑞士数学教师巴耳末(Balmer)在 1884 年发现其中的 $\alpha,\beta,\gamma,\delta$ 等谱线可以纳入以下简单的公式

$$\lambda = B\frac{n^2}{n^2-4} \quad (n = 3,4,5,\cdots)$$

式中,$B = 3645.6\ \text{Å}$。1890 年,里德伯将上式改写成较为对称的形式

$$\tilde{\nu} = \frac{1}{\lambda} = R\left(\frac{1}{2^2} - \frac{1}{n^2}\right) \quad (n = 3,4,5,\cdots) \tag{15.4.1}$$

此式称为**巴耳末公式**,其中 $\tilde{\nu}$ 是波长的倒数,称为谱线的波数,$R = 1.097\,213\times10^7\ \text{m}^{-1}$ 称为氢光谱的**里德伯常量**。满足式(15.4.1)的一组谱线称为巴耳末系。巴耳末系的谱线在可见光区,这在天文学中特别有用,因为巴耳末线出现在许多天体的现象中,而且氢在宇宙中的丰盈度,使它总是比共同存在的其他元素谱线更容易看到。

巴耳末公式的准确性和简明性,促使人们猜想,除了巴耳末系以外,还可能有氢原子光谱的其他线系,其公式应与式(15.4.1)类似,而事实正是如此。

1914 年,在紫外波段发现了**莱曼系**,其波数

$$\tilde{\nu} = \frac{1}{\lambda} = R\left(\frac{1}{1^2} - \frac{1}{n^2}\right) \quad (n = 2,3,4,\cdots) \tag{15.4.2}$$

1908 年,在近红外波段发现了**帕邢系**,其波数

$$\tilde{\nu} = \frac{1}{\lambda} = R\left(\frac{1}{3^2} - \frac{1}{n^2}\right) \quad (n = 4,5,6,\cdots) \tag{15.4.3}$$

1922 年和 1924 年,分别在远红外波段发现了**布拉开系**($n = 5,6,7,\cdots$)和**普丰德系**($n = 6,7,8,\cdots$)。

以上线系的波数公式可用以下的通式代替

$$\tilde{\nu} = \frac{1}{\lambda} = R\left(\frac{1}{m^2} - \frac{1}{n^2}\right) \tag{15.4.4}$$

式中,m 与 n 均为整数,且 $n > m$。

当 $m = 1,2,3,4,5$ 时,分别对应于莱曼系、巴耳末系、帕邢系、布拉开系、普丰德系。对不同元素的原子光谱,都可以按式(15.4.4)分成若干线系。

随着实验技术的改进,人们用高分辨率的摄谱仪观察发现,谱线还具有精细结构,即每一条谱线常由相互靠得很近的若干条谱线组成。另外还发现,谱线在磁场中会发生分裂。

15.4.2　玻尔的氢原子理论

在 20 世纪初,除了氢原子光谱外,其他原子光谱的资料也积累了很多。那么这些原子是怎样发射光谱的呢?这就需要进一步研究原子内部的情况。虽然卢瑟福提出的原子核式结构模型成功地解释了 α 粒子散射实验,但也遇到了不可克服的困难:经典电磁理论指出,电子环绕原子核的运动是加速的,因而不断产生电磁辐射,电子不断损失能量,运动轨道半径不断减小,最终必将落到核上,使原子瓦解。同时,加速运动的电子所辐射的电磁波的频率是连续变化的,这将形成连续光谱,这与原子是稳定的和原子光谱是离散的线性光谱相矛盾。

为了解决上述困难,丹麦物理学家玻尔(N. Bohr)将普朗克、爱因斯坦的量子理论推

广到原子系统,并根据原子线状光谱的实验事实,于 1913 年提出了新的原子模型理论,并成功地解释了氢原子光谱。玻尔关于氢原子的理论可归纳为三个假设:

(1) **定态假设**。原子中的电子只能在一些半径不连续的轨道上作圆周运动。在每一个确定的轨道上,电子虽作加速运动,但不辐射(或吸引)能量,因而处于稳定的状态,称为**定态**。相应的轨道称为定态轨道。

(2) **量子化条件假设**。电子在定态轨道上运动时,其角动量只能取 $\hbar$ 的整数倍,即

$$L = m_e v r = n\hbar \quad (n = 1, 2, \cdots) \tag{15.4.5}$$

式中,$\hbar = \dfrac{h}{2\pi}$ 称为约化普朗克常量,n 称为**量子数**。式(15.4.5)称为**角动量量子化条件**。

(3) **频率条件假设**。电子从某一个定态向另一定态跃迁时,将发射(或吸收)光子。如果初态和终态的能量分别为 E_n 和 E_m,且 $E_n > E_m$,则发射光子的频率为

$$\nu = \frac{E_n - E_m}{h} \tag{15.4.6}$$

此式称为**玻尔频率条件**。

玻尔根据以上假设,推导出了氢原子的能量公式和氢原子辐射光谱公式

$$E_n = -\frac{13.6}{n^2} \text{ (eV)} \tag{15.4.7}$$

$$\nu = \frac{E_n - E_m}{h} = Rc\left(\frac{1}{m^2} - \frac{1}{n^2}\right) \tag{15.4.8}$$

这里要注意的是,计算辐射频率时必须按 $1 \text{ eV} = 1.6 \times 10^{-19} \text{ J}$ 转换能量单位。

对应于 $n = 1$ 的状态称为原子能量的**基态**,对应 $n = 2, 3, \cdots$ 的状态分别称作第一、第二 …… **激发态**,也可以依次称为第一、第二 …… **能级**。

实验表明,只有基态才是真正的稳定态,处在激发态的原子都倾向于向低能态跃迁,因此是不稳定的。原子处于激发态上都有一定的寿命,通常约为 $10^{-8} \sim 10^{-10}$ s。

若将氢原子中的电子从基态电离,即由束缚态变为自由态,外界至少要供给电子的能量为 $E_\infty - E_1 = |E_1| = 13.6 \text{ eV}$,这个能量叫氢原子的**电离能**。电子从第 n 能级(激发态)电离所需要的最小能量为 $E_\infty - E_n = |E_n|$。

氢原子能级与能级跃迁所产生的各谱线如图 15.4.2 所示。

原子内部能量的量子化,除由光谱的研究可以推得外,还有别的方法可以证明。在玻尔理论发表的第二年,即 1914 年,弗兰克和赫兹用电子碰撞原子的方法使后者从低能级被激发到高能级,从而证明了能级的存在。

玻尔理论成功地克服了卢瑟福模型和电磁辐射的困难,成功地解决了原子的稳定性问题,从理论上推出了氢原子光谱的实验规律,后经索末菲的发展和推广,还能说明氢光谱的精细结构和碱金属原子的光谱。但是,用玻尔理论解释复杂原子的光谱却显得无能为力,就是对氢光谱也只能对频率进行计算,而不能解释光谱的强度、光偏振等问题。这是因为,玻尔理论还没有完全摆脱经典物理的束缚:在强调经典力学不适用于原子等微观粒子体系的同时,又保留了轨道观念;在引入量子化条件的同时,又采用经典物理的方法计算氢原子系统的定态能量。由于玻尔的整个理论是建立在三个假设的基础之上,没有完全摆脱经典物理学,人们一般将玻尔理论称为**旧量子论**。尽管如此,玻尔理论首次打开了人们

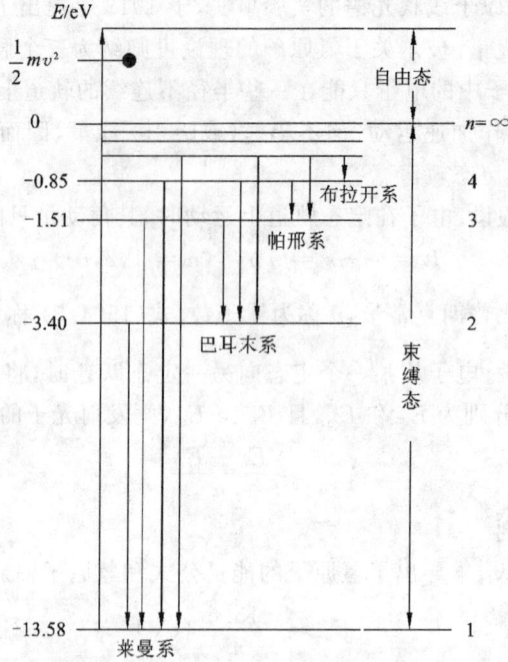

图 15.4.2　氢原子能级与谱线系

认识原子结构的大门,为量子力学的诞生打下了坚实的基础,它的"定态能级"、"谱线的频率条件"等假设作为基本概念仍保留在量子力学中。玻尔因为在研究原子结构及原子辐射方面的工作,获得了 1922 年度的诺贝尔物理学奖。

附录 C　推导氢原子的能级与频率公式

氢原子中核外电子以速率 v 绕静止核作半径为 r 的圆周运动,电子与核之间是库仑力,运动满足牛顿定律

$$\frac{e^2}{4\pi\varepsilon_0 r^2} = m_e \frac{v^2}{r} \tag{c1}$$

根据式(15.4.5),有

$$m_e v r = n\hbar$$

由以上两式联立求解,可得电子在定态轨道上的运动半径与速率

$$r_n = \frac{4\pi\varepsilon_0 \hbar^2}{m_e e^2} n^2 \quad (n = 1,2,3,\cdots) \tag{c2}$$

$$v_n = \frac{1}{4\pi\varepsilon_0} \frac{e^2}{\hbar n} \tag{c3}$$

$n = 1$ 时的电子轨道半径最小,称为**玻尔半径**,其值为 $r_1 = 0.529\times10^{-10}$ m。

若规定无限远处势能为零,并应用到以上公式,则电子在 r_n 轨道上运动时所具有的能量

$$E_n = E_{kn} + E_{pn} = \frac{1}{2}m_e v_n^2 - \frac{e^2}{4\pi\varepsilon_0 r_n} = -\frac{m_e e^4}{8\varepsilon_0^2 h^2 n^2}$$

$$E_n = -\frac{m_e e^4}{8\varepsilon_0^2 h^2}\frac{1}{n^2} \tag{c4}$$

由于核的质量很大,可视为静止,E_{pn} 属于电子与核这个系统所共有。所以上面求的 E_n 就是**氢原子的能量公式**。由此可知,氢原子能量是量子化的。

当 $n = 1$ 时

$$E_1 = -\frac{m_e e^4}{8\varepsilon_0^2 h^2} = -13.58 \ (\text{eV}) \approx -13.6 \ (\text{eV}) \tag{c5}$$

这就是氢原子的最低能态,称为**基态**。由此可将氢原子能量公式写成式(15.4.7)。

当原子从高能级 E_n 跃迁到低能级 E_m 时,放出光子。将氢原子的能级公式代入玻尔频率条件可得到氢原子发光的可能频率

$$\nu = \frac{E_n - E_m}{h} = \frac{m_e e^4}{8\varepsilon_0^2 h^3}\left(\frac{1}{m^2} - \frac{1}{n^2}\right) \tag{c6}$$

将上式与式(15.4.4)比较,可得里德伯常量的理论值

$$R = \frac{m_e e^4}{8\varepsilon_0^2 h^3 c} = 1.097\,373 \times 10^7 \ (\text{m}^{-1})$$

这一理论值与实验值符合得相当好,也说明氢原子的玻尔理论很成功。由此可得氢原子辐射频率公式(15.4.8)。

在 $n \to \infty$ 的极限情况下,$r_n \to 0$,$E_n \to 0$,这时能级间隔

$$\Delta E = E_{n+1} - E_n \to \frac{2hRc}{n^3} \to 0$$

可见在量子数很大时,能级逐渐靠近,能级就成为连续的。

例 15.4.1　氢原子的部分能级跃迁示意如图 15.4.2 所示。在这些能级跃迁中:

(1) $n = 5$ 的原子跃迁时发射的光谱线最多可能有多少条?

(2) 在哪两个能级之间跃迁时所发射的光子的频率最小,其频率多大?

(3) 在哪两个能级之间跃迁时所发射的光子的波长最短,其波长多大?

解　(1) 最多可以达到 10 条。

(2) 由辐射频率公式

$$\nu = \frac{|E_m - E_n|}{h} = Rc\left(\frac{1}{m^2} - \frac{1}{n^2}\right)$$

可知,$|\Delta E_n|$ 取最小值的时候频率最小。

$$\nu = 1.097 \times 10^7 \times 3 \times 10^8 \left(\frac{1}{4^2} - \frac{1}{5^2}\right) = 7.43 \times 10^{13} \ \text{Hz}$$

(3) $|\Delta E_n|$ 取最大值的时候,波长最短。

$$\nu' = Rc\left(\frac{1}{1^2} - \frac{1}{5^2}\right) = 3.16 \times 10^{15} \ (\text{Hz}) \qquad \lambda = \frac{c}{\nu'} = \frac{3 \times 10^8}{3.16 \times 10^{15}} = 9.5 \times 10^{-8} \ \text{m}$$

例 15.4.2　一电子距离一质子甚远,若电子以 2 eV 的动能向质子运动并被质子所俘获,形成一个基态的氢原子,求它所发出的光的波长。

解　将质子和电子看成一个系统,由玻尔频率条件:$\nu = \dfrac{c}{\lambda} = \dfrac{E_k - E_1}{h}$,得

$$\lambda = \frac{hc}{E_k - E_1} = \frac{6.63 \times 10^{-34} \times 3 \times 10^8}{[2 - (-13.6)] \times 1.6 \times 10^{-19}} = 7.96 \times 10^{-8} \ (\text{m})$$

15.5　德布罗意假设　电子衍射实验

本节介绍实物粒子的波粒二象性,是光的波粒二象性的推广。下面所说的实物粒子的粒子性与波动性,同样既不同于"经典粒子",也不同于"经典波"。

15.5.1　德布罗意假设

德国物理学家德布罗意(L. de Broglie)大学时代攻读的是历史专业,之后才受其哥

哥（物理学家莫里斯）影响，改而学习物理学。他在跟随著名物理学家朗之万攻读博士学位时，仔细地分析了光的微粒说和波动说的历史，深入地研究了光子假说。他想到"整个世纪以来，在辐射理论上，比起波动的研究方法来，是过于忽视了粒子的研究方法；在实物理论上，是否发生了相反的错误呢？是不是我们关于粒子图像想得太多，而过分地忽略了波的图像呢？"于是，他在 1924 年，根据"自然界是对称统一的，光与实物粒子应该有共同的本性"的思想，在其博士论文《关于量子理论的研究》中，大胆地提出了"**实物粒子也具有波粒二象性**"的概念及实验验证思路。德布罗意的这一开创性工作得到了爱因斯坦的高度评价，并启发和引导了奥地利物理学家薛定谔创立了波动量子力学。德布罗意于 1929 年获得诺贝尔物理学奖。

德布罗意提出：质量为 m、速度为 $\boldsymbol{v}$ 的自由粒子（不受外界任何作用），一方面可以用能量 E 和动量 p 来描述它的粒子性；另一方面也可用频率和波长来描述它的波动性。它们之间的大小关系与光的波粒二象性所描述的关系一致，即实物粒子的波粒二象性关系为

$$E = h\nu \tag{15.5.1}$$

$$p = mv = \frac{h}{\lambda} \tag{15.5.2}$$

式（15.5.1）与（15.5.2）称为**德布罗意公式**。这种和实物粒子相联系的波称为**德布罗意波**，也称为**实物波**。

对于自由粒子，其能量和动量均为常量，所以由德布罗意关系可知这种实物波的频率与波长均不变，即与自由粒子对应的实物波是平面简谐波。

需要注意的是，当粒子的速度极大时，其质量、能量、动量必须采用相对论公式。

例 15.5.1　分别求出动能为 100 eV 的电子、质量为 0.01 kg 且速度为 400 m·s⁻¹ 的子弹的德布罗意波的波长。

解　（1）对于电子，$E_k = 100$ eV $= 1.6 \times 10^{-17}$ J $\ll m_0 c^2$，不考虑相对论效应。

$$p = \sqrt{2m_0 E_k}$$

$$\lambda = \frac{h}{p} = \frac{6.63 \times 10^{-34}}{\sqrt{2 \times 9.11 \times 10^{-31} \times 1.6 \times 10^{-17}}} = 1.23 \times 10^{-10} \text{ m}$$

（2）对于子弹，$v \ll c$，也不考虑相对论效应。

$$\lambda = \frac{h}{m_0 v} = \frac{6.63 \times 10^{-34}}{0.01 \times 400} = 1.66 \times 10^{-34} \text{ m}$$

从计算结果可知，电子的德布罗意波长与 X 射线的波长相近，它的波动性不能忽略。对于子弹这样的宏观物体，其德布罗意波长小得完全可以忽略，仅表现出粒子特性。

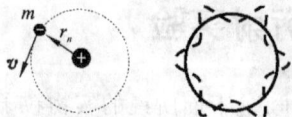

图 15.5.1　例 15.5.2 图

例 15.5.2　德布罗意在 1924 年提出了原子稳定性的驻波思想，并用驻波理论解释了氢原子的稳定性。试用德布罗意公式导出玻尔的角动量量子化条件。

解　电子绕核做圆周运动，将电子波视为稳定的驻波，此时电子运动的圆周轨道长是电子波波长的整数倍

$$2\pi r = n\lambda$$

此时的原子不辐射能量，整个原子系统处于稳定状态（定态）。

代入德布罗意公式 $P = mv = \dfrac{h}{\lambda}$，可得电子的角动量

$$L = mvr = \frac{h}{\lambda} \times \frac{n\lambda}{2\pi} = n\frac{h}{2\pi} = n\hbar$$

这就是角动量量子化条件。

15.5.2　电子衍射实验　实物粒子的波动性

1924 年，德布罗意在谈到用实验验证物质波时曾提出："一束电子穿过非常小的孔可能产生衍射现象，这也许是验证我的想法的方向"。1927 年，戴维孙和革末在爱尔萨塞的启发下，做了电子束在晶体表面散射的实验，观察到了和 X 射线衍射类似的电子衍射现象，首次证实了电子的波动性。实验原理如图 15.5.2(a) 所示，由电子枪发射的电子束，经电压 U 加速垂直投射到镍单晶的水平面上（经加工研磨而成的平面）。实验发现，当加速电压为 54 eV 时，沿 $\varphi = 50°$ 的出射方向检测到很强的电子电流，如图 15.5.2(b) 所示。

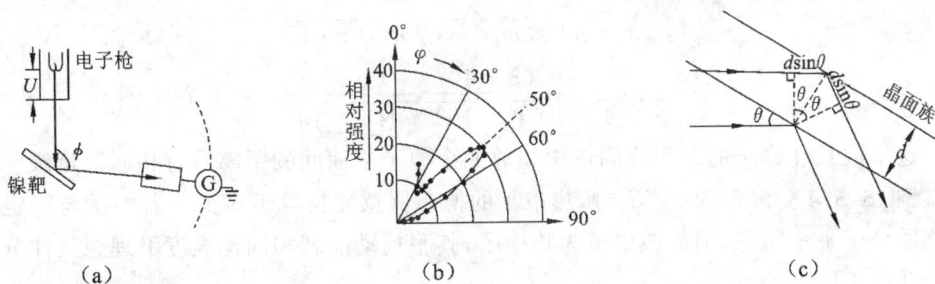

图 15.5.2　戴维孙 - 革末电子衍射实验

如果采用布拉格方法分析此晶体衍射，如图 15.5.2(c) 所示，可以计算出电子波的波长 $\lambda = 0.165 \text{ nm}$，与德布罗意波长公式计算的结果一致。因此，这个实验一方面证实了电子具有波动性，能像 X 射线一样满足布拉格公式，另一方面也检验了德布罗意波长公式的正确性。同年，汤姆孙用电子束垂直射向金箔和铝箔，在箔后的屏上出现了圆环形的电子衍射图样（图 15.5.3）。

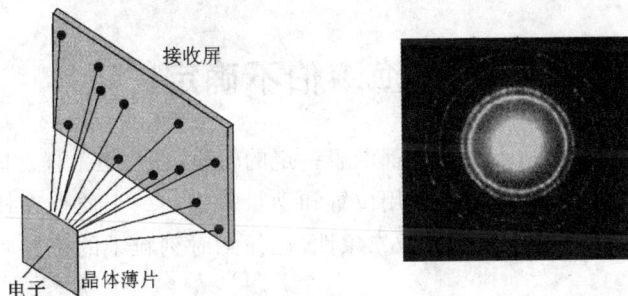

图 15.5.3　汤姆孙电子衍射实验

1961 年，约恩逊（C. Jonsson）做了电子的单缝、双缝、多缝等衍射实验，得到了明暗相间的条纹，更加有力地证实了电子的波动性。之后，质子、中子、原子、分子等微观粒子的波

动性也陆续得以证实。

　　电子的波动性已有很多重要应用。例如,恩斯特·鲁斯卡在 1932 利用电子的波动性研制成了电子显微镜;1981 年,宾尼希和罗雷尔制成了扫描隧穿显微镜。高速电子的波长比可见光的波长短,此时电子显微镜的分辨率就得到大幅提高。现代大型电子显微镜的分辨率(约 0.1 nm)远高于光学显微镜的分辨率(约 200 nm)。

　　例 15.5.3　对于动能为 100 eV 的电子束,求德布罗意波长。

　　解　100 eV 的电子属低能电子,速度不很大,其动能采用非相对论形式。

$$E_k = \frac{1}{2}m_e v^2 = eU$$

代入此时的动量与动能关系 $E_k = \dfrac{p^2}{2m_e}$,则有

$$p = \sqrt{2m_e E_k} = \sqrt{2m_e Ue}$$

　　电子的德布罗意波长

$$\lambda = h/\sqrt{2m_e eUe} = h/\sqrt{2m_e E_k}$$

$$\lambda = \frac{6.63 \times 10^{-34}}{\sqrt{2 \times 9.1 \times 10^{-31} \times 100 \times 1.6 \times 10^{-19}}} = 1.2 \text{ Å}$$

这个波长和原子的大小或固体中相邻两个原子平面间的距离具有相同数量级。

　　例 15.5.4　温度为 25 ℃ 时,热中子的德布罗意波长等于多少?(若中子与给定温度的物质处于平衡状态,则称该中子为热中子,其平均动能就和同样温度下理想气体分子的平均动能相同)

　　解　热中子平均动能 $\bar{E}_k = \dfrac{3}{2}kT$,$T = 273 + 25 = 298$ K. 由 $\bar{E}_k = \dfrac{p^2}{2m}$,可得

$$p = \sqrt{3mkT} = \sqrt{3 \times 1.67 \times 10^{-27} \times 1.38 \times 10^{-23} \times 298}$$
$$= 4.54 \times 10^{-24} \text{ kg} \cdot \text{m} \cdot \text{s}^{-1}$$

由德布罗意公式,可得

$$\lambda = \frac{h}{p} = \frac{6.63 \times 10^{-34}}{4.54 \times 10^{-24}} = 1.46 \times 10^{-10} \text{ m} = 1.46 \text{ Å}$$

15.6　海森伯不确定关系

　　根据牛顿力学理论,质点的运动都沿着一定的轨道,在轨道上任意时刻质点都有确定的位置和动量。在牛顿力学中也正是用位置和动量来描述一个质点在任一时刻的运动状态的。对于微观粒子则不然,由于波粒二象性,在任意时刻粒子的位置和动量都有一个不确定量。

15.6.1　单缝电子衍射与不确定量估算式

　　下面我们借助于电子单缝衍射实验来粗略地推导不确定关系。

　　如图 15.6.1 所示,一束动量为 p 的电子通过宽为 Δx 的单缝后发生衍射而在屏上形

成衍射条纹.让我们考虑一下电子通过缝时的位置和动量.对一个电子来说,我们不能确定地说它是从缝中哪一点通过的,而只能说它是从宽为 Δx 的缝中通过的,因此它在 x 方向上(图中的竖直方向)的位置不确定量就是 Δx.它沿 x 方向的动量 p_x 是多大呢?因为如果说它在缝前的 p_x 等于零,电子就要沿原方向前进而不会发生衍射现象了.屏上电子落点沿 x 方向展开,说明电子通过缝时已有了不为零的 p_x 值.忽略次级极大,可以认为电子都落在中央亮纹内,因而电子在通过缝时,运动方向可以有大到 θ_1 角的偏转.根据动量的矢量性可知,一个电子在通过缝时在 x 方向动量的分量 p_x 的大小满足关系:$0 \leqslant p_x \leqslant p\sin\theta_1$,即电子通过缝时在 x 方向上的动量不确定量是 $\Delta p_x = p\sin\theta_1$.

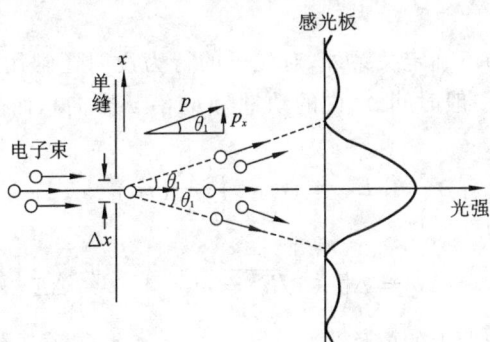

图 15.6.1　电子单缝衍射

考虑到衍射条纹的次级极大,可得

$$\Delta p_x \geqslant p\sin\theta_1 \tag{15.6.1}$$

由单缝衍射公式,第一级暗纹中心的角位置 θ_1 由下式决定

$$\Delta x\sin\theta_1 = \lambda$$

式中,λ 为电子波的波长,代入德布罗意公式 $\lambda = h/p$,可得 $\sin\theta_1 = \dfrac{h}{p\Delta x}$.将此式代入式(15.6.1),可得

$$\Delta p_x \geqslant p\sin\theta_1 = \frac{h}{\Delta x}, \quad 即 \quad \Delta x\Delta p_x \geqslant h \tag{15.6.2}$$

这说明电子的位置不确定量与动量不确定量的乘积大于普朗克常量这个数量级的某一个常量,它是波粒二象性的表现.式(15.6.2)可作为这种不确定关系的估算式.

15.6.2　海森伯不确定关系及应用

1927 年,年仅 26 岁的德国青年物理学家海森伯给出了不确定关系的准确表达式,它的推导在专门的量子力学教材中均有介绍,这里只给出结论.

海森伯对不确定关系的表达是:微观粒子不能同时具有确定的位置和动量,在同一时刻,位置的不确定量与该方向(如 x 方向)动量不确定量的乘积大于或等于 $\dfrac{h}{4\pi}$,即

$$\Delta x\Delta p_x \geqslant \frac{h}{4\pi}$$

再考虑到其他分量,并引入一个常用的量

$$\hbar = \frac{h}{2\pi} = 1.054\,588\,7 \times 10^{-34} \ (\text{J} \cdot \text{s})$$

可以得到更一般的结论

$$\Delta x \Delta p_x \geqslant \frac{\hbar}{2} \quad \Delta y \Delta p_y \geqslant \frac{\hbar}{2} \quad \Delta z \Delta p_z \geqslant \frac{\hbar}{2} \tag{15.6.3}$$

式(15.6.3)代表的 3 个公式就是位置坐标和动量的**不确定关系**,以上结论也称为**海森伯不确定原理**。它们说明粒子的位置坐标不确定量越小,则同方向上的动量不确定量越大。同样,某方向上动量不确定量越小,则此方向上粒子位置的不确定量越大。总之,这个不确定关系告诉我们,在测量粒子的位置和动量时,它们的精度存在着一个终极的不可逾越的限制。

除了坐标和动量的不确定关系外,对粒子的行为说明还常用到能量和时间的不确定关系。考虑一个粒子在一般时间 Δt 内的动量为 p(沿 x 方向),而能量为 E。根据相对论的结论

$$E^2 = (m_0 c^2)^2 + (pc)^2$$

可得动量的不确定量为

$$\Delta p = \Delta\left(\frac{1}{c}\sqrt{E^2 - m_0^2 c^4}\right) = \frac{E}{c^2 p}\Delta E$$

在 Δt 时间内,粒子可能发生的位移为

$$\Delta x = v\Delta t = \frac{p}{m}\Delta t$$

它就是在这段时间内粒子的位置坐标的不确定量,其中 p 为 x 方向的动量。

将上面两式相乘,并考虑到 $E = mc^2$,可得

$$\Delta x \Delta p = \frac{p}{m}\Delta t \frac{E}{c^2 p}\Delta E = \Delta E \Delta t$$

把它代入式(15.6.3),则有

$$\Delta E \Delta t \geqslant \frac{\hbar}{2} \tag{15.6.4}$$

这就是关于能量和时间的不确定关系。

不确定关系告诉我们:用经典方式来描述微观客体是不可能完全准确的,经典模型不适用于微观粒子。借用经典手段来描述微观客体时,必须对经典概念的相互关系和结合方式加以限制,而不确定关系就是这种限制的定量关系。在所研究的问题中,如果 $\hbar$ 是可以忽略的小量,则该问题可用经典力学处理,否则要用量子力学处理。

海森伯因在量子力学方面的贡献(创立了用矩阵数学描述微观粒子运动规律的矩阵力学)获得 1932 年的诺贝尔物理学奖。

例 15.6.1　设某氢原子中电子速度的数量级为 10^6 m·s^{-1},其坐标不确定量为 10^{-10} m,求电子速度的不确定量。

解　由于电子速度远小于光速,故不考虑相对论效应:$\Delta p_x = m\Delta v$. 电子质量取 $m = 9.11 \times 10^{-31}$ kg,代入不确定关系:$\Delta x \Delta p_x \geqslant \frac{\hbar}{2}$,可得

$$\Delta v \geqslant \frac{\hbar}{2m\Delta x} = \frac{6.63 \times 10^{-34}}{2 \times 3.14 \times 2 \times 9.11 \times 10^{-31} \times 10^{-10}} = 5.79 \times 10^5 \ \text{m} \cdot \text{s}^{-1}$$

由计算结果可知,电子速度的不确定量与电子速度本身的大小已相差不多,因此不确定关系不允许用经典力学的方法来描写氢原子中的电子运动。

例 15.6.2　一质量 $m = 0.01\ \text{kg}$ 的子弹,速率 $v = 500\ \text{m} \cdot \text{s}^{-1}$,设其速率的不确定量 $\Delta v = 5 \times 10^{-4}\ \text{m} \cdot \text{s}^{-1}$,试估算子弹位置的不确定量。

解　设子弹运动的方向为 x 轴方向,$\Delta p_x = m \Delta v$,由不确定关系的估算式:$\Delta x \Delta p_x \geqslant h$,可得

$$\Delta x \geqslant \frac{h}{\Delta p_x} = \frac{h}{m \Delta v} = \frac{6.63 \times 10^{-34}}{0.01 \times 10^{-4}} = 1.33 \times 10^{-28}\ \text{m}$$

这一大小用现有仪器是无法测量的,因此,对宏观物体运动的描述可不受不确定关系的限制。

例 15.6.3　实验测定原子核半径的数量级为 10^{-14} m,核 β 衰变出的电子能量的数量级为 1 MeV。用不确定关系估计,若电子原来被束缚在原子核中,其动能的数量级为多大?

解　若电子被束缚在原子核半径中,则认为电子坐标的不确定量为核半径的数量级,取 $\Delta x = r = 10^{-14}$ m,动量不确定量 $\Delta p_x = p$,由不确定关系:$\Delta x \Delta p_x \geqslant \dfrac{h}{4\pi}$,可得

$$p = \Delta p_x \approx \frac{h}{4\pi \Delta x} = \frac{h}{4\pi r}$$

电子的动能

$$E = \frac{p^2}{2m} = \frac{1}{2m} \left(\frac{h}{4\pi r} \right)^2 \approx 10^2\ \text{MeV}$$

即电子能量的数量级为 10^2 MeV。

估算结果表明,原子核中电子的动能比 β 射线的电子能量高两个数量级。这说明在原子核内的 β 衰变放出的电子不可能原来就存在于原子核中。现在知道,β 射线中的电子是中子衰变的产物。

例 15.6.4　氦氖激光器所发红光波长为 $\lambda = 632.8$ nm,此波长的不确定量,即谱线宽度 $\Delta \lambda = 10^{-9}$ nm,当这种光子沿 x 方向传播时,求它的 x 坐标的不确定量是多大?

解　光子具有波粒二象性,也满足不确定关系。由 $p_x = h/\lambda$,可得

$$\Delta p_x = \frac{h}{\lambda^2} \Delta \lambda$$

代入不确定关系式的估算式,可得

$$\Delta x \geqslant \frac{h}{\Delta p_x} = \frac{\lambda^2}{\Delta \lambda} = 4 \times 10^5\ \text{m}$$

原子在一次能级跃迁过程中发出一个光子(粒子性),但从波动说的观点看,是发出了一个波列。将这两种观点对照可知,光子的位置不确定量也就是相应的波列的长度。

15.7　波函数及其统计解释

德布罗意提出的实物波的物理意义是什么呢?他本人曾认为那种与粒子相联系的波是引导粒子运动的"导波",并由此预言了电子双缝干涉的实验结果。对实物波的本质,他

并没有给出明确的回答，只是说它是虚拟的和非物质的。在本节，我们以类比的方法提出实物粒子的波函数，再介绍玻恩（M. Born）对波函数的统计解释。

15.7.1　自由粒子的波函数

对于机械波，当它沿 x 轴正向传播时，将介质中质元的振动位移记为 y，则平面简谐波的表示式为

$$y = A\cos\left[\omega(t-\frac{x}{u})+\varphi\right] \tag{15.7.1}$$

对于球面简谐波，可以表示成类似形式

$$y(r,t) = A(r)\cos(\omega t - kr + \varphi)$$

以上各式都是描述波动的函数式，称为**波函数**。它们是可以直接测量的物理量，也就是说，经典波函数是实数形式，具有确定的物理意义。

式（15.7.1）也可以写为复数形式

$$\widetilde{y}(x,t) = Ae^{-i(\omega t - \frac{2\pi x}{\lambda}+\varphi)} = \widetilde{A}e^{-i(\omega t - kx)} \tag{15.7.2}$$

复数的实部或虚部都表示平面简谐波。式中，$k=\frac{2\pi}{\lambda}$ 称为**波数**，$\widetilde{A}=Ae^{-i\varphi}$ 称为**复振幅**。

将式（15.7.1）对 t 和 x 求偏导，可得

$$\frac{\partial^2 y}{\partial x^2} = \frac{1}{u^2}\frac{\partial^2 y}{\partial t^2}$$

这就是**平面波的波动方程**。

对于微观粒子，由于具有波粒二象性，其位置与动量不能同时确定，所以无法用经典物理方法去描述其运动状态。德布罗意在提出实物粒子的波动性概念时，假设粒子的能量用 $E=mc^2=h\nu=\hbar\omega$ 表示，粒子的波动性与粒子的运动状态相联系，可用一个波函数来描述，并把物质波的波函数定义为复数形式。

对于一个能量为 E、动量为 p 的自由粒子（不受任何外界的作用），沿 x 方向运动，其动量和能量是恒定不变的。根据惯性系的时空变换对称性，相应的德布罗意波的波长和频率也是恒定不变的。可见，自由粒子所对应的是平面简谐波。

类比于式（15.7.2），将自由粒子所对应的实物波的波函数表示为

$$\psi(x,t) = Ae^{-i(\omega t - kx)}$$

代入 $\omega=\frac{E}{\hbar}$ 与 $k=\frac{2\pi}{\lambda}=\frac{p}{\hbar}$，则有

$$\psi(x,t) = Ae^{-\frac{i}{\hbar}(Et-px)} \tag{15.7.3}$$

在一般情况下，即对于非自由粒子、三维运动，可将实物波波函数记为

$$\psi(r,t) = \psi_0 e^{-\frac{i}{\hbar}(Et-p\cdot r)}$$

在有的教材中，自由粒子波函数的振幅也记为 ψ_0 而不记为 A。

15.7.2　波函数的统计解释

爱因斯坦在谈及他本人论述的光子和电磁波的关系时，曾提出电磁场是一种"鬼场"。

这种场引导光子的运动,而各处电磁波振幅的平方决定在各处的单位体积内一个光子存在的概率。玻恩发展了爱因斯坦的思想,于 1926 年提出:波函数在空间中某一点强度(振幅绝对值的平方)和在该点找到该粒子的概率成正比,粒子的物质波是概率波。

玻恩认为,微观粒子在 t 时刻出现在 r 处的概率与波函数的模方成正比,那么在 r 附近一个小体积元 dV 中 t 时刻粒子出现的概率为

$$dP = | \psi |^2 dV = \psi\psi^* \, dV \tag{15.7.4}$$

式中,ψ^* 为 ψ 的共轭复数。单位体积内粒子出现的概率,称为**概率密度**,它可以表示为

$$\rho(r,t) = \frac{dP}{dV} = | \psi |^2 = \psi\psi^* \tag{15.7.5}$$

波函数一般是空间和时间的函数,即 $\psi = \psi(r,t)$。波函数也称为**概率幅**。

在量子力学中,波函数无实在的物理意义,只有波函数的平方对应粒子在空间出现的概率密度,所以把波函数用复数表示,这样计算波函数的平方(复数的模方)很方便。

玻恩的以上观点现在已成为公认的关于德布罗意波的实质的解释。

我们可以由电子的单缝衍射实验(图15.7.1)来理解德布罗意波是概率波:① 从粒子性方面解释 —— 单个粒子在何处出现具有偶然性,大量粒子在某处出现的多少具有规律性,粒子在各处出现的概率不同;② 从波动性方面解释 —— 电子密集处波的强度大,电子稀疏处波的强度小。

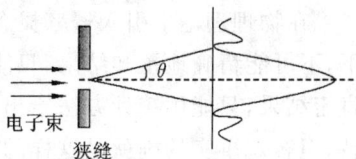

图 15.7.1　电子单缝衍射实验

对单个电子来说,衍射图样反映出一个电子被散射后打到照相底片上各点的概率分布,亮的地方表明电子出现的概率大,而暗的地方表明电子出现的概率小。

我们也可以用电子的双缝衍射实验结果来理解德布罗意波的概率特性:图 15.7.2(f)是电子束的双缝衍射图样,它和光的双缝衍射图样完全一样,显示不出粒子性,更没有概率那样的不确定特征。但那是用大量的电子(或光子)做出的实验结果。如果减弱入射电子束的强度,以致使电子一个个地依次通过双缝,则随着电子数的积累,衍射"图样"将依次如图 15.7.2 中的(a) ～ (f)所示。图(a)是只有一个电子穿过双缝所形成的图像;图(b)是几个电子穿过后形成的图像;图(c)是几十个电子穿过后的图像。这几幅图像说明,电子确实是粒子,因为图像是由点组成的。它同时也说明,电子的去向是完全不确定的,一个电子到达何处完全是概率事件。随着入射电子总数的增多,衍射图样依次如图(d) ～ (f)所示,电子的堆积情况逐渐显示出了条纹,最后就呈现明晰的衍射条纹,这条纹和大量电子短时间内通过双缝后形成的条纹一样。这说明单个电子的去向是概率性的,但其概率在一定条件下(如双缝)还是有确定的规律.

对双缝实验来说,以 ψ_1 表示粒子单独打开缝 1 时粒子在底板附近的概率幅分布,则 $|\psi_1|^2 = \rho_1$ 表示粒子在底板上的概率分布,它对应于单缝衍射图样;如果两缝同时打开,入射的每个粒子的去向都有两种可能,既可能通过缝 1 也可能通过缝 2,这时不是概率相叠加,而是概率幅叠加,即

$$\psi_{12} = \psi_1 + \psi_2$$

相应的概率分布(概率密度)为

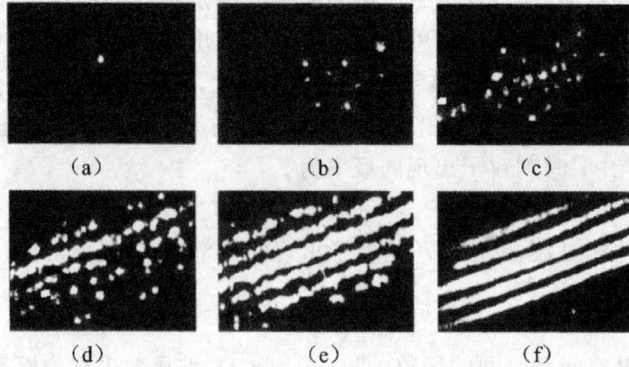

图 15.7.2　电子逐个穿过双缝的衍射实验结果

$$\rho_{12} = |\psi_{12}|^2 = |\psi_1 + \psi_2|^2 = |\psi_1|^2 + \psi_1\psi_2 + \psi_2\psi_1 + |\psi_2|^2$$

式中出现了 ψ_1 与 ψ_2 的交叉项,这就是两缝之间的干涉效果。

在物理理论中引入概率概念,在哲学上有着重要的意义。它意味着:在已知给定条件下,不可能精确地预知结果,只能预言某些可能结果的概率。也就是说,不能给出唯一的,肯定结果,只能用统计方法给出结论。微观粒子由于其波动性而表现得如此不可思议地奇特,但客观事实的确就是这样的。

15.7.3　波函数的条件

知道了波函数,就知道了粒子出现在空间的概率,由此可获知粒子的各种性质,因此可以说波函数描写了粒子的量子状态。

由于粒子必定要在空间某一点出现,所以粒子在空间各点出现的概率总和等于1,因而粒子在空间各点出现的概率只取决于波函数在空间各点的相对强度,而不决定于强度的绝对大小。即有

$$\int_V |\psi|^2 \mathrm{d}V = 1 \tag{15.7.6}$$

式(15.7.6) 称为**归一化条件**,满足该式的波函数 ψ 称为归一化波函数。

根据玻恩解释,由于粒子在空间任何点的概率密度必须是确定的、唯一的并且不是无限大的,故波函数 ψ 必须是连续、单值和有限的函数,这个条件称为波函数的**标准条件**。

波函数本身虽然不能通过实验观测,但粒子在空间出现的概率是可观测的。玻恩提出的这种概率波的观点已被大量实验所证实,现在已得到了绝大多数人的认同。但是,我们必须注意到,物质波与经典波有着本质的区别:

(1) 物质波 ψ 不能用实验直接观测,本身无实在的物理意义,并且定义为复函数形式。但是, $|\psi|^2 = \psi\psi^*$ 为实数,具有物理意义,它表示微观粒子的概率密度;经典波的波函数本身是实函数,是可以实验观测的,它具有实在的物理意义(类似位移、电场强度等)。

(2) 物质波是概率波,任何一个常量 C 与波函数之积 $C\psi$ 与 ψ 表示相同的概率分布,因此, $C\psi$ 与 ψ 描述相同的概率波;经典波的波幅若变为原来的 C 倍,则经典波的能量为原来的 C^2 倍,它们描述的运动状态完全不同。

例 15.7.1　粒子在一维空间中运动,其运动状态可用波函数

$$\psi(x,t) = \begin{cases} 0(x \leqslant 0, x \geqslant a) & (x \leqslant 0, x \geqslant a) \\ A e^{-\frac{i}{\hbar}Et} \sin \dfrac{\pi x}{a} & (0 < x < a) \end{cases}$$

来描述,式中 E 与 a 均为常量。求:

(1) 归一化常量 A;

(2) 粒子概率分布函数(概率密度);

(3) 概率最大的位置。

解　(1) 利用归一化条件可求出 A

$$\int_{-\infty}^{+\infty} |\psi|^2 \mathrm{d}x = \int_0^a A^2 \sin^2 \frac{\pi x}{a} \mathrm{d}x = \frac{A^2 a}{2} = 1$$

$$A = \sqrt{\frac{2}{a}}$$

(2) 概率密度

$$\rho = |\psi|^2 = \begin{cases} 0 & (x \leqslant 0, x \geqslant a) \\ \dfrac{2}{a} \sin^2 \dfrac{\pi x}{a} & (0 < x < a) \end{cases}$$

(3) 对粒子在 x 处出现的概率密度取极值,则有

$$\frac{\mathrm{d}}{\mathrm{d}x}\left(\frac{2}{a} \sin^2 \frac{\pi x}{a} \right) = \frac{2\pi}{a^2} \sin \frac{2\pi}{a} x = 0$$

解得 $x = 0, \dfrac{a}{2}, a$(这里要注意 x 的取值范围)。

由于 $\psi(x,t)$ 在 $x = 0$ 与 $x = a$ 处均为 0,故概率密度最大值出现在 $x = \dfrac{a}{2}$ 处。

15.8　薛定谔方程及其应用

德布罗意引入了和粒子相联系的实物波,粒子的运动用波函数 $\psi(r,t)$ 来描述,而 t 时刻粒子在各处的概率密度为 $|\psi|^2$。但是,怎样确定在给定条件下(一般是给定一个势场)的波函数呢?

1925 年,薛定谔(E. Schrö dinger) 作了一个关于德布罗意波的学术报告,会议主持人德拜指出:"对于波,应该有一个波动方程。"不久,薛定谔向世人公布了这个波动方程,它在量子力学中的地位和作用相当于牛顿运动方程在经典力学中的地位和作用。

15.8.1　一维定态薛定谔方程

薛定谔方程的一般形式是

$$\mathrm{i}\hbar\frac{\partial \psi}{\partial t} = \hat{H}\psi$$

该方程也称为**含时薛定谔方程**。式中,$\hat{H}$ 称为**哈密顿算符**,在一维情况下是

$$\hat{H} = -\frac{\hbar^2}{2m}\frac{\partial^2}{\partial x^2} + U(x,t)$$

在相当多的情况下，粒子只在恒定势场 $U = U(r)$ 中运动，即势场与时间无关。可以证明，此时粒子的概率密度也与时间无关，而只是空间坐标的函数，对应的波函数称为**定态波函数**。

在一维的情况下，我们将定态波函数记为 $\varphi(x)$，它与波函数 $\psi(x,t)$ 的关系为

$$\psi(x,t) = \varphi(x)e^{-iEt/\hbar}$$

相应地，t 时刻粒子在 x 处出现的概率密度为

$$\rho = |\psi|^2 = \psi\psi* = |\varphi(x)|^2$$

决定粒子定态波函数的**定态薛定谔方程**（一维形式）为

$$-\frac{\hbar^2}{2m}\frac{d^2\varphi}{dx^2} + U\varphi = E\varphi \tag{15.8.1}$$

上式也可以写成如下形式

$$\hat{H}\varphi(x) = E\varphi(x)$$

关于定态薛定谔方程，需要说明两点：第一，它是线性微分方程，这就意味着作为它的解，即波函数或概率幅 φ 都满足叠加原理；第二，从数学上来说，对于任何能量 E 的值，方程都有解，但并非对所有 E 值的解都能满足物理上的要求。事实表明，根据波函数的标准条件（单值、有限、连续），可以得出微观粒子的能量是量子化的。

薛定谔将能量量子化、本征值理论、哈密顿-雅可比理论和德布罗意物理质波理论结合起来，创立了波动量子力学，于 1933 年获得诺贝尔物理学奖。

附录 D　薛定谔方程的形式推导

用类似于经典波的波动方程的推导方法，可以得到薛定谔方程的表达式。

对于自由粒子（即不受外界作用），沿 x 方向运动的波函数见式(15.7.3)

$$\psi(x,t) = Ae^{-\frac{i}{\hbar}(Et-px)}$$

将它分别对 t 与 x 取一阶、二阶偏导，则得

$$\frac{\partial\psi}{\partial t} = -\frac{i}{\hbar}E\psi \qquad \frac{\partial^2\psi}{\partial x^2} = -\frac{p^2}{\hbar^2}\psi$$

分别变形，得

$$i\hbar\frac{\partial\psi}{\partial t} = E\psi \qquad \frac{\hbar^2}{2m}\frac{\partial^2\psi}{\partial x^2} = -\frac{p^2}{2m}\psi$$

将以上两式相加，可得

$$i\hbar\frac{\partial\psi}{\partial t} + \frac{\hbar^2}{2m}\frac{\partial^2\psi}{\partial x^2} = \left(E - \frac{p^2}{2m}\right)\psi \tag{d1}$$

考虑到非相对论情况下 $E = \frac{p^2}{2m}$，则

$$i\hbar\frac{\partial\psi}{\partial t} + \frac{\hbar^2}{2m}\frac{\partial^2\psi}{\partial x^2} = 0 \tag{d2}$$

这就是一维运动**自由粒子**的薛定谔方程.

对于非自由粒子，设粒子处于外加势场 $U = U(x,t)$ 之中，粒子的总能量为

$$E = \frac{p^2}{2m} + U$$

对波函数

$$\psi(x,t) = \psi_0 e^{-\frac{i}{\hbar}(Et-px)} \tag{d3}$$

求偏导,同样可得到式(d1)的结果,将总能量表示式代入,则有

$$i\hbar\frac{\partial\psi}{\partial t} + \frac{\hbar^2}{2m}\frac{\partial^2\psi}{\partial x^2} = U\psi \tag{d4}$$

这就是一维运动下的**含时薛定谔方程**。

引入拉普拉斯算符 $\nabla^2 = \frac{\partial^2}{\partial x^2} + \frac{\partial^2}{\partial y^2} + \frac{\partial^2}{\partial z^2}$,可将一般情况下的含时薛定谔方程写作如下形式

$$i\hbar\frac{\partial\psi}{\partial t} = -\frac{\hbar^2}{2m}\nabla^2\psi + U\psi$$

再引入哈密顿算符 $\hat{H} = -\frac{\hbar^2}{2m}\nabla^2 + U$,则得**薛定谔方程的一般形式**

$$i\hbar\frac{\partial\psi}{\partial t} = \hat{H}\psi \tag{d5}$$

在一维定态运动中,由于概率密度只由空间坐标 x 决定,可以将波函数表示为

$$\psi(x,t) = \varphi(x)f(t) \tag{d6}$$

代入薛定谔方程式(d5),并进行分离变量

$$i\hbar\varphi(x)\frac{\partial f(t)}{\partial t} = f(t)\hat{H}\varphi(x) \quad \frac{i\hbar}{f(t)}\frac{\partial f(t)}{\partial t} = \frac{1}{\varphi(x)}\hat{H}\varphi(x)$$

上式左边仅是时间 t 的函数,右边仅是空间坐标 x 的函数,而左右两边相等,这只有两边都是常数才可以。将这个常数记为 E(事实表明它就是粒子的总能量),这样就得到

$$i\hbar\frac{\partial f(t)}{\partial t} = Ef(t) \tag{d7}$$

$$\hat{H}\varphi(x) = E\varphi(x) \tag{d8}$$

式(d8)就是定态薛定谔方程,其中哈密顿算符 $\hat{H} = -\frac{\hbar^2}{2m}\frac{\partial^2}{\partial x^2} + U(x)$。

解式(d7),可得

$$f(t) = Ce^{-\frac{i}{\hbar}Et} \tag{d9}$$

其中,C 为任意常数。将此结果代入式(d6),就可以得到定态波函数

$$\psi(x,t) = \varphi(x)e^{-\frac{i}{\hbar}Et} \tag{d10}$$

上面已将常数 C 并入了 $\varphi(x)$ 中(不影响概率密度)。

至此,已完成了定态薛定谔方程与定态波函数的推导.

从附录 D 式(d8)可知,如果给定了 $U(x)$,就可以通过它求解出 $\varphi(x)$,进一步可以得到 $\psi(x,t)$。方程式(d8)也称为哈密顿算符的**本征方程**,E 称为哈密顿算符的**本征值**,$\varphi(x)$ 称为**本征函数**.

最后需要说明两点:① 在附录 D 的推导中,必须用复数形式的波函数,如果用经典的平面波函数就得不到薛定谔方程;② 用以上方法得到薛定谔方程,其正确性是由它对具体实际问题所作的理论计算与实验结果相比较来验证的。因此,薛定谔方程不能视为数学方法推导的结论。然而,非相对论性情况下应用薛定谔方程的结果都获得了成功,因而薛定谔方程被认为是能够反映微观系统客观实际的近代物理理论。

下面举一些例子说明由薛定谔方程所决定的粒子运动的一些基本特征。

15.8.2　一维无限深方势阱

势阱是一种简单的理论模型。自由电子在金属块内部可以自由运动,但很难逸出金属表面。这种情况下,自由电子就可以认为是处于以金属块表面为边界的无限深势阱中。在

粗略地分析自由电子的运动(不考虑点阵离子的电场)时,就可以利用无限深方势阱这一模型。

粒子在一维无限深方势阱中的势能函数为

$$U(x) = \begin{cases} 0, & 0 \leqslant x \leqslant a \\ \infty, & x < 0, x > a \end{cases}$$

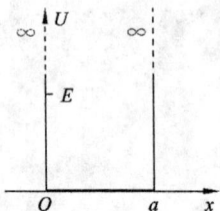

图 15.8.1　一维无限深方势阱

这种势能函数的势能曲线如图 15.8.1 所示。在势阱内 $(0 \leqslant x \leqslant a)$,由于势能是 0,所以粒子不受力而做自由运动;在边界处 $(x = 0, a)$,势能突然增大至无限大,所以粒子会受到无限大的指向阱内的力。因此粒子的位置就被限制在阱内,粒子这时的状态称为**束缚态**。

在势阱内,粒子的状态用定态薛定谔方程(15.8.1)来描述,考虑到 $U = 0$,所以

$$-\frac{\hbar^2}{2m}\frac{d^2\varphi}{dx^2} = E\varphi$$

变形为

$$\frac{d^2\varphi}{dx^2} = -\frac{2mE}{\hbar^2}\varphi$$

它和简谐运动的微分方程式形式一样,其解为

$$\varphi = A\sin(kx + \varphi) \quad (0 \leqslant x \leqslant a) \tag{15.8.2}$$

式中,$k = \frac{\sqrt{2mE}}{\hbar}$。

在势阱外,由于 $U = \infty$,是粒子不可能到达的区域,所以必须有

$$\varphi = 0 \quad (x < 0, x > a) \tag{15.8.3}$$

根据波函数在 $x = 0$ 与 $x = a$ 处连续的要求,可以求有关常量:

由 $\varphi(0) = A\sin\varphi = 0$,可得 $\varphi = 0$;

由 $\varphi(a) = A\sin(ka + \varphi) = 0$,可得 $ka = n\pi$ $(n = 1, 2, 3, \cdots)$。

将以上结果代入式(15.8.2),可得

$$\varphi = A\sin\frac{n\pi}{a}x$$

再根据波函数的归一化条件,可以求出振幅 A 的值

$$\int_{-\infty}^{+\infty} |\varphi|^2 dx = \int_{-\infty}^{0} |\varphi|^2 dx + \int_{0}^{a} |\varphi|^2 dx + \int_{a}^{+\infty} |\varphi|^2 dx$$

$$= \int_0^a \left(A\sin\frac{n\pi}{a}x\right)^2 dx = \frac{a}{2}A^2 = 1$$

由此得 $A = \sqrt{2/a}$,于是所求的粒子的波函数为

$$\varphi(x) = \begin{cases} \sqrt{\frac{2}{a}}\sin\frac{n\pi}{a}x, & 0 \leqslant x \leqslant a \\ 0, & x < 0, x > a \end{cases} \quad (n = 1, 2, 3, \cdots) \tag{15.8.4}$$

粒子的能量可以由 $ka = n\pi$ 与 $k = \frac{\sqrt{2mE}}{\hbar}$,求得

$$E_n = \frac{1}{2m}\left(\frac{\pi\hbar}{a}n\right)^2 \quad (n = 1,2,3,\cdots) \tag{15.8.5}$$

由此可见,束缚在势阱内的粒子,其能量只能取分立的值,即能量是量子化的。每一个能量值对应于一个能级。这些能量值称为**能量本征值**,而 n 称为**量子数**。

波函数称为**能量本征波函数**。由每个本征波函数所描述的粒子的状态称为粒子的**能量本征态**,其中能量最低的态称为**基态**,其他能量较大的态称为**激发态**。

图 15.8.2 所示的是粒子在一维无限深方势阱中各能级下的波函数、概率密度。

以上的结果表明,粒子在势阱内的表现与经典粒子明显不同:① 粒子的波动性给出的概率密度也呈周期性分布,而按经典理论,粒子在阱内来来往往自由运动,在各处的概率密度应该相等且与粒子的能量无关;② 量子粒子的最小能量,即基态能量不为零,而经典粒子是有可能处于静止的能量为零的最低能态;③ 与粒子动量相对应的德布罗意波波长只能是势阱宽度两倍的整数分之一,即每一个能量本征态对应于德布罗意波的一个特定波长的驻波。

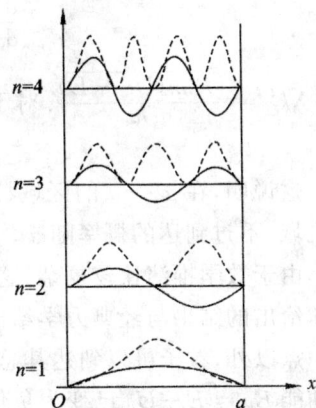

图 15.8.2　粒子的波函数(实线)和概率密度(虚线)

例 15.8.1　在原子核内的质子和中子可粗略地当成是处于无限深势阱中而不能逸出,它们在核中的运动也可以认为是自由的。按一维无限深方势阱估算,质子从第一激发态($n = 2$)到基态($n = 1$)转变时,放出的 γ 光子的能量是多少?

解　核的线度按 1.0×10^{-14} m 计算,质子的基态能量为

$$E_1 = \frac{1}{2m}\left(\frac{\pi\hbar}{a}\right)^2 = \frac{\pi^2 \times (1.05 \times 10^{-34})^2}{2 \times 1.67 \times 10^{-27} \times (1.0 \times 10^{-14})^2} = 3.3 \times 10^{-13} \text{ (J)}$$

第一激发态的能量为

$$E_2 = 4E_1 = 13.2 \times 10^{-13} \text{ (J)}$$

从第一激发态转变到基态所放出的 γ 光子的能量等于这两个能量的差,即

$$E_2 - E_1 = 9.9 \times 10^{-13} \text{ (J)} = 6.2 \text{ MeV}$$

实验观测到的核发出的 γ 光子的能量一般就是几兆电子伏特,与上述估算相符。

15.8.3　隧穿效应

图 15.8.3 所示的是"半无限深方势阱",其势能分布函数为

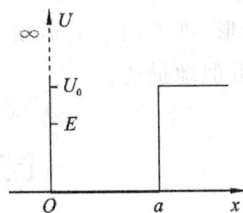

图 15.8.3　半无限深方势阱

$$U(x) = \begin{cases} \infty, & x < 0 \\ 0, & 0 \leqslant x \leqslant a \\ U_0, & x > a \end{cases}$$

在 $x < 0$ 而 $U = \infty$ 的区域,波函数 $\varphi = 0$。

在势阱内,即 $0 \leqslant x \leqslant a$ 的区域,粒子具有小于 U_0 的能

量 E,粒子在势阱内的状态用薛定谔方程描述为

$$\frac{\mathrm{d}^2\varphi}{\mathrm{d}x^2} = -\frac{2mE}{\hbar^2}\varphi = -k^2\varphi \qquad (15.8.6)$$

式中,$k = \frac{\sqrt{2mE}}{\hbar}$ 方程的解为 $\varphi = A\sin(kx + \varphi)$。

在 $x > a$ 的区域,薛定谔方程可写成

$$\frac{\mathrm{d}^2\varphi}{\mathrm{d}x^2} = \frac{2m}{\hbar^2}(U_0 - E)\varphi = -k'^2\varphi \qquad (15.8.7)$$

式中,$k' = \frac{\sqrt{2m(U_0 - E)}}{\hbar}$.对于 $E < U_0$ 的粒子,$k'^2 > 0$,此时方程有指数解

$$\varphi = Ce^{-k'x} \qquad (15.8.8)$$

这说明,在 $x > a$ 的区域粒子出现的概率不为零,即粒子在运动中也可能到达 $x > a$ 的区域,不过到达的概率随 x 增大而按指数规律减小。

由于数学推演比较复杂,这里不介绍波函数的细节。但在这里,我们又一次看到量子力学给出的结果与经典力学给出的结果不同。除了处于束缚态的粒子的能量是量子化的这一点以外,粒子可以到达其总能量 E 小于势能 U_0 的区域。由于在 $E < U_0$ 的区域,粒子的动能 $E_k = E - U_0$ 已变为负值,因而在经典力学中粒子是不可能进入这一区域的。如果这一高势能区域是有限宽的,即粒子在运动中为一**势垒**所阻(图 15.8.4),则粒子就有可能穿过势垒而到达势垒的另一侧。这一量子力学现象称为**势垒穿透**或**隧穿效应**。

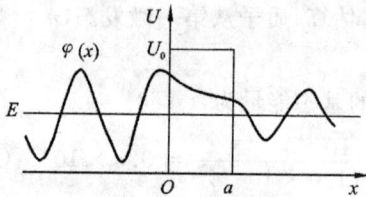

图 15.8.4　势垒穿透

图 15.8.5　量子围栏

势垒穿透现象目前的一个重要应用是**扫描隧穿显微镜**,简称为 STM。它可以在荧光屏或绘图机上显示出样品表面的三维图像,和实验尺寸相比,这一图像可放大到一亿倍。图 15.8.5 所示是用 STM 的探针将 48 个铁原子移到一块精制的铜表面上,围成一个圆圈,圈内的圆形波纹就是电子的波动图景(驻波),称为**量子围栏**。它与量子力学的预言符合的非常好。

*15.8.4　线性谐振子

这一节讨论的是粒子在略微复杂的势场中做一维运动的情形,即谐振子的运动。这是一个很有用的模型,固体中原子的振动就可以用这种模型加以近似地描述。

一维谐振子的势函数为

$$U = \frac{1}{2}kx^2 = \frac{1}{2}m\omega^2 x^2 \qquad (15.8.9)$$

式中,$\omega = \sqrt{k/m}$ 是振子的固有角频率,m 是振子的质量,k 是振子的等效劲度系数。

将式(15.8.9)代入定态薛定谔方程式(15.8.1),则有

$$\frac{d^2\varphi}{dx^2} + \frac{2m}{\hbar^2}\left(E - \frac{1}{2}m\omega^2 x^2\right)\varphi = 0 \qquad (15.8.10)$$

这是一个变系数的常微分方程,求解较为复杂。求解结果表明:为了使波函数满足单值、有限、连续的条件,谐振子的能量只能是

$$E_n = \left(n + \frac{1}{2}\right)\hbar\omega = \left(n + \frac{1}{2}\right)h\nu \quad (n = 0,1,2,3,\cdots) \qquad (15.8.11)$$

由此可见,量子谐振子的能量也是分立的,即是量子化的,n 是量子数。和无限深方势阱中粒子的能级不同的是,谐振子两相邻能级间的间隔均为 $h\nu$,即

$$E_{n+1} - E_n = h\nu$$

这和普朗克假设一致。另外,一维谐振子的基态($n = 0$)能量

$$E_0 = \frac{1}{2}\hbar\omega = \frac{1}{2}h\nu \qquad (15.8.12)$$

称为**零点能**。

零点能的存在是量子力学的一个重要结果,是微观粒子波粒二象性的反映。它表明,即使在绝对零度,一维谐振子仍有振动。这用经典理论是解释不了的。

*15.9　氢原子的量子理论简介

薛定谔利用他得到的方程所取得的第一个突出成就是,更自然地解决了当时有关氢原子的问题,从而开始了量子力学理论的建立。这个理论使人们逐步弄清了原子的内部结构及其运动规律,并推动了量子化学、光谱学和新材料学等学科的发展。本节只介绍用薛定谔方程求解氢原子问题的方法,以及求解所得的一些重要结论,使大家对量子理论的应用有一个初步的了解。

15.9.1　氢原子的薛定谔方程

在氢原子中,一个电子处于原子核的库仑场中,其势能

$$U(r) = -\frac{e^2}{4\pi\varepsilon_0 r}$$

它与时间无关,具有球对称性,所以求解定态薛定谔方程采用如图 15.9.1 所示的球坐标系较为方便。

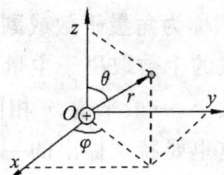

图 15.9.1　球坐标系中的氢原子

球坐标系下的定态薛定谔方程为

$$\frac{1}{r^2}\frac{\partial}{\partial r}\left(r^2\frac{\partial\psi}{\partial r}\right) + \frac{1}{r^2\sin\theta}\frac{\partial}{\partial\theta}\left(\sin\theta\frac{\partial\psi}{\partial\theta}\right) + \frac{1}{r^2\sin^2\theta}\frac{\partial^2\psi}{\partial\varphi^2} + \frac{2m}{\hbar^2}\left(E + \frac{e^2}{4\pi\varepsilon_0 r}\right)\psi = 0$$

这个偏微分方程需要采用分离变量法求解。令

$$\psi = R(r)H(\theta)\Phi(\varphi)$$

代入上面的薛定谔方程,经过一系列的换算、整理,可依次得出三个方程

$$\frac{\mathrm{d}^2 \Phi}{\mathrm{d}\varphi^2} + m_l^2 \Phi = 0$$

$$\frac{1}{\sin\theta} \frac{\mathrm{d}}{\mathrm{d}\theta}\left(\sin\theta \frac{\mathrm{d}H}{\mathrm{d}\theta}\right)\left[l(l+1) - \frac{m_l^2}{\sin^2\theta}\right]H = 0$$

$$\frac{1}{r^2} \frac{\mathrm{d}}{\mathrm{d}r}\left(r^2 \frac{\mathrm{d}R}{\mathrm{d}r}\right) + \left[\frac{2m}{\hbar^2}\left(E + \frac{e^2}{4\pi\varepsilon_o r}\right) - \frac{\hbar^2}{2m} \frac{l(l+1)}{r^2}\right]R = 0$$

式中,m_l 和 l 均为常数,其意义将在后面说明。

以上方程的求解过程非常复杂,下面只给出一些结论。这里要说明的一点是,下面的部分结论与前面 15.4 节玻尔的氢原子理论相同,但这是求解薛定谔方程自然得到的结论,而不是利用玻尔的三个假设得出的结果。同时,我们还可以看到玻尔旧量子理论得到的一些结果与薛定谔的结果不同,但实验证明后者才是正确的。

15.9.2　四个量子数

1. 能量量子化和主量子数

对薛定谔方程求解可得氢原子的能量

$$E_n = -\frac{me^4}{2(4\pi\varepsilon_o)^2 \hbar^2} \frac{1}{n^2} \quad (n = 1, 2, 3, \cdots) \tag{15.9.1}$$

此式表明,氢原子的能量是量子化的。式中,n 称为**主量子数**。主量子数 n 和电子的概率密度分布的径向部分有关,n 越大,电子离核越远。所以,电子的能量主要由 n 来决定。

式(15.9.1)与玻尔理论中的能量公式相同。由上式可见,$E_n \propto \dfrac{1}{n^2}$,所以,随 n 的增加,$|E_n|$ 很快地减小。

2. 轨道角动量量子化和角量子数

电子绕核运动的角动量必须满足

$$L = \sqrt{l(l+1)}\hbar \quad (l = 0, 1, 2, \cdots, n-1) \tag{15.9.2}$$

式中,l 称为**角量子数**或**副量子数**。由式(15.9.2)可知电子的角动量 L 也是量子化的,角量子数的个数取决于主量子数,即共有 n 个 l 值。角量子数决定电子绕原子核运动的角动量的大小。一般来说,n 相同而角量子数不同的电子,其能量也稍有不同。

这里要特别提出的一点是,量子力学的角动量量子化公式与玻尔理论中的角动量量子化公式不同,从式(15.9.2)可知 $L_{\min} = 0$,而玻尔理论中的角动量的最小值 $L'_{\min} = \hbar$。实验证明,量子力学的结论是正确的。

3. 轨道角动量的空间量子化和磁量子数

在薛定谔方程的解中,电子轨道角动量 L 的 z 分量只能取分立的值,即 L 的空间取向是量子化的

$$L_z = m_l \frac{h}{2\pi} = m_l \hbar \quad (m_l = 0, \pm 1, \pm 2, \cdots, \pm l) \tag{15.9.3}$$

轨道角动量 L 的空间取向由 m_l 决定,由于 L 的取向通常与磁场有关,所以把 m_l 称为**磁量**

子数。式(15.9.3) 表明,电子的角动量在空间共有$(2l+1)$ 个可能的取值,因此是量子化的。这一结论称为角动量的空间量子化。

例如取 $l=1$,则 $m_l=0,\pm1$;取 $l=2$,则 $m_l=0,\pm1,\pm2$,此时角动量 $\boldsymbol{L}$ 在空间的可能取向如图 15.9.2 所示。

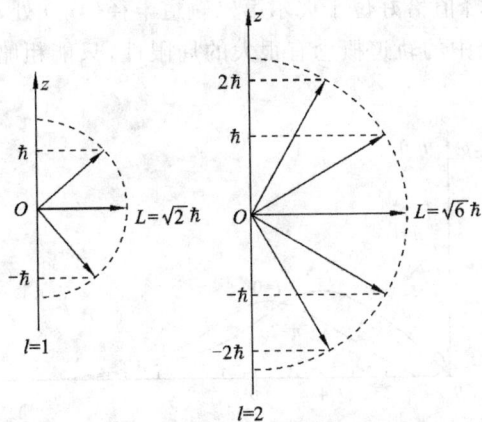

图 15.9.2　电子角动量的空间量子化

磁量子数决定电子绕核运动的角动量矢量在外磁场中的指向。

4. 电子的自旋和自旋磁量子数

电子的自旋角动量

$$S = \sqrt{s(s+1)}\frac{h}{2\pi} = \frac{\sqrt{3}}{2}\frac{h}{2\pi}$$

式中,自旋量子数 $s=\dfrac{1}{2}$。

自旋角动量在外磁场方向上只有两个分量

$$S_z = m_s\frac{h}{2\pi}$$

式中,$m_s=\pm\dfrac{1}{2}$ 称为**自旋磁量子数**。

自旋磁量子数决定电子自旋角动量矢量在磁场中的指向,它只有两个值,故这种指向只是与外磁场同向或反向,它影响原子在外磁场中的能量。这里要指出的一点是,电子自旋是电子的内禀特性,无经典类比。1921 年,斯特恩和盖拉赫用实验证明了磁矩和角动量的空间量子化,这一结果只能用电子的自旋来解释。

15.9.3　氢原子核外电子的概率分布

在量子力学中,没有轨道的概念,电子是以一定的概率出现在原子核周围,其波函数为

$$\psi_{n,l,m_l}(r,\theta,\varphi) = R_{n,l}(r)H_{l,m_l}(\theta)\Phi_{m_l}(\varphi)$$

而$|\psi_{n,l,m_l}|^2$给出了电子处于(n,l,m_l)决定的定态时,在空间(r,θ,φ)出现的概率密度。

图 15.9.3 给出了$|R_{nl}(r)|^2$-r的关系曲线的两个例子,从中可以看出,电子并没有稳定的轨道,而是以不同的概率出现在空间各处。对$n=1$,只有一个值$l=0$,故只有一种分布曲线,其最大概率密度恰好在玻尔第一轨道半径r_1处。$n=2$时概率密度有两种分布,其中$l=1$时概率密度的峰值恰好位于玻尔第二轨道半径$(4r_1)$处,$l=0$的情况无经典轨道对应。这说明,玻尔理论中的轨道概念有很大的局限性,只能粗略地表示电子所出现的空间范围。

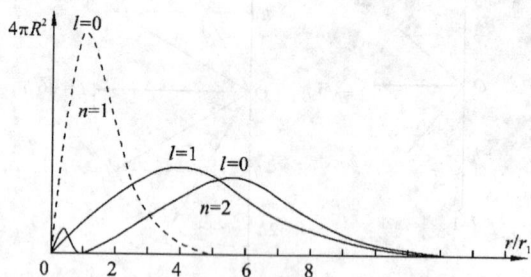

图 15.9.3　电子概率密度的径向分布

图 15.9.4 给出了$|H_{lm_l}(\theta)|^2$-θ曲线的两个例子,在此图中,从原点引向曲线某点的距离,代表在该方向上概率密度的大小。由计算可知,$|\Phi_{m_l}(\varphi)|^2$与φ无关,这说明图 15.9.4 是关于z轴对称的。

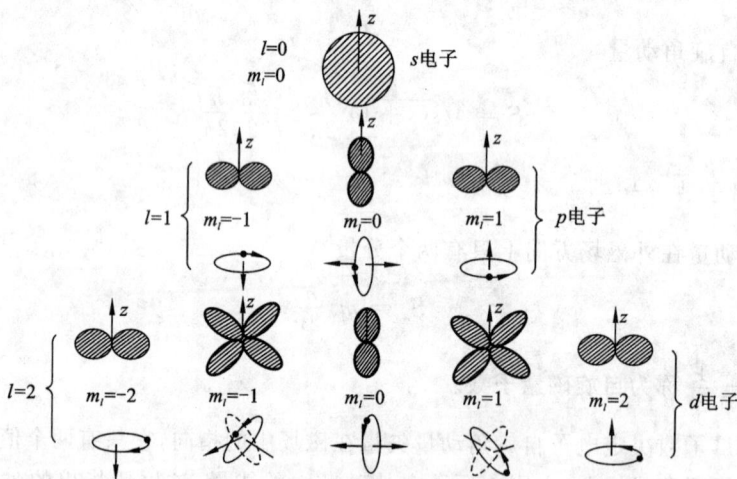

图 15.9.4　电子角向概率密度分布

*15.10　激光原理及其应用

激光器的发明是 20 世纪科学技术具有划时代意义的一项成就。自从 1960 年美国人梅曼(T. H. Maiman)制成第一台红宝石激光器以来,激光技术及其应用取得了巨大的进展,对整个社会生产和科学技术的发展起了巨大的推动作用。激光是基于受激辐射放大原理而产生的一种相干光辐射。其英文名 laser 是由"light amplification by stimulated emission of radiation"的第一字母缩写而成,译名是根据我国著名科学家钱学森的建议而确定的。1916 年,爱因斯坦提出的受激辐射理论是现代激光技术的理论基础。下面分别介绍激光产生的原理和激光器。

15.10.1　激光产生的基本原理

1. 三种辐射跃迁过程

按照原子的量子理论,光和原子的相互作用可以引起受激吸收、自发辐射和受激辐射。

(1) 受激吸收。处于低能级 E_1 的原子受到频率为 ν 的光子照射时,会吸收光子的能量,然后在满足 $h\nu = E_2 - E_1$ 的能级间从低能级 E_1 跃迁到高能级 E_2(也称激发态),这个过程称为**受激吸收**。如图 15.10.1(a) 所示。

一般情况下,一个原子仅吸收一个光子实现能级跃迁。激光出现后,实验上实现了多光子吸收过程,即一个原子在一定条件下,同时吸收多个光子从基态跃迁到激发态。

(2) 自发辐射。处于激发态 E_2 的原子是不稳定的。该原子在激发态停留的时间大约为 10^{-8} s。因此,处于激发态的原子将自发跃迁到较低的能级而辐射出频率为 ν 的光子,这种发光过程称为自发辐射,如图 15.10.1(b) 所示。辐射出的光子的能量 $h\nu = E_2 - E_1$。自发辐射的特点是原子发光彼此独立,互不相关,大量原子发出的光的频率、相位、振动方向和传播方向都是杂乱的。

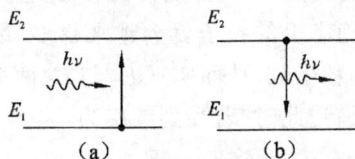

图 15.10.1　受激吸收与自发辐射　　　　图 15.10.2　受激辐射与光放大

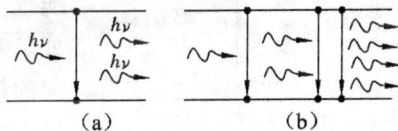

(3) 受激辐射。处于激发态的原子在自发辐射之前,如遇到 $h\nu = E_2 - E_1$ 的外来光子的诱发,该原子将从高能级 E_2 跃迁到低能级 E_1,同时辐射出光子,这种发光过程称为**受激辐射**。受激辐射的特点是辐射光子与入射光子具有相同的频率、振动方向、相位和传播方向,如图 15.10.2(a) 所示。由此可见,在受激辐射中,1 个入射光子可以引起 1 个原子的受激辐射而得到 2 个特征完全相同的光子,2 个光子又可以获得 4 个特征完全相同的光子,如图 15.10.2(b) 所示。如此持续下去,就可以引起大量特征相同的光子,从而实现光放大。

2. 粒子数反转

在光和原子系统相互作用的过程中,受激吸收、自发辐射和受激辐射三种跃迁过程总是同时存在的。受激吸收使光子数减少,受激辐射使光子数增加。要实现受激辐射光放大,就要使受激辐射所产生的光子数大于受激吸收所吸收的光子数,受激辐射与受激吸收哪个占优势,取决于原子按能级分布的状况。

原子系统处于动态平衡时,其原子能级数的分布遵守玻尔兹曼定律.设处于低能级 E_1 的原子数为 N_1,处于高能级 E_2 的原子数为 N_2,由 M-B 分布可得

$$\frac{N_2}{N_1} = \frac{C\mathrm{e}^{-E_2/kT}}{C\mathrm{e}^{-E_1/kT}} = \mathrm{e}^{-\frac{E_2-E_1}{kT}} \tag{15.10.1}$$

由于 $E_2 - E_1 > 0$,故 $N_2/N_1 < 1$,说明低能级的原子数比高能级的原子数多.多数的原子基态(E_1)与第一激发态之间的能量差约为 $1\ \mathrm{eV}$ 的数量级,在室温 $300\ \mathrm{K}$ 时可得到这两个能级上的原子数之比约为 $N_2/N_1 = e^{-40}$.因此,在正常情况下,$N_2 \ll N_1$,受激吸收大于受激辐射.

要使受激辐射大于受激吸收,就必须使高能级的原子数比低能级的原子数多.我们把某一高能级上粒子数 N_2 多于某一低能级上粒子数 N_1 的现象称为**粒子数反转分布**.

实现粒子数反转分布所需的条件是:① 要有外界的激励条件,即必须外界输入能量,如光照、放电等,使尽可能多的粒子跃迁到高能级上去,这一能量的供应过程称为**激励**或**光泵浦**;② 要有存在亚稳态的工作物质,因为粒子在亚稳态上停留的时间可达 $10^{-4} \sim 10^{-3}\ \mathrm{s}$,远大于激发态上的停留时间.$\mathrm{He}$,$\mathrm{Ne}$,$\mathrm{Ar}$,$\mathrm{Cr}^{3+}$,$\mathrm{CO}_2$ 等就是这样的工作物质.

如图 15.10.3 所示,E_1 为基态能级,E_3 为激发态能级,E_2 为亚稳态能级.利用外来能量进行激励的结果是大量处于基态的粒子跃迁到激发态 E_3 能级上,由于粒子在 E_3 能级的寿命很短,很快就以无辐射跃迁的方式转移到亚稳态 E_2 能级上;在亚稳态能级上的平均寿命很长,不会立即以自发辐射的方式返回基态,只要能源源不断地提供激励能量,处于亚稳态上的粒子就会越来越多,最终超过处于基态上的粒子数,从而实现 E_2 与 E_1 两个能级之间的粒子数反转.此时,若受到频率为

$$\nu = \frac{E_2 - E_1}{h}$$

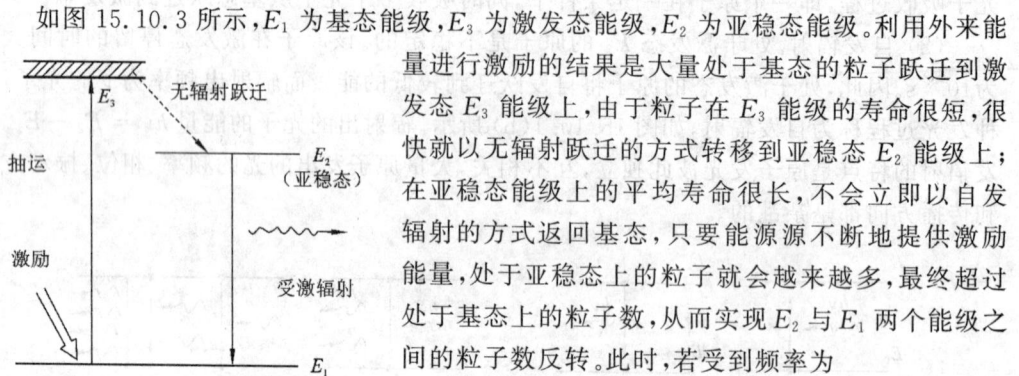

图 15.10.3 三能级系统

的光子作用,在 E_2 与 E_1 之间就会产生以受激辐射为主的跃迁.实现粒子数反转后,还不一定能够形成激光,因为引起受激辐射的最初光子来自自发辐射,这些光子的相位、振动方向各传播方向都是无规则的.为了能产生激光,必须使其中某一方向、某一频率的受激辐射能够不断地得到加强,其他方向、其他频率的辐射受到抑制.这一任务就由光学谐振腔来完成.

3. 光学谐振腔

光学谐振腔是由两个相距 $l = n\lambda/2$ 的反射镜 M_1 和 M_2 构成的腔体,工作物质置于腔体之中,反向镜 M_1 和 M_2 严格平行并与腔体的轴线垂直,其中 M_1 是全射镜,M_2 是部分反向镜(反射率达 98%),如图 15.10.4 所示.

当工作物质在激励能源的激励下实现了粒子数反转后,有一部分原子将以自发辐射的方式跃迁回基态并辐射出相位、偏振态、传播方向不相同的光子.这些光子也会引发受激辐射.在光学谐振腔内,那些偏离轴线传播的光子很快从腔体侧面逸出腔体.而沿着轴

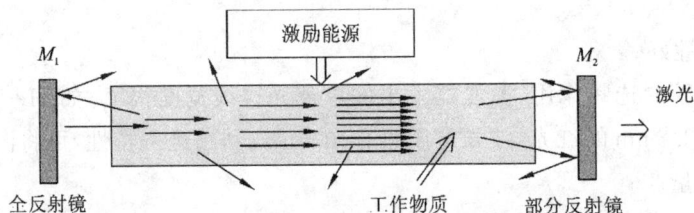

图 15.10.4　光学谐振腔

线方向运动的光子,由于得到两端反射镜的反射而在腔内形成振荡,每往返一次都会诱发工作物质产生轴向的受激辐射,因此,沿着轴向运动的光子不断地增加,在谐振腔内形成了沿轴向的频率、相位、偏振状态完全一致的激光束,从部分反射镜 M_2 输出。

为了使谐振腔能有很好的选频作用,腔体的长度应设计为所需波长的半整数倍,即 $l = n\lambda/2$,并在 M_1 和 M_2 上镀多层膜,使所需波长的光得到最大限度的反射,而限制其他波长的光反向。这样,只有波长为 λ 的光才能得到放大,其他波长的光很快就被衰减掉。因此,从 M_2 输出的光具有良好的单色包。

4. 阈值条件

实现工作物质的粒子数反转是产生激光的基本条件。我们把粒子数反转后高能级上的粒子数 N_2 与低能级上的粒子数 N_1 之差 $N_2 - N_1$ 称为**反转密度**。反转密度的大小直接影响光放大的增益,反转密度越大,受激辐射概率越大,光子增殖越快,光放大增益越高。由于谐振腔反射镜的透射和吸收以及工作物质不均匀性引起的散射等原因,都会造成光子损耗。只有当光在谐振腔内来回一次所得的增益大于损耗时,才能维持谐振腔内的振荡。

维持振荡所需的最小反转密度称为**阈值反转密度**。激励源为维持阈值反转密度所提供的最小能量、功率和通过的电流分别称为**阈值能量**、**阈值功率**和**阈值电流**。只有激励源提供的能量、功率、电流都超过各自的阈值时,才能维持谐振腔内的振荡并输出激光。

15.10.2　激光的特性

(1) 方向性强。

由于谐振腔仅选择沿轴线运动的光子加以放大,所以输出的激光具有很强的方向性。激光束的发散角只有 $3'38''$ 左右,在几千米外的扩散半径只有几厘米。利用这一特性,激光可以用来定位、测距、导航以及制造激光雷达等。

(2) 能量集中,亮度高。

激光能量在空间和时间上都是高度集中的。如一台功率只有 $1\,\mathrm{mW}$ 的 He-Ne 激光器输出的激光亮度比太阳表面的高 100 倍;一台功率较大的红宝石激光器输出激光的亮度比太阳表面的高 100 亿倍。大功率激光器的最大连续功率可达 $10^4\,\mathrm{W}$,最大脉冲激光器的功率可达 $10^{12}\,\mathrm{W}$。

激光通过透镜聚集可在焦点附近产生几千度、几万度甚至更高的温度,它足以溶化当今已有的任何材料。利用这一特性,激光可用来打孔、焊接、切割、热处理,以及制造激光武器等。

（3）单色性好。

由于谐振腔的选频作用，激光器发出的单色光谱线宽度很窄。如 He-Ne 激光器发出的波长 $\lambda = 632.8\ \text{nm}$ 的红光，波长宽度只有 $10^{-8}\ \text{nm}$。利用这一特性，可将激光波长作为标准进行精密测量。

（4）相干性好。

激光的发光过程是受激辐射，所以激光具有很好的相干性。利用这一特性，产生了全息照相、激光信息处理和精密检测等一系列高新技术。

15.10.3　激光器

自从 1960 年第一台激光器诞生以来，不同种类的激光器应运而生。激光器主要由三个部分组成：① 能产生激光的工作物质；② 激励源；③ 光学谐振腔。

按工作物质分类可把激光器分为：① 气体激光器，如 He-Ne 激光器、CO_2 激光器等；② 液体激光器，如无机液体激光器；③ 固体激光器，如红宝石激光器、钕玻璃激光器；④ 半导体激光器，如砷化镓二极管激光器。

按激光输出的方式可把激光器分为：① 连续输出激光器，如 He-Ne 激光器；② 脉冲输出激光器，如红宝石激光器。

按激励源的不同，激光器可分为：① 物理激光器，它是以电源为激励源的激光器，因此，必须有供电系统，其功率比较小，不便移动；② 化学激光器，它是将化学反应的能量作为激励源的激光器，其突出的优点是工程放大性能好，有利于产生大功率的激光。不论是 FH/DF 激光还是氧化碘化学激光，目前输出的功率已可达到百万瓦水平，光束质量可达近衍射极限。由于它的高亮度特性以及不必用极其庞大的电源，它在工作和军事应用方面都有良好的发展前景，如利用氧化碘化学激光作为光源的机载激光武器就是一例。

表 15.10.1　激光发展简史

1860	Maxwell 建立光的电磁理论
1900	Planck 提出能量子假说
1905	Einstein 提出光量子理论
1917	Einstein 提出受激辐射理论
1953	Towns 建立第一台微波激射器(maser)
1958	Towns，Shawlow 开始研制激光器
1960	Maiman 制成第一台红宝石激光器
1961～1965	激光光谱，用于大气污染分析；半导体激光器，用于激光通信；CO_2 激光器，用于激光熔炼、激光切割、激光钻孔……
1968～1969	月球上设置激光反射器；地面与卫星联系
1982	激光全息术
20 世纪 80 年代～	激光外科手术，通信、光盘、激光武器……

思 考 题

1. 对于刚粉刷完的房间,在室内看很明亮。但从距离房间很远的室外观看开着的窗户,即使在白天,看到室内也是黑的,为什么?

2. 若将太阳近似地视为黑体,从太阳光谱测得 $\lambda_m \approx 0.49\,\mu m$,用维恩位移定律计算太阳表面的温度是多少?如果将地面温度视为 300 K,可算出对应的 λ'_m 是多少?后一结果有什么应用?

3. 试将普朗克公式的频率表示式,换算到波长表示式。

4. 美国物理学家密立根花了 10 年时间从实验上验证爱因斯坦的光电效应方程式,并准确地测出了普朗克常量。他在 1916 年发表的一组实验数据如图 1 所示,它表示的是金属纳的截止电压与入射光频率之间的关系。试根据该图确定以下各量:

(1) 钠的红限频率 ν_0;

(2) 普朗克常量 h;

(3) 钠的逸出功 A。

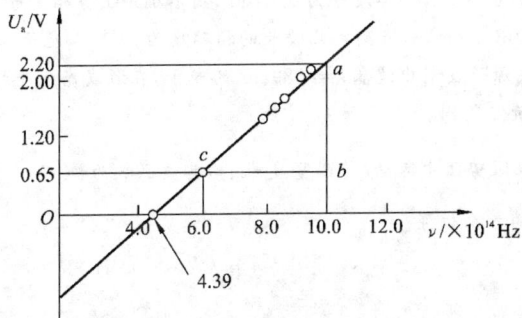

图 1　思考题 4 图

5. 用可见光能产生康普顿效应吗?在光电效应中能观察到康普顿效应吗?

6. 根据不确定关系,一个原子即使在 0 K,它能完全静止吗?

7. 什么是德布罗意波?哪些实验证实微观粒子具有波动性?

8. 波函数的标准条件是什么?

9. 在量子力学中,一维无限深势阱中的粒子可以有若干个态,如果势阱的宽度缓慢地减少到某一较小的宽度,则能级会怎样变化?

10. 玻尔氢原子理论中,电子轨道角动量最小值与量子力学理论中的结果是否相同?如果不同,哪个结果是正确的?

习 题 15

1. 一绝对黑体在 $T_1 = 1450\,K$ 时,单色辐出度的峰值所对应的波长 $\lambda_1 = 2\,\mu m$,当温度降低到 $T_2 = 976\,K$ 时,求:

(1) 单色辐出度的峰值所对应的波长 λ_2;

(2) 两种温度下辐出度之比 M_1/M_2。

2. 用波长 $\lambda = 300\,nm$ 的紫外线照射某金属,测得光电子的最大速度为 $5 \times 10^5\,m \cdot s^{-1}$,该金属的截止波长 λ_0 是多大?

3. 从钼中移出一个电子需要 4.2 eV 的能量。今用 $\lambda = 200\,nm$ 的紫外线照射到钼的表面上,求光电子的最大初动能、截止电压及钼的红限波长。

4. 波长为 0.071 nm 的 X 射线,照射到石墨晶体上,在与入射方向成 45° 角的方向上观察到康普顿散射 X 射线的波长是多少?

5. 在康普顿实验中,一个波长为 0.015 nm 的光子被一个自由电子产生 120° 的散射,求其波长变化与原波长的比。

6. 在氢原子光谱中,求莱曼系的最大波长的谱线所对应的光子的能量。

7. 氢原子基态的电离能是多少?电离能为 0.544 eV 的激发态氢原子,其电子处于 n 等于多大的的轨道上运动?

8. 波长 $\lambda = 0.1$ nm 的 X 射线,求光子的能量 ε、质量 m、动量 p。

9. 在一电子束中,电子的动能为 200 eV,则电子的德布罗意波波长为多少?当该电子遇到直径为 1 nm 的孔或障碍物时,它表现出粒子性,还是波动性?

10. 波长 $\lambda = 5000$ Å 的光沿 x 轴正向传播,若光的波长的不确定量 $\Delta\lambda = 10^{-3}$ Å,则利用不确定关系 $\Delta x \Delta p_x \geqslant h$(估算式)可得光子的 x 坐标的不确定量至少是多大。

11. 如果枪口的直径为 5 mm,子弹质量为 0.01 kg,用不确定关系估算子弹射出枪口时的横向速率。

12. 一光子的波长为 300 nm,如果测定此波长的精确度为 10^{-6},求光子位置的不确定量。

13. 在激发态上的钠原子发射出波长 $\lambda = 589$ nm 的光子,在激发态上平均寿命约为 10^{-8} s,用不确定关系求能量和波长的不确定范围。

14. 粒子在一维无限深势阱中运动(势阱宽度为 a),其波函数为 $\psi(x) = \sqrt{\dfrac{2}{a}}\sin\dfrac{3\pi x}{a}$ ($0 < x < a$),求出粒子出现几率最大的各个位置。

阅读材料

新一代扫描显微镜

人类对于微观世界的探测经历了漫长的历史岁月,普通的光学显微镜(第一代显微镜)只能观察到细胞大小的量极。作为显微镜的第二代产品,电子显微镜通过电子束在被观察物体上的衍射成像,经过电场和磁场的聚焦作用,能够显示出物质材料的结构图像。进入 20 世纪 80 年代以后,显微技术出现了新的革命,产生了以扫描隧道显微镜为代表的新一代显微镜。1981 年,美国 IBM 公司设在瑞士苏黎士研究实验室的两位科学家宾尼希(G. Binning)和罗雷尔(H. Rohrer)利用量子力学隧道效应的基本原理研制成功了世界上第一台扫描遂穿显微镜(STM),这种新式扫描显微镜的分辨率可以达到 1.0×10^{-10} m。STM 的发明为人类探索微观世界提供了一强有力的工具,它对物理学及相关科学技术领域的发展产生了巨大的推动作用。所以,1986 年,瑞典皇家科学院把该年度的诺贝尔物理学奖金授予了宾尼希和罗雷尔,以表彰他们在发展扫描遂穿显微技术方面的巨大贡献。

一、STM 的原理简介

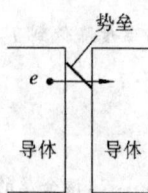
图 2　隧道

将两块平行放置的相同导体平板电极用一非常薄的绝缘层隔开,并在两极板之间施加一直流电压 U_T,则在绝缘层区域将形成图 2 所示的势垒。负电极中的电子可以穿过绝缘层的势垒到达正电极,形成隧道贯穿电流。根据量子力学知识,可以证明,这种情形下的隧道电流密度具有下列形式:

$$J_T \propto U_T \exp(-A\sqrt{\varphi}l) \tag{1}$$

式中,U_T 即为所加电压,l 是势垒区宽度,φ 为势垒区的平均高度,而 A 为一与电子电荷 e、质量 m 和普朗克常量 h 有关的量,$A = (meh^2/2)^{1/2}$。由于 J_T 与 l 呈指数关系,所以隧道电流密度随绝缘层厚度的变化非常敏感。当 l 改变 $0.1\,\text{nm}$ 时,可以引起隧道电流密度 J_T 好几个数量级的变化,这是 STM 具有高精度的基本原因。

若将待测的导体(或半导体)样品作为一电极,另一电极为一做成针尖状的探头,并在探头和样品之间充以绝缘性的气体、液体或保持真空,则可以测量探头和样品表面之间形成的隧道电流。测量时,使探头在样品上方表面逐点扫描,就可测得含有样品表面各点信息的隧道电流谱。经过电路和计算机对信号进行处理,最后,在显示终端的荧光屏上显示出样品表面的原子结构等情况,并可利用绘图仪等输出设备打印出表面图像或拍摄照片。图 3 所示就是用 STM 得到表面原子排列的情况的图像。图上 $1\,\text{mm}$ 左右的距离相当于实际表面的 $0.1\,\text{nm}$,整整放大了 1 千万倍,这是何等的高分辨率。

硅表面硅原子的排列　　　　　　　　　　　砷化镓表面砷原子的排列

图 3　表面原子的排列

二、STM 的基本结构

STM 的结构可分为三大部分:显微镜探头、电子反馈和控制、计算机和图像显示系统,其系统框图如图 4 所示。针尖极其平面扫描机构、样品与针尖的间距调节机构、消震系统是 STM 主体的关键部件。

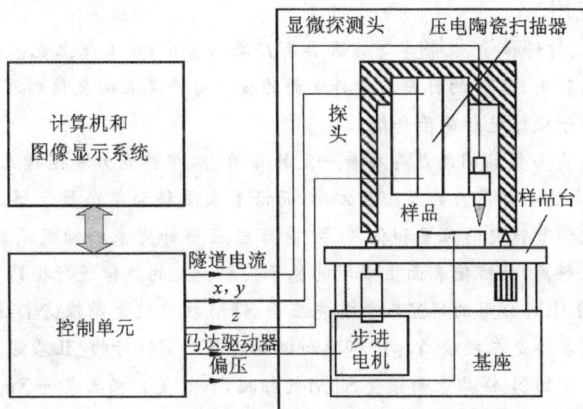

图 4　STM 系统框图

针尖的粗细、形状对 STM 图像的分辨率有很大的影响。为了保证 STM 的实际分辨率达到原子线度的量极,针尖越尖锐越好。最好其尖端只有一个原子,这样测出的隧道电流是针尖处的单个原子与样品表面极小区域内少数的原子之间形成的隧道电流,可以反映出样品表面各原子排列的细节情况。针尖材料的化学性质也会对 STM 的图像产生影响,针尖材料应具有高度的化学稳定性和良好的刚性,所以常用铂铱合金或钨制作针尖。钨的刚性好但易氧化,适宜在真空中使用和保存,以免形成氧化物,影响隧道电流谱的准确测定。

STM 的三维扫描系统是采用压电陶瓷原理制成的。图 5(a) 所示是一沿径向极化的圆筒形压电陶瓷管,其外部由 4 片相互绝缘的电极,每片电极呈 1/4 个圆筒壁形状。当外电极与陶瓷内壁之间加有电压时,由于压电陶瓷具有电致伸缩效应,陶瓷的长度会发生细微的伸长或收缩,如图 5(b) 所示,利用此法可以控制针尖的高度;若内电极接地,在两个相对的外电极上分别施加两个大小已知、极性相反的电压,则压电陶瓷的两侧就会分别伸长和收缩,引起陶瓷管的弯曲,从而实现针尖在该方向上的细微移动,如图 5(c) 所示。通常情况下,上述扫描装置在空间三个方向上的位移范围最大可达到 10^{-6} m,而位移精度可达 $0.1 \sim 0.01$ nm。配合样品台的移动,可以完成较大样品的探测。

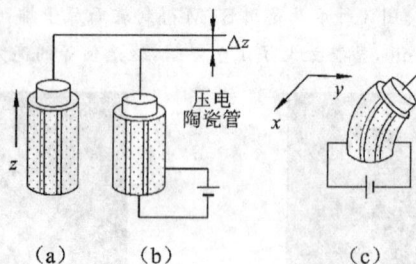

图 5　扫描控制系统

三、STM 的工作方式

STM 具有多种工作模式。一种常用的工作模式是恒电流模式,即让针尖安放在控制针尖与样品之间距离的压电陶瓷上,调节该压电陶瓷的电压,使针尖在扫描过程中随样品表面的高低上下移动,保持隧道电流不变,通过记录压电陶瓷上的电压信号即可了解样品的表面情况。

如果被测样品的表面比较平整,也可以采用恒高度模式,即使针尖始终保持一定的高度,通过测量各点的隧道电流变化的情况,了解样品的表面形态,获得与之相关的表面附近的电子状态等信息。

四、STM 的应用

STM 在表面科学、材料科学、生物学等方面具有广泛的应用,在工业上也很有应用价值。例如,在产品微加工过程中,可以利用 STM 的针尖与材料表面的接触对产品表面直接刻写。此外,还可以进行单原子操作。下面仅对单原子操作进行简单介绍。

在 STM 装置中针尖与样品间总是存在着一定的作用力,即静电力和范德瓦耳斯力。调节针尖的位置和偏压就有可能改变这个作用力的大小和方向,而沿着表面移动单个原子所需的力比使该原子离开表面所需的力小。通过调节针尖的位置和偏压,就有可能应用针尖来移动吸附在材料表面上的单个原子,又不使它从表面上解离,最终使表面上吸附的原子按照一定的规律进行排列,这就是单原子操作。

1990 年 4 月,美国 IBM 公司的研究人员首先应用 STM 技术使金属镍(Ni) 表面上吸附的氙(Xe) 原子形成了整齐的排列。实验是在极度高真空环境和极低的温度下进行的。让暴露在氙气环境中一段时间而吸附有零乱的 Xe 原子的 Ni 样品表面接受 STM 的扫描,当针尖扫描至某一 Xe 原子上面时,停止移动,然后调节 STM 的工作状态,这时 STM 的控制系统驱动针尖,使得该 Xe 原子移动。经过长时间的操作,终于将 35 个 Xe 原子排列成了"IBM"字样,加起来不到 3 nm,成功地实现了原子级字母书写(图 6)。此外,利用 STM 还可以实现材料本身结构原子的移动。1994 年,中国研究院的科研人员,利用 STM 在硅单晶表面上直接取走硅原子,形成了在硅原子晶格背景上的书写文字。这种原子移植技术可以说是原子结构制造技术的起步。

五、原子力显微镜

由于隧道电流的产生需要具有两电极,因此,STM 主要适用于对导体和半导体表面的研究,对绝缘体表面不能直接测量。为了解决上述不足,1986 年,宾尼希等人在 STM 的基础上又发明了原子力显微镜(AFM)。利用针尖与样品之间的原子力(引力、斥力) 随距离的变化测量样品表面的形貌、弹性、硬性等性质,对各种材料均可应用。

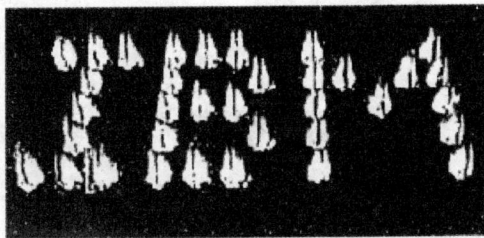

图 6　原子移动

图 7 所示是 AFM 的探测部分结构示意图，它的探头与一可振动的悬臂连接在一起。当探头与样品表面接触间距离很近时，它们之间存在范德瓦耳斯力等相互作用力。如图 8 所示，当样品表面与探头距离 r 小于 r_0 时，此力为斥力；当该距离大于 r_0 时，此力为引力。AFM 的悬臂通常用劲度系数极小的弹性材料制成，以保证它对探测到的力的变化具有极端的敏感性。悬臂位置的细微变化可用激光束偏转反射方法放大，通过探测反射后的光信号，并由后续信号处理与反馈系统，控制 AFM 的测量过程，可输出反映表面直接信息的图像和数据。AFM 探头的形状一般不像 STM 那么尖细。因为虽然尖细的 AFM 探头有利于提高测量精度，但由于它与样品表面层有效作用面积小，测得的分子力太弱，对测量不利。所以，通常 AFM 的探头做成圆锥体状，锥体的底面半径为微米的量级。

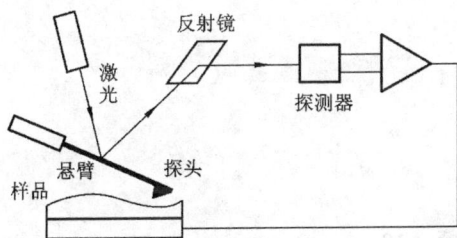

图 7　AFM 结构示意图　　　　　　　　图 8　探头与样品原子之间的作用力

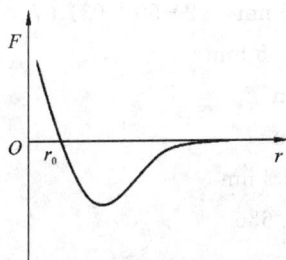

AFM 在工作时，悬臂不仅在样品表面扫描，而且可在外加强迫力的作用下做一定频率的振动，其共振频率还与悬臂及其末端部分的质量有关。当强迫力的频率低于悬臂的共振频率时，其振动相位与强迫力的振动相位相同，当频率进一步增加，除了会产生共振现象外，悬臂的振动与外加信号的相位相比，有 $0 \sim \pi$ 的滞后。

根据悬臂工作状态的不同，可将 AFM 的工作模式分为两大类，即静态工作模式和动态工作模式。静态模式是指悬臂不受外加强迫力的调制，不产生振动。当 AFM 以静态模式工作时，探头与样品表面之间的距离处于图 8 中 $r < r_0$ 的区域，即排斥力的区域。由于这时探针尖原子和样品表面之间的距离一般小于 $0.03~\mu m$，探头与样品表面原子的电子云发生部分重叠，可以用来测量和分析原子间的近程相互作用和电子态，当然，也可以用来测量表面形貌和结构。当 AFM 以动态模式工作时，安装在悬臂上的压电陶瓷被高频电压驱动，带动悬臂一起振动，这时悬臂和样品之间需保持较大的距离（约 $10^3~\mu m$ 的量级），所以动态模式是非接触模式。通过改变振动频率，使悬臂的振动幅度受到调制，测量振动幅度的变化，就可获得有关相互作用力大小的消息。而测量振幅变化的方法，通常以光学的干涉原理为基础。

与 STM 一样，AFM 在电子工业和理论研究等高科技领域具有广泛的应用。例如半导体晶片制造过程中，需要进行化学机械抛光，而抛光中就可以运用 AFM 方法监控和优化抛光过程。又如，利用 AFM 可以获得原子级分辨率的固体表面图像。

科学的发展日新月异。除了 STM 和 AFM 以外，光子的隧道效应与光纤技术的结合已经产生了光子隧道显微镜。这对人类探索奇妙无比、充满神奇色彩的微观世界，必将产生巨大的影响.

参 考 答 案

1. (1) 0.0023 rad   (2) 0.046 rad   (3) 2.5 mm

2. $\lambda = 632$ nm

3. $\Delta x_{10-10} = 11 \times 10^{-2}$ m   (2) $\Delta k \approx 7$

4. $e = 5.4 \times 10^{-6}$ m

5. $n = 1.4$

6. (1) $e_{10} = 2250$ nm   (2) $k = 17$

7. (1) 凹陷   (2) 深度为 $\dfrac{\lambda}{2}$

8. (1) 4×10^{-4} rad   (2) 7.9×10^{-4} m   (3) 14

9. (1) 500 nm   (2) 50   (3) 67

10. $r' = 1.5$ mm

11. 592 nm

12. 658 nm

13. $\lambda = 492$ nm

14. $n = 1.636$

1. $a = 1.20$ mm

2. (1) $\Delta x_0 = 0.8$ mm   (2) $\Delta x_{3-3} = 2.4$ mm，第三极   (3) 7 个

3. $\lambda = 429$ nm

4. 3.76×10^{-3} rad

5. (1) $\theta_0 = 2.24 \times 10^{-4}$ rad   (2) 看不清

6. (1) $\theta_0 = 3 \times 10^{-7}$ rad   (2) $D = 2$ m

7. $N = 916$

8. (1) $d = 6.0 \times 10^{-6}$ m   (2) $a = 1.5 \times 10^{-6}$ m   (3) 15 条

9. (1) $k = 2$ (2) $d = 1.2 \times 10^{-3}$ cm

10. 5×10^{-4} cm

11. (1) $\Delta x_0 = 57.8$ cm   (2) 5 个   (3) 9 条   (4) 9 条

12. $f = 29.6$ cm

13. $\lambda = 1.30$ Å，$\lambda = 0.97$ Å

14. $d = 0.276$ nm

1. 1/2

2. $I_1 = \dfrac{5}{8} I_0$，$I_2 = \dfrac{5}{32} I_0$

3. $\theta = 45°$，$I_{max}/I_0 = 1/4$

4. $\theta = 45°$

5. (1) $\alpha = 54.73°$　(2) $\alpha = 35.27°$

6. $i_0 = 49.6°$，$i_0' = 40.4°$，$i_0' + i_0 = 90°$

7. (1) $i = i_0 = 60°$　(2) $n = 1.73$

8. $n_2 = n_3$

9. arcsin0.995 或84.38°，光束 2 的光振动方向垂直入射面(纸面)

10. $i_0 = 35.27°$

习　题　12

1. 4%

2. 2.45×10^4 个

3. $\dfrac{l_1'}{l_2'} = \dfrac{7}{34}$

4. (1) 1.35×10^5 Pa　(2) 362 K

5. 6.16×10^{-2} K，0.512 Pa

6. (1) 1.58×10^6 m·s^{-1}　(2) 2.07×10^{-15} J

7. $\sqrt{\dfrac{M_2}{M_1}}$

8. $\dfrac{5}{6}$

9. $\dfrac{3}{4} RT$

10. 5.42×10^7 s^{-1}，6×10^{-5} cm

习　题　13

1. 6.59×10^{-26} kg

2. (1) $Q = 623$ J　(2) $Q = 1039$ J，$A = 416$ J

3. (1) 629.5 J　(2) 969.5 J

4. (1) 285 K　(2) 0.9 atm，0.05 m^3　(3) 281.7 K，0.046 m^3

5. (1) 500 J　(2) 700 J

6. (1) 3279 J，2033 J，1246.5 J　(2) 2935 J，1688 J，1246.5 J

7. (1) $\dfrac{3}{2} p_0 V_0$，$\dfrac{5}{2} p_0 V_0$　(2) $\dfrac{8 p_0 V_0}{13R}$

9. 1.26；1.15

10. N_2

11. (1) 2.72×10^3 J　(2) 2.20×10^3 J

12. 降低

13. 160 K

14. (1) 5.35×10^3 J　(2) 1.34×10^3 J　(3) 4.01×10^3 J

15. (1) 2.7%　(2) 10%

16. (2) 1.67×10^4 J

17. $1 - \dfrac{T_2}{T_1}$;　否

习　题　14

1. 4×10^6 m

2. (1) 1.8×10^8 m/s　(2) 9×10^8 m

3. $\tau \approx 1.29 \times 10^{-5}$ s

4. $u \approx 2.68 \times 10^8$ m/s

5. (1) $L\sqrt{1 - \dfrac{v^2}{c^2}}$　(2) $\dfrac{L\sqrt{1 - (v/c)^2} + L_0}{v}$　(SI)

6. $\dfrac{m_0 c^2}{V_0(c^2 - v^2)}$　(SI)

7. $0.96c$

8. $v = c,\ \alpha = \arccos \dfrac{u}{c}$

9. 8倍

10. $A = 2.95 \times 10^5$ eV

11. $l \approx 1.798 \times 10^4$ m

12. 6.85×10^{-15} J, 1.14×10^{-22} kg・m・s^{-1}

13. (1) 5.02 m/s　(2) 1.49×10^{-18} kg・m・s^{-1}　(3) 1.2×10^{-11} N, 0.25T

14. (1) 4.15×10^{-12} J　(2) 6.20×10^{14} J/kg　(3) 6.29×10^{11} kg/s

习　题　15

1. (1) 3 μm　(2) 4.87

2. 362.2 nm

3. 3.22×10^{-19} J, 2.0 V, 296 nm

4. 0.0717 nm

5. 24.3%

6. 10.2 eV

7. 13.6 eV, $n = 5$

8. 1.99×10^{-15} J, 2.21×10^{-32} kg, 6.63×10^{-24} kg・m・s^{-1}

9. 8.69×10^{-11} m, 粒子性

10. 2.5 m

11. 1.1×10^{-30} m・s^{-1}

12. $\geqslant 2.39 \times 10^{-2}$ m

13. $\geqslant 5.28 \times 10^{27}$ J, $\geqslant 9.2 \times 10^{-15}$ m

14. $\dfrac{a}{6}, \dfrac{a}{2}, \dfrac{5a}{6}$

主要参考书

[1] 张三慧,等.大学物理学.第 2 版.北京:清华大学出版社,2001.
[2] 程守洙,江之水,等.普通物理学.第 5 版.北京:高等教育出版社,1998.
[3] 吴锡珑.大学物理教程.第 2 版.北京:高等教育出版社,1999.
[4] 马文蔚,等.物理学,第四版.北京:高等教育出版社,1999.
[5] 卢德馨.大学物理学.北京:高等教育出版社,1998.
[6] 严导淦.物理学.第四版.北京:高等教育出版社,2003.
[7] 严金铎,等.普通物理讲义.北京:中央广播大学出版社,1987.
[8] 吴百诗.大学物理学.北京:高等教育出版社,2004.
[9] 赵凯华,罗蔚茵.力学.北京:高等教育出版社,1995.
[10] 陆果.基础物理学教程.北京:高等教育出版社,1998.
[11] 朱荣华.基础物理学.北京:高等教育出版社,2000.
[12] 毛骏健,顾牡.大学物理学.北京:高等教育出版社,2006.
[13] 祝之光.物理学.北京:高等教育出版社,2009.
[14] 黄祝明,吴锋,等.大学物理学.第 2 版.北京:化学工业出版社,2007.
[15] 徐斌富,等.大学基础物理.第 2 版.北京:科学出版社,2008.
[16] 陈飞明,金向阳.大学物理学.北京:科学出版社,1998.
[17] 谢东,王祖源.人文物理.北京:清华大学出版社,2006.
[18] 胡亚联,吴锋,李端勇,余仕成.大学物理学.北京:科学出版社,2010.